超入門
生化学
栄養学

穂苅 茂　　長谷川 正博　　小山 岩雄

照林社

はじめに

　本書は主に看護学生を対象にした「生化学」そして「栄養学」の入門書です。特にその2つを区切ってはいません。同じ学問なのですから。
　私たちは生きています。なぜ生きていられるのでしょうか。食事をしているから生きていられます。では、食べた物は体の中でどうなっているのでしょうか。食べ物を具体的にいうと、それはタンパク質であったり、デンプンであったりします。これらは分子です。私たちの身体も分子からなっています。食べて入ってきた分子は姿を変えながら、私たちの身体の中の分子となっているのです。また、肺から吸い込んだ酸素のもとに食べ物を体内で燃やしてエネルギーを作っているのです。そして、そのエネルギーで生きていられるのです。ですから、まず生体を構成する分子を知らなければなりません。大変なことなのは十分わかります。でも例えば、「あの花きれいだね」「どれ？」「あれだよ」「どれだかわからないよ」。花の名前を知っていれば、会話はすぐ進みます。英語の苦手な学生は英単語を多く知らないから苦手なのです。生化学が苦手な学生は物質名を多く知らないからです。
　本書は講義の中でお話しするように書いたつもりです。少しでも興味がわくように書いたつもりです。物質の名前を覚える前に、その物質がなぜ必要なのかを強調したつもりです。身体の中で起こっていることに強い興味をもっていただければと思います。病気になれば、薬も必要になります。薬も分子です。薬は身体の中で何をしているのでしょうか。それを探究するのが「薬理学」です。本書のシリーズにも「薬理学」があり、本書と一緒に読んでいただけると、理解はさらに深まると思います。まずは、本書により健康ということに興味を抱いていただければ、「生化学」も理解したものと考えています。

2005年　冬

著　者

超入門 生化学・栄養学

CONTENT

第1章 生化学・栄養学の基礎知識 1
Ⅰ 生命維持と生化学・栄養学 2
1. 生化学、そして栄養学とは 2
2. 分子レベルでみた健康 4
3. 生体構成成分 7
Ⅱ 消化の意義そして吸収方法 10
1. 食物の消化 10
2. 栄養素の吸収 13
Ⅲ 生化学の基礎知識 15

第2章 生体成分の化学と性質 17
Ⅰ 糖 質 18
1. 糖質の種類 18
2. 糖質の化学と性質 21
3. 糖質の栄養的意義 27
Ⅱ 脂 質 28
1. 脂肪酸の化学と性質 28
2. 脂質の種類 32
3. 脂質の栄養的意義 38
Ⅲ タンパク質 40
1. タンパク質の構成成分—アミノ酸— 41
2. タンパク質の構造 44
3. 血清タンパク質 47
4. タンパク質の栄養的意義 48
Ⅳ 核 酸 52
1. 核酸の種類と役割 52
2. 核酸の構成成分 53
3. 核酸の構造 56
4. 核酸の栄養的意義 58
Ⅴ ミネラル（無機質） 60
1. ミネラルとは 60
2. ミネラルの種類と作用 60
3. ミネラルの分類 63
4. ミネラルの栄養的意義 64

	VI 酵　素	65
	1．酵素の化学と性質	65
	2．物質代謝に関与する酵素の性質	71
	3．アイソザイム	74
	4．酵素の命名法と分類	75
	5．補酵素	76

第3章　エネルギー代謝　79

Ⅰ　エネルギー獲得の概略　80
Ⅱ　ATPを得るしくみ　81
1．ピルビン酸からアセチルCoA　81
2．TCA回路　81
3．NADHの中の水素のゆくえ　84
4．ATPの産生　84
5．作られたエネルギーの量　86

Ⅲ　エネルギーの使い道　88
1．基礎代謝　88
2．活動代謝　89
3．特異動的作用　90

第4章　物質代謝　91

Ⅰ　糖質代謝　92
1．解糖系と糖新生　94
2．グリコゲン代謝　100
3．ペントース・リン酸経路　102
4．ガラクトース・グルコース変換系　103
5．グルクロン酸経路　104

Ⅱ　脂質代謝　106
1．血中の脂質　106
2．脂質代謝の概要　107
3．エネルギーを産むβ酸化　108
4．脂肪酸の合成　112
5．トリグリセリドおよびリン脂質の合成　114
6．コレステロールの合成　115

表紙デザイン：KiraKira
本文DTP：Intervision
表紙・本文イラスト：Taji
メディカルイラストレーション：今崎和広

  Ⅲ タンパク質代謝 …………………………………………………………… 118
    1．消化管でのタンパク質の消化 ……………………………………… 118
    2．エネルギー源としてのアミノ酸 …………………………………… 119
    3．オルニチン回路（尿素回路） ……………………………………… 120
    4．アミノ酸の重要な反応 ……………………………………………… 123
    5．各種アミノ酸の体内変化 …………………………………………… 124
    6．アミノ酸の代謝異常 ………………………………………………… 126

第5章　遺伝情報の伝達と発現 …………………………………………… 127

  Ⅰ 核酸代謝そしてタンパク合成 ………………………………………… 128
    1．細胞の分裂 …………………………………………………………… 128
    2．DNAの複製 ………………………………………………………… 130
  Ⅱ タンパク合成のしくみ ………………………………………………… 132
    1．転写―DNAからRNAへ― ……………………………………… 132
    2．翻訳―RNAからタンパク質へ― ………………………………… 134
  Ⅲ 核酸代謝―ヌクレオチドの合成と分解― …………………………… 137
    1．ヌクレオチドの合成 ………………………………………………… 137
    2．プリンヌクレオチドの分解 ………………………………………… 139

第6章　ホメオスターシス（健康のしくみ） …………………………… 141

  Ⅰ ホルモンの意義と種類 ………………………………………………… 142
    1．ホルモンの種類 ……………………………………………………… 142
    2．ホルモンの作用 ……………………………………………………… 143
    3．骨とパラソルモン …………………………………………………… 145
    4．血圧とアルドステロン ……………………………………………… 148
  Ⅱ 生体防御のしくみ―免疫系― ………………………………………… 151
    1．オータコイド ………………………………………………………… 151
    2．免疫応答 ……………………………………………………………… 152

生化学のまとめ―細胞― …………………………………………………… 155

    1．動物と植物に共通な細胞内小器官 ………………………………… 156
    2．動物細胞に特有な細胞内小器官 …………………………………… 158
    3．植物細胞に特有な細胞内小器官 …………………………………… 158

学習課題 ……………………………………………………………………… 160
索　引 ………………………………………………………………………… 165

第1章
生化学・栄養学の基礎知識

この章では、生化学で学ぶ内容を大まかに説明します。これは目では見えないレベルでの話ですが、「なぜ、ヒトは生きていられるのだろうか」、という"生命"について深く考えていただきたいと思います。

Ⅰ. 生命維持と生化学・栄養学	2
Ⅱ. 消化の意義そして吸収方法	10
Ⅲ. 生化学の基礎知識	15

Ⅰ 生命維持と生化学・栄養学

1．生化学、そして栄養学とは

　ヒトはどのようにすれば生き、そして、健康でいられるのでしょうか。あるいは、ヒトはどのようになると、病気になり、死ぬのでしょうか。このような質問に対して関心をもち、真剣に考えることができれば、生化学や栄養学に夢中になることができるはずです。

　生体は、さまざまな分子から成り立っています。私たちは普段、気にも止めず、生きるために必要な栄養素を始めとするさまざまな分子を体内に補給しているのです。補給された分子は、生きるために、体内でどのように変化しているのでしょうか。その答えを導いてくれるのが、生化学であり、栄養学です。

　この2つの学問は、ともに同じ土俵上にあります。生体を主人公にすれば生化学、栄養素を主人公にすれば栄養学になります。ともに分子レベルで、「なぜ、生きるの？」という生命現象を探究する学問です。成長、呼吸、排泄、運動、など、生きていれば行われる現象すべてを"生命現象"といいます。

> **POINT** 生化学・栄養学は分子レベルで生命現象を探究する学問である。

1）生命維持と生体維持

　生命維持と生体維持を考えるとき、なぜ生きることができるのかと考えるより、どうしたら死んでしまうのかと考えたほうがわかりやすいと思います。「5・5・25」がそれです。意味のわからない数字と思われますが、単位をつけて「5分・5日・25日」とすると、ちゃんと意味が出てきます。その間、その期間にあることをしなければ死んでしまうのです。想像はつくと思いますが、5分間呼吸による酸素を補給しないと死んでしまう。5日間水を飲まないと死んでしまう。25日間食事をしないと死んでしまう。ということは、その期間内に、それらを補給することで、たとえ健康状態は無視したとしても、死ぬことなく生きていられるということです。

　生きるためには、酸素・栄養素・水が必要だということです。では、この三者は体内ではどのように変化して、生命現象が維持されているのでしょうか。

　図1に示すように、生きるためには、栄養素を生体内（細胞内）で酸素（O_2）のもとに燃焼（酸化）させているのです。焚き火をすれば暖かいというように、熱エネルギーが出てきます。体内で栄養素を燃やすと火こそ出ませんが、ATP（アデノシン三リン酸）という高エネルギー化合物を産生しているのです。図2にATPを模式化しましたが、3つ目のリン酸が結合している場所が、高エネルギーリン酸結合といわれていて、そこが切り放されるときにエネルギーが放出されるのです。1分子のATPから約7,000カロリーが放出されます。

　1カロリーは、簡単にいうと、水1gの温度を1℃上昇させるのに必要なエネルギーをいいます。つまりこれは、1gの水を1℃から7,000℃まで上昇させることができるのです。ものすごいエネルギーです。このエネルギーを使用して、私たちの生命の維持がなされるし（生命維持）、生体の維持のために栄養素から生体成分を作り直しています（生体維持）。まさしく、生きるためには酸素と栄養素が必要であり、細胞の中で何気なく吸っている酸素を使って栄養素を燃や

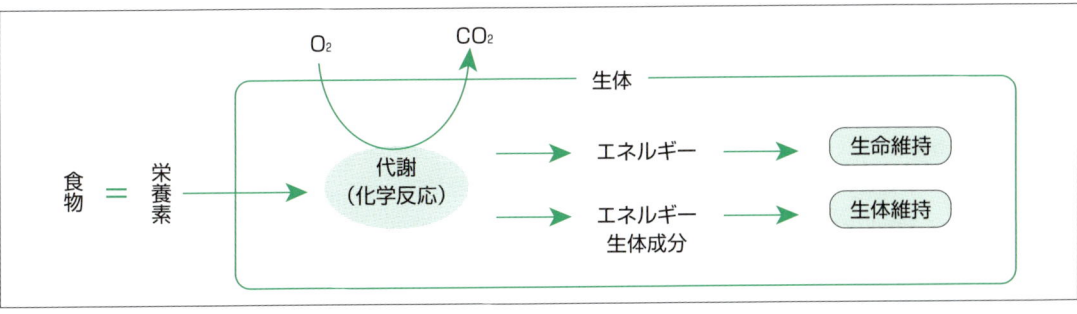

図1　栄養素による生命維持と生体維持

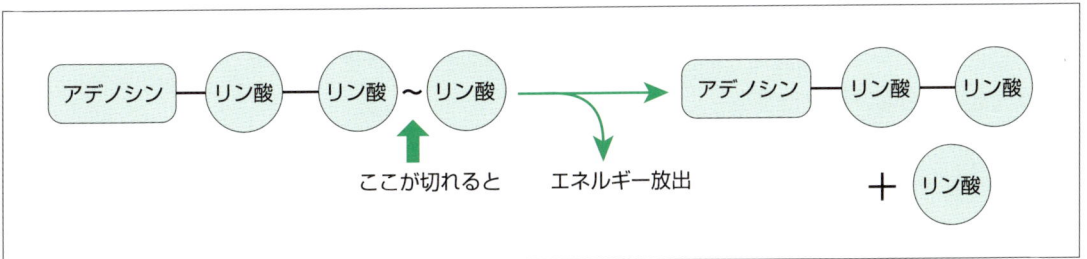

図2　ATPからエネルギー放出

しているのです。

　では、水はなぜ必要なのでしょうか。エネルギーを作る反応を含めて、生体内の物質の反応はすべて化学反応であり、そのほとんどの化学反応は水溶液中で起こります。水がないと、化学反応は起きづらくなるのです。

 酸素・栄養素・水があって、生命現象が維持される。

2）代謝—体内の化学反応—

　化学反応とは、ある物質が違う性質の物質に変化する反応をいいます。そして、体内で起きる化学反応を物質代謝、あるいは簡単に代謝といっています。この化学反応は一般的に、すんなりとは進みません。まずは物質同士がぶつかり合わなければなりません。ですから、物質が動きやすいように、水の中でしか反応しないので、水が大切なのです。

　でも、ぶつかり合うだけでも、なかなか反応してはくれません。反対に考えると、無差別に反応するようでしたら、秩序が保たれませんし、

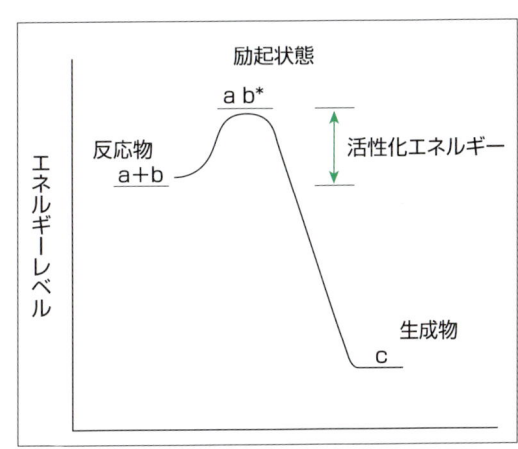

図3　化学反応のエネルギーレベル

節操がありません。そのように考えると、なかなか反応しないほうがいいのかもしれません。図3に示すように、a＋b→cの反応の場合を考えてみます。

　一般的に、2つの反応物（a＋b）は、ぶつかり合ったりして、一度エネルギーレベルの高い状態（励起状態、ab*）にならないと、生成物（c）はできあがりません。このときの反応物と励起状態のエネルギーレベルの差を活性化エネルギーといい、このエネルギーが小さければ、反応は起こりやすいことを意味し、大きければ、

なかなか反応しないことを意味します。

POINT 代謝とは、体内で起こる化学反応のことである。

そして、この活性化エネルギーを小さくする物質を触媒といいます。生体内では酵素とよばれる物質（タンパク質）が、触媒の作用を行っています。そして、その反応を円滑に進めてくれているのです。ちなみに、温度も活性化エネルギーに関与していて、低温だと活性化エネルギーは大きくなるし、高温だと小さくなります。つまり、熱エネルギーが活性化エネルギーを小さくしてくれて、反応はしやすくなるのです。

POINT 酵素は、さまざまな代謝を円滑に行わせる物質である。

2．分子レベルでみた健康

1）健康とは

酸素・栄養素・水を体内に取り入れることで、私たちは生きることができるということはおわかりいただけたと思います。ひと口に「生きる」といっても、いろいろな体調があると思います。

そこで次に、「なぜ、健康でいられるの？」について考えてみましょう。

私たちは絶えず体外から何らかの刺激を受けています（図4）。刺激を受けない生活環境などあり得ません。いってみれば、毎日、何らかのストレスを受けて生活しています。

例えば、目を開けば何かが見える。騒音を聞けばうるさいと感じる。食べ過ぎればお腹がいっぱいで苦しくなる。ナイフで手を切れば血も出るし痛い。バイ菌が入れば熱も出す。

このような体外から入ってくる刺激（情報）に対して、身体の中は変化してしまいます。日光を浴びていると、体温も上昇します。そのままになっていると、それは熱中症という身体の

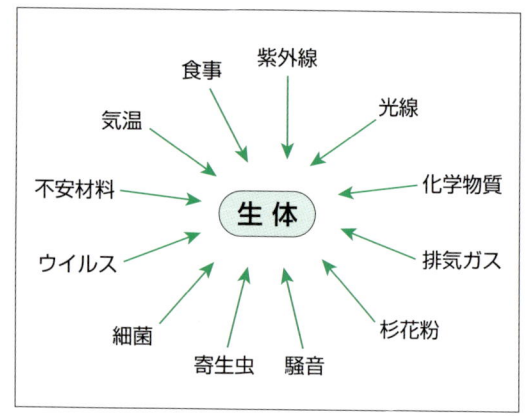
図4 生活環境における外界からの刺激

中が狂った状態になってしまいます。そうならないように、私たちは体内でうまく情報伝達を行っています。

体外から入ってきた情報に応答して、体内の環境が変わります。その状態は、正常な状態に比べれば異常です。正常でなくなった状態をいち早く元の状態に戻そうと、私たちの体内でいろいろな分子が、伝達物質として頑張っているのです。「これは異常な状態だぞ、元通りにしなくては」と、体内情報伝達が行われています。このように、元に戻ろうとする機構をホメオスターシス（恒常性）といいますが、このホメオスターシスという機構が体内に備わっているから私たちは健康でいられるのです。

図5に示すように、ホメオスターシスが効かなくなると、健康状態に戻れないので病気になってしまいます。簡単にいうと、上がったものは下げる、下がったものは上げるという機構があるから、健康な身体でいることができるのです。

POINT ホメオスターシスにより、健康が維持されている。

2）病気とは

では反対に、どうしたら病気になるかを考えてみましょう。病気とは、自分で健康を維持できなくなった状態、つまり、ホメオスターシス

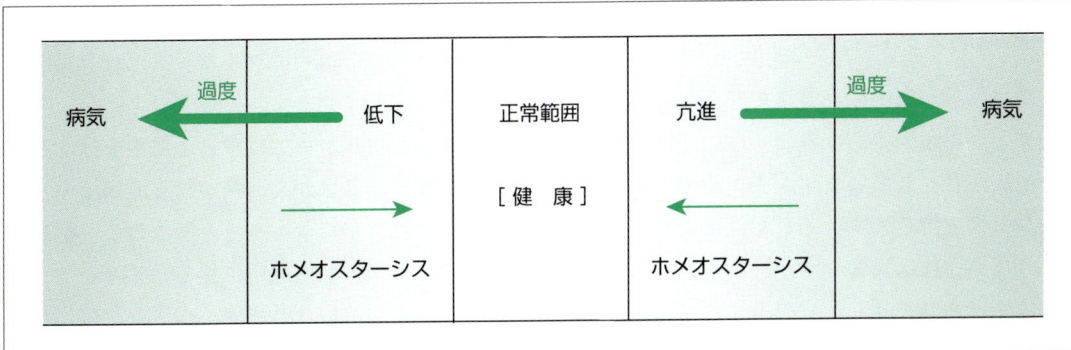

図5　ホメオスターシスの存在

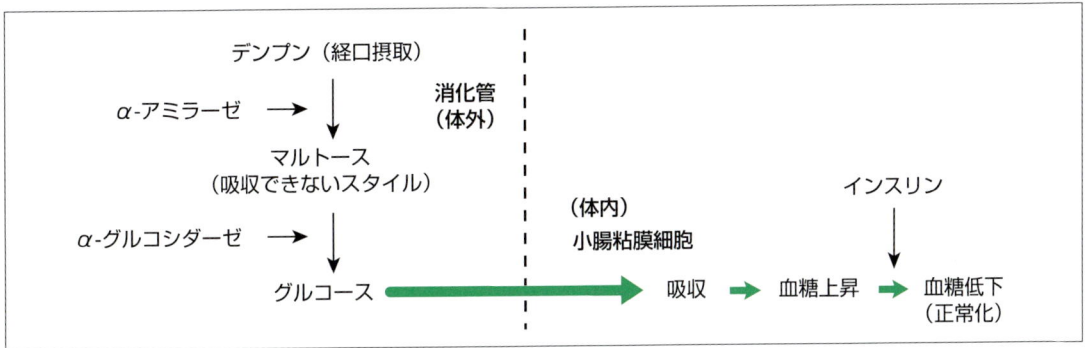

図6　穀類の消化吸収と血糖変化

が効かなくなった状態といえます。これは、体外から入ってきた情報を体内で処理できなくなったことだといえます。

体内での情報伝達は、伝達物質が行っています。受容体に結合することで、伝達が行われているのです。それが、刺激を受けた伝達物質が出過ぎたり、出なさ過ぎたり、あるいは、受容体に結合し過ぎたり、結合しなさ過ぎたりします。こうなってしまうと、身体の中は元通りの状態に戻れなくなります。これが病気です。

 ホメオスターシスがくずれると、病気になる。

3) 食事という体外からの情報

食事をすると血糖が上がります。図6に簡単にその反応機構をまとめましたが、目で見えるゴハン粒が細胞の中に入れるわけがありません。

そこで、消化管（体外）で吸収できるグルコースにまで酵素によって消化（加水分解）されてから血中に現れます。これは、正常血糖値からみれば異常な状態です。ここでホメオスターシスが登場します。体内はこの変化を感知し、体内情報伝達物質の1つ、ホルモンであるインスリンが膵臓から分泌されます。

インスリンは、身体のあらゆる細胞に存在するインスリンの受容体に結合すると、その細胞は血中のグルコースをどんどん細胞内に取り込みます。ですから、血中に多量に存在したグルコースも細胞の中にしまわれるので、血糖が下がるわけです。これがホメオスターシスで、身体は元通りになれるのです。

 インスリンは、血中グルコース（血糖）を各細胞中に取り込ませるので、血糖は低下する。

4）糖尿病を例にとると

グルコースが血中に高濃度で存在する状態を高血糖といいます。ちなみに、血中にはいろいろな糖質が存在していますが、血糖の「糖」はグルコースを指します。そして、正常血糖値から見れば高血糖は異常ですが、高血糖自体は悪いわけではありません。食事をすれば、誰もが高血糖になります。でも、健康であれば、それを異常事態と認めて、体内情報伝達が行われ、インスリンが分泌されて正常へと戻ることができます。

ここで病気の話をします。体内情報伝達が円滑に行われなかったらどうなるでしょうか。つまり、インスリン分泌が弱くなっていたら、どうなるでしょうか。先に説明したように、インスリンはあらゆる細胞にある受容体に結合して、血中のグルコースを細胞内に取り込ませる作用をもちます。ということは、インスリンの作用がなかったら、血中のグルコースは行き場所がなくなってしまいます。

すると、グルコースはずっと血中を泳ぐことになります。これが高血糖が続く原因です。グルコースは大切なエネルギー源なので、健康であればグルコースを尿中に捨てることなく、腎臓ですべて再吸収されます。つまり、尿になる前にグルコースをくみ上げているのです。ですから、尿中にはグルコースは認められませんが、高血糖となると再吸収しきれなくなり、仕方がなく尿中にグルコースを排泄してしまいます。これが糖尿病です。そして、この高血糖が持続することが怖いのです。これがいろいろな病気のもとになってしまいます。

腎臓で尿を作る前に大切な成分は、再吸収されている。

ためになる知識

糖尿病による体調変化

糖は最善のエネルギー源です。燃やしても燃えかすが全く出ない綺麗なエネルギー源です。それが細胞の中に入ってこなければ、細胞内飢餓状態です。図7に糖尿病のときの体調変化をまとめました。細胞内にグルコースがなければ、当然、グルコースからエネルギー（ATP）を作れません。なので仕方がなく、生体を構成する成分、例えば、脂質を燃やすことで、エネルギーを産生することになります。ですから、糖尿病初期にはやせて体重が減少します。

また、糖を尿中に排泄することから、体内の浸透圧に比べて尿の浸透圧が上昇します。それを元通りにしようと、尿の浸透圧を下げるために、体内の水分も一緒に尿として排泄してしまいます。結果的に、体内の水分が減ってしまうので、糖尿病の症状として、多尿や口渇が現れるのです。

このように、分子レベルで病気の症状を考えると、割合と理解できるのではないでしょうか。

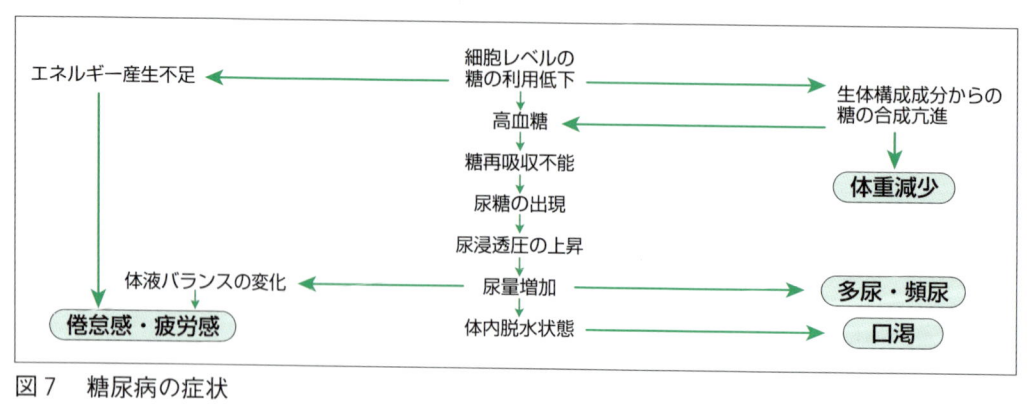

図7　糖尿病の症状

3．生体構成成分

生体をばらばらにしていくと、図8のような構図になります。これを社会のしくみと合わせて並べてみました。生きるために、それぞれのレベルで頑張っているのです。

少し学問の話に戻しますが、生命現象を探究する学問が幅広い基礎医学です。その中でも個体レベルで生命現象を探究するのが生理学であり、臓器、細胞、オルガネラ（細胞内小器官）のレベルで生命現象を探究するのが病理学です。そして、高分子および低分子化合物や生元素レベル、すなわち、分子レベルで生命現象を探究するのが生化学であり、栄養学であり、そして薬理学なのです。

それでは、生体はどのような物質（分子）から成り立っているのでしょうか。その物質はどのように合成（同化）されているのでしょうか。その物質はどのように分解（異化）されているのでしょうか。この同化と異化が、すなわち代謝です。これが異常になると、正常な状態ではなくなり、病気になってしまいます。病気を理解するには、正常な状態を理解しなければ始まりません。ここでは生化学の大切さについて理解してください。

1）構成成分の種類

詳しくは各論で説明しますが、ここではその種類について簡単に触れておきます。細胞の中に何がどれくらい含まれているのでしょうか。

表1に示すように、種類からすれば、数えられるほどです。でも、その分子種の数となると目がまわります。ですから、それを覚えることは大変ですが、その物質がなぜ必要なのか、なぜ代謝されなければならないのか、というレベルから考えていくと、興味もわくのではないでしょうか。

①水

表1を見てすぐわかることは、細胞の中は、ほとんど水だらけということです。このことはいらない物があるわけではなく、水がそれだけ必要だからなのです。水は生きるために必要なのです。前にも説明しましたが、細胞内では代謝（化学反応）が行われています。化学反応は、水溶液中でなければ進みません。物質を溶かすためにも十分な水が必要なのです。十分な水があれば化学反応もよく進みます。赤ちゃんの細胞にいたっては、水はもっと多く含まれています。それは成長するために、たくさんの代謝を行う必要があるからです。

また、水は比熱が大きい物質です。つまり、温まりにくい分、冷めにくい性質があります。ですから、体温を一定に保つためにも、血液という水が全身を回っているのです。

 POINT 生体内の水（血液）は、体温維持にも役立っている。

表1　細胞1個に含まれる分子

種類	％	分子種の概数
タンパク質	15	～3,000
核酸 DNA	1	1
RNA	6	～1,000
糖質	3	～　50
脂質	3	～　40
中間代謝物	2	～　500
無機イオン	1	12
水	70	

（地球）	（国）	（県）	（町）	（家）	（親）	（子供）
個体 ―	臓器 ―	細胞 ―	オルガネラ（細胞内小器官) ―	高分子化合物 ―	低分子化合物 ―	生元素

図8　生体の構成

②タンパク質

　表1の中で水を除けば、最も多いのはタンパク質です。身体はタンパク質から成っているといっても過言ではありません。タンパク質は高分子化合物です。高分子であるがゆえに土台になれるのです。あとで説明しますが、脂質からなる細胞膜を内側から構築するのもタンパク質です。

　そして、細胞の中では何が行われていたでしょうか。それは数え切れないほどの代謝です。化学反応です。化学反応を進めるには、その反応に合った触媒が必要です。そうです、触媒である酵素もタンパク質です。ですから、細胞の中にタンパク質がたくさん存在しても不思議ではないのです。

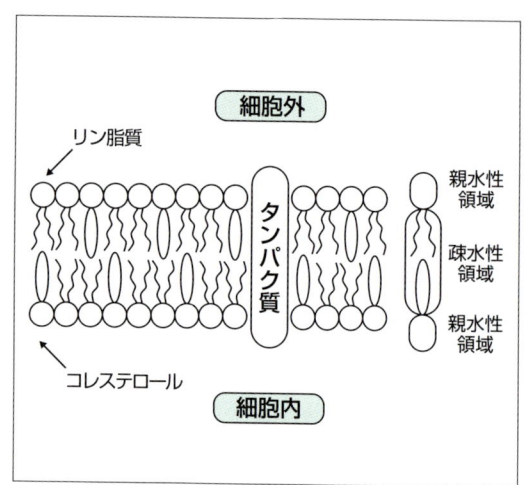

図9　細胞膜の構造
相原英孝、大森正英、尾庭きよ子、他：イラスト生化学入門　第3版、東京教学社、2005、p7、図1-5を参考にして作成

 生体は、タンパク質から成っている。

③核酸

　核酸については言うまでもないと思います。これは直接、遺伝に関係した物質です。両親の顔立ちに子どもも似てきます。細胞内の核の中にある遺伝子、分子種としては、1つしかないDNAにその情報が詰まっています。それはどのような情報なのでしょうか。これはタンパク質の情報であり、タンパク質である酵素の情報なのです。その酵素が多く作られれば、その酵素が関係する化学反応が進みやすくなります。乱暴な言い方ですが、鼻を形成する骨を合成させるところの酵素が多ければ、鼻は高くなり、少なければ低くなります。これが遺伝です。

④糖質・脂質

　細胞の中の糖質や脂質とは、細胞を構成している糖質・脂質のことであり、それほど多い成分ではありません。とにかく多いのは水です。

　何度もお話するようですが、身体の中は水だらけです。その水と水を分けるには、どのようにしたらよいでしょうか。それには、水を嫌う物質が間に入れば好都合です。そうです、それが脂質です。脂質は水となじみません。細胞の中も外も水だらけです。

　ですから、その両者を区別する細胞膜は、脂質からなっているのです。図9に細胞膜の構造を簡単に示しました。糖質もその細胞膜を構築する1成分になっています。植物細胞も含めてバイ菌は、一人前に細胞膜の外側に細胞壁をもっています。その細胞壁の構成成分のほとんどが糖質です。

⑤ビタミン・ミネラル（無機質）

　五大栄養素の中の保全素とよばれるビタミンやミネラルも生体を構成する成分の1つです。そしてこれは体内では合成できないので、食事に依存しなければならない物質です。

　ビタミンは構造的に水に溶けやすいビタミン（水溶性）と溶けにくいビタミン（脂溶性）に分かれています。水溶性ビタミンは体内で修飾されて、酵素の活性を引き出す大切な成分になっていますし、脂溶性ビタミンは身体の機能に直接かかわっている成分です。例えば、目が良く見えたり、骨を丈夫にしたり、皮膚をスベスベにしたり、出血のときにすぐ止血したりと、脂溶性ビタミンはいろいろな機能をもっています。

ビタミンは体内で合成できないので、食事として摂取する。

 生体成分は、栄養素から成っている。

一方、五大栄養素の1つに数えられているものにミネラル（無機質）があります。栄養素というからには、生体にとって不可欠な物質であることはいうまでもありません。まず、無機質とは何でしょう。高校の化学で学んだ周期律表というのがあったと思います。「スイヘーリーベーボクノフネ」。そう、元素記号のことです。表2にあるように、炭素（C）・酸素（O）・水素（H）・窒素（N）で、生体にある元素の約97％を占めています。

この4元素は生体構成元素とは別にして、一般的に無機質はそれ以外の元素を指します。つまり、残りの3％の約30種の元素が無機質になります。少ない元素を微量元素ともいいますが、これらは少なくてもなくてはならない元素ばかりです。表2に代表的な元素の役割も示しました。

2）細胞

細胞は、このような物質から成り立っていて、生命現象を行う最小単位です。そして、生きるために細胞一個一個が酸素と栄養素を取り込み、その細胞の中で物質代謝を行い、エネルギーを獲得しているのです。当然、細胞にも寿命があります。細胞は自然に死ぬわけですが、その前に新しい細胞ができ上がっているのです。ちなみに、細胞が自然に死ぬことをアポトーシスといいます。とにかく、細胞一個一個には寿命があります。新しく細胞を作るには、原料が必要です。それが、毎日、口にしている栄養素なのです。

細胞は図9に示したように、いろいろな細胞内小器官（オルガネラ）から成り立っていますが、細胞内小器官のそれぞれの役割については、本書の最後の「生化学のまとめ―細胞―」にまとめておきました。

表2 主な元素の生体でのはたらき

薬が排泄されない	はたらき
C・O・H・N	生体の主要元素。この4元素で約97％を占めるタンパク質、糖質、脂質、核酸の構成元素
Ca・Mg・P	骨や歯として身体を支持し、硬さを保つ元素
Na・K・Cl・Ca・Mg	水溶液中でイオンとなって浸透圧を維持し、また、神経の興奮発生のもとになる元素
Ca・I・Fe・Cu・Mg	酵素のはたらきを助けたり、ホルモンの構成成分となる元素

ためになる知識

ビタミンの名前の由来

かつて戦争中、兵士達の間で流行した病気、脚気を研究する中で、米ヌカに含まれる新たな物質が発見されました。そして、その物質がないと脚気になることがわかりました。その構造を調べたところ、アミノ基をもち、塩基性の性質を示すことから、生命に大切な物質という意味も込めて、その名前は生命のvitalと塩基性の性質をもつアミン amineをあわせて、ビタミン vitamineと命名されました。

現在、ビタミンの正しい英語のつづりは、vitaminですが、その後、多くのビタミンが発見される中、すべてが塩基性の性質をもつわけではなかったので、-amineではなく、-aminとされました。ちなみに、最初に見つかったこのビタミンは、現在のビタミンB_1（チアミン）のことです。

# 消化の意義そして吸収方法

どこまでが体外でどこからが体内なのでしょうか。食物を飲み込んだら体内に入ったと思いがちですが、それは違います。口から肛門までの消化管は体外なのです。身体の中に入ってくることがなければ、便となって体外へ出てしまいます。肺における気管支も同じです。体外であるから、胃カメラや気管支鏡などの検査も行うことができるのです。

では、どこからが体内なのでしょうか。答えは簡単です。身体を構成している細胞の中に入れば、それが体内です。食物であれば、小腸の絨毛突起を構築している小腸粘膜上皮細胞（p.14、図14）に取り込まれれば、それは体内です。

1．食物の消化

生体は栄養素から成っているといっても過言ではありません。栄養素がいろいろな代謝を受けて、生体を構成する成分に成っているのです。そのほとんどの代謝は細胞の中で行われています。でも、食物が目にも見えない細胞に入れるはずがありません。

ですから、細胞の中に入るためには、口にした食物を小さくする必要があるのです。それが消化であり、消化管という体外で小さくするのです。食物を構成する高分子化合物をバラバラにしてしまうと、最終的には元素にまで分解できますが、元素にまで分解されたら、食物の栄養的意義がなくなってしまいます。

> **POINT** 消化とは、栄養的意義をもつ最小化合物にまで分解することである。

1）消化の種類

消化は加水分解酵素（消化酵素）が行う過程

表3　消化の種類

消化の種類	食物に起こる変化	特徴
物理的消化	機械的な細分化	咀嚼、蠕動運動
化学的消化	消化酵素による分解	唾液、胃液、膵液など
生物学的消化	腸内細菌による分解	便形成

ためになる知識

栄養素

栄養素は、生きるために不可欠なことは、もうおわかりいただけたと思います。栄養素は5つあることもわかりました。糖質・脂質・タンパク質、そしてビタミン・無機質（ミネラル）です。始めの3つはエネルギー源になることから熱量素ともよばれています。残りの2つは健康を保つという意味で保全素とよばれています。

糖質・脂質・タンパク質は生体構成成分でもあるので、食物を摂取しなくても、それを燃やせばどうにかなりますが、ビタミン・無機質（ミネラル）は、貯蔵はできても身体の中で作られません。ですから、始めにお話ししたように、25日間も食事をしないと結局は死んでしまいます。

ビタミン・無機質（ミネラル）は一般的に低分子化合物ですから、そのまま体内（細胞内）に入れますが、糖質・タンパク質は高分子化合物なので、それを小さくしなければ、体内（細胞内）に入ってくることができません。脂質は水になじまないので、体内に入れるのはちょっとやっかいです。

だけではありません。**表3**にあるように、例えば、口の中でよくかむ（咀嚼）のも消化の1つですし、小腸に居候的に住んでいる腸内細菌も、消化の手伝いをしています。そして、**図10**に示したように、口の中から肛門までの間で長い時間をかけていろいろ行われているのが消化です。

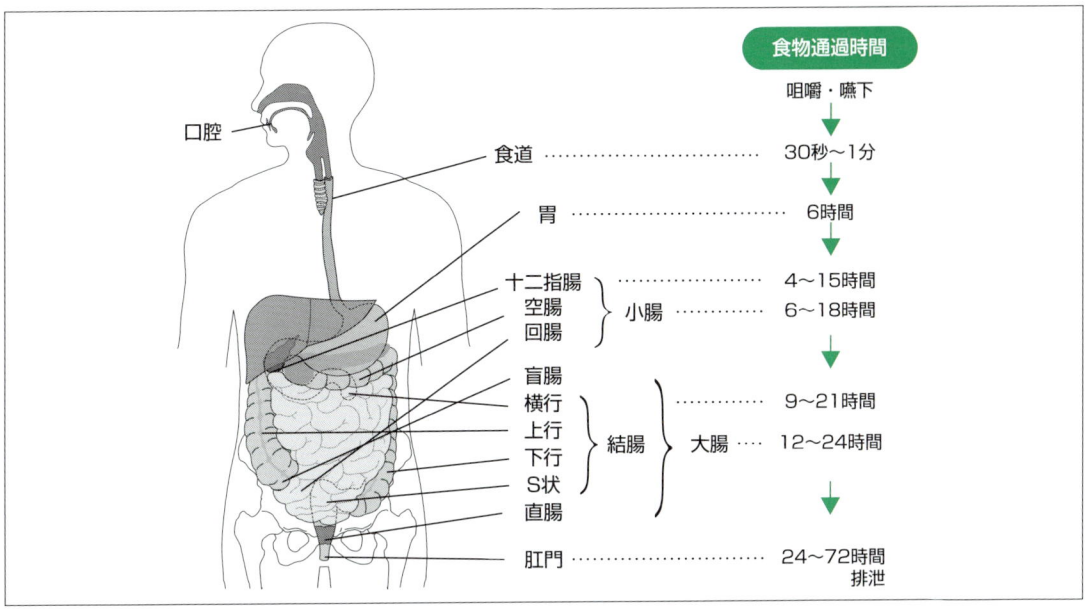

図10　消化管と食物通過時間
相原英孝、大森正英、尾庭きよ子、他：イラスト生化学入門　第3版、東京教学社、2005、p117、図9-3を参考にして作成

ためになる知識

消化とは

消化とは、消化管において高分子化合物を栄養的意義をもつ最小化合物にまで分解することをいいます。では、高分子化合物はどのようにして高分子になっているのでしょうか。まず、**図11**に示すように、低分子化合物どうしから水が抜けて連なるスタイルをしています。この結合様式を脱水結合といいます。

水が抜けて結合しているならば、水を加えれば、その結合を切り放すことができます。これを加水分解といいます。つまり消化とは加水分解反応をさします。当然ですが、この反応も化学反応であり、触媒が必要です。消化酵素といわれる一連の酵素（加水分解酵素）が、消化管という体外に分泌されて、高分子化合物である糖質、タンパク質、あるいは脂質をズタズタに切ってくれているのです。

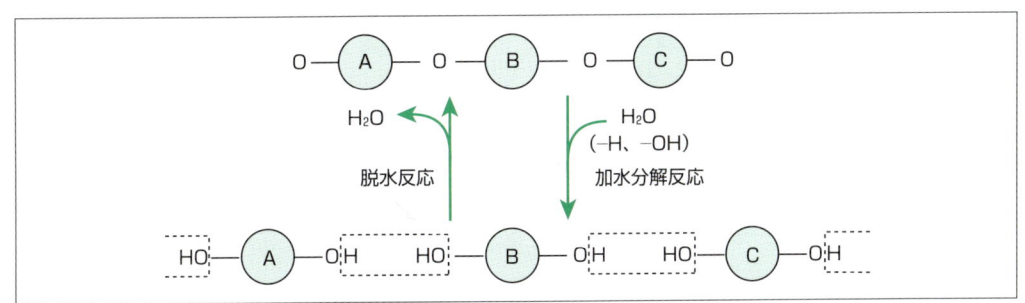

図11　加水分解による脱水結合の切断

化学的消化に関与する消化酵素は消化液という水に含まれ、消化管という体外に分泌されています。その液体の量はたいへんな量で（図12）、1日に約7Lにもなります。これは大切な水であり、そのまま体外に捨てるはずがありません。食物に含まれる水分や飲水もあわせて、小腸で水は約9Lも再吸収され、再利用されているのです。ですから、水の重要性を再認識する必要があります。

　食物は消化管という体外で、吸収できるスタイルまで小さくしなければ、体内に入ってくることができません。その最終段階の消化過程を膜消化といいます。例えば、グルコースが2つ脱水結合した糖をマルトース（麦芽糖）といいますが、そのスタイルでも吸収できません。

　糖尿病の項（p.6）でも説明しましたが、図6（p.5）に示したように、マルトースは、酵素α-グルコシダーゼ（マルターゼ）が小腸粘膜上皮細胞表面に局在していて、マルトースを見つけるやいなや、それを切断すると同時にグルコースに分解して細胞内に取り込みます。これを膜消化といいます。これらの膜消化酵素の局在は、栄養学では腸液に分類されています（表4）。

 POINT 消化の最終段階で、吸収できるスタイルにするのと同時に吸収する過程を、膜消化という。

2）胆汁酸の必要性

　消化管には各種消化液が1日に約7Lも分泌されています。当然、消化管の中は水だらけで

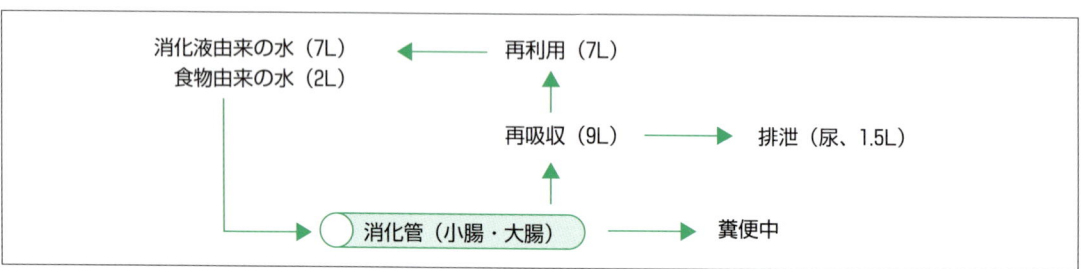

図12　消化管内の水の移行

表4　消化液中の主な酵素の基質と生成物

分泌液名	分泌液量(L/日)	分泌液中の主な酵素	基　質	主な生成物
唾液	1.0～1.5	α-アミラーゼ	デンプン	デキストリン、マルトース
胃液	1.0～2.0	ペプシン	タンパク質	ペプトン、ポリペプチド
膵液	1.0～1.5	トリプシン キモトリプシン α-アミラーゼ リパーゼ ホスホリパーゼ デオキシリボヌクレアーゼ リボヌクレアーゼ	タンパク質 タンパク質 デンプン 中性脂質 リン脂質 DNA RNA	オリゴペプチド オリゴペプチド デキストリン、マルトース グリセロール、脂肪酸 リゾリン脂質、脂肪酸 ヌクレオチド ヌクレオチド
胆汁	0.5～1.0	（胆汁酸）		
腸液	3.5～4.0	アミノペプチダーゼ カルボキシペプチダーゼ ジペプチダーゼ マルターゼ スクラーゼ ラクターゼ ヌクレオシダーゼ	オリゴペプチド オリゴペプチド ジペプチド マルトース スクロース ラクトース ヌクレオシド	オリゴペプチド、アミノ酸 オリゴペプチド、アミノ酸 アミノ酸 2分子のグルコース グルコース、フルクトース グルコース、ガラクトース 塩基、リボース

す。経口摂取した脂質は当然、水中で油滴となります。私たちは炒め物、天ぷらなどで油を摂取しています。脂質を消化する膵臓リパーゼなどは、膵液という水に含まれています。化学反応は、水溶液中でなければ起こらないということは、何度も説明しました。

つまり、代表的な脂質であるトリグリセリドを消化する膵臓リパーゼは、その油滴に接触することができません。ということは、接触しなければ、反応も起きません。ですから、肝臓から分泌される胆汁酸が必要となるのです。胆汁酸は洗剤のような界面活性作用があり、水と油をなじませてくれます。そこで初めて脂質の消化が行われます。また、脂溶性ビタミンであるビタミンA、D、E、Kの体内への吸収にも、胆汁酸は不可欠です。

 脂質の消化吸収には、胆汁酸が必要である。

2．栄養素の吸収

消化管で消化された栄養素は、次に小腸粘膜上皮細胞に取り込まれなければなりません。その機構には2通りの方法があります（**図13**）。これは栄養素の濃度と吸収の関係です。食事をすれば①の状態になり、消化管の中の栄養素の濃度が小腸の細胞内よりも高くなります。まさしく「水は高きより低きに流れる」の通りに、消化管の栄養素は、体内（細胞内）に自然と入って②の状態になります。

この輸送方法を受動輸送（自然拡散）といいます。この理論にのっとると、②の状態以上では吸収できないことになります。そこで、エネルギーを使ってポンプを動かし、③の状態にするのです。つまり、消化管から栄養素をドンドンくみ上げるのです。この輸送方法を能動輸送といいます。

1）小腸から肝臓へ

小腸内は、**図14**にあるような絨毛突起といわれるひだ構造になっていて、表面積を広くしています。ですから、水とともに栄養素も十分に吸収できるようになっています。そのあと、小腸粘膜上皮細胞に取り込まれた栄養素は、どこをたどるのでしょうか。絨毛突起の絨毛の中心には門脈系とよばれる毛細血管が走りめぐっています。そこに栄養素を放り出すのです。門脈の行き場所は肝臓です。肝臓は、いろいろなことをしている臓器ですが、栄養素を原料にして各臓器で必要な物質を作り、全身血中に送り出しているのです。

2）脂質の吸収経路

小腸粘膜上皮細胞に取り込まれた脂質も、今度は血中に放り出されなければなりません。でも、血液という水中に脂質を出したら、当然油滴になり、血栓を起こしてしまいます。ですから、どうにか水になじむスタイルで血中に移行させなければなりません。

そこで、脂質は水によくなじむタンパク質と結合してリポタンパク質となるのです。でも、

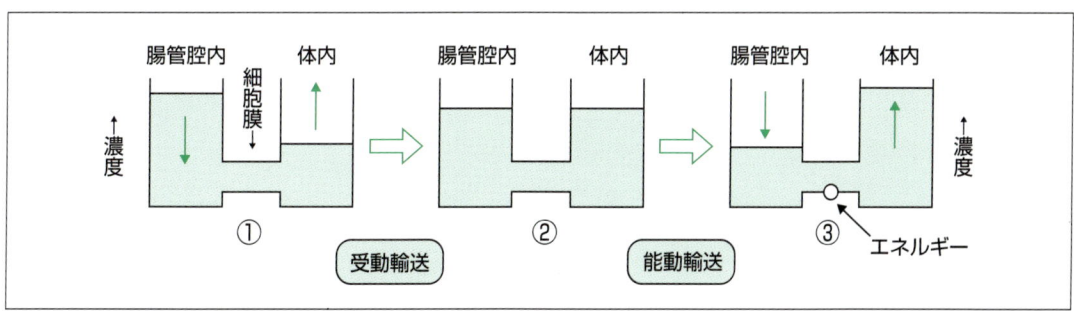

図13　栄養素の細胞膜通過機構

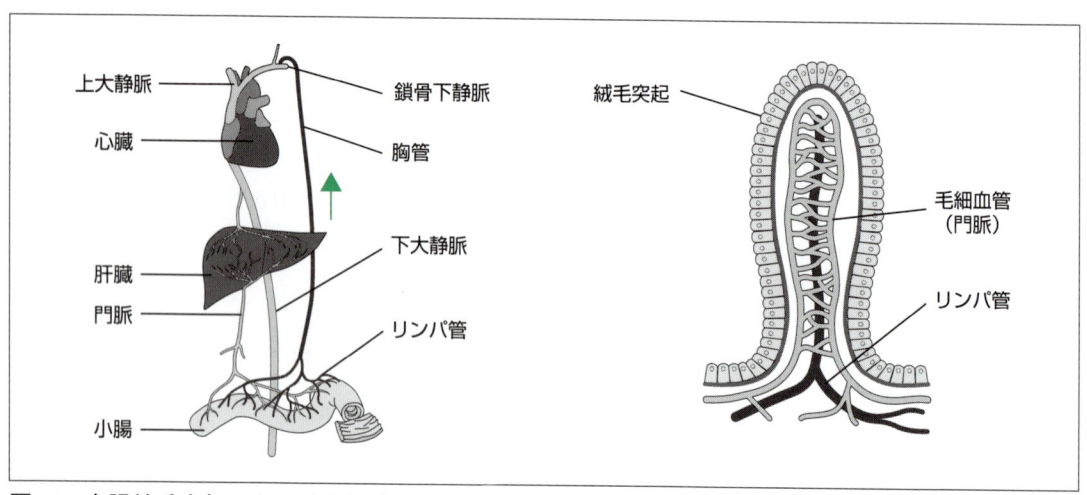

図14　小腸絨毛突起からの吸収経路
相原英孝、大森正英、尾庭きよ子、他：イラスト生化学入門　第3版、東京教学社、2005、p120、図9-7を参考にして作成

脂質があまりにもタンパク質につきすぎて、目にも見えるほどに大きな粒子になってしまうと、門脈系の細い毛細血管の中には入れません。それで仕方がなく、毛細血管の脇に走っている少し太いリンパ管に放り出します。リンパ管は鎖骨下静脈と融合していますので、図14の左の図にあるようにそこから、かなり遠回りをしてから肝臓に運ばれます。

 小腸で吸収された脂質以外の栄養素は、門脈を経由して肝臓へ行く。

III 生化学の基礎知識

　私たちは生きています。そして、生きるために体内に水・酸素・栄養素を取り入れています。体内に入った栄養素を利用してエネルギーを作ったり、生体成分の原料になったりすることで、生命そして生体維持を行っているのです。この「利用して」ということを探究するのが、生化学です。

1）分子って何？

　生化学は分子レベルで生命現象を探究する学問です。その分子をきちんと理解しなければ次には進めません。物質は何でもそうですが、バラバラにしていくと、最後は原子から成っています。これは周期律表に入っている物質です。

　その原子が2個以上結合したものが分子ですが、分子は結合することで、何らかの性質をもつことになります。ですから、別な言い方をすると、いろいろな物質が集まった混合物は、いろいろな性質を示すことになります。そして、それを分けていくと性質の異なるいくつかのものに分けられ、それ以上に性質を分けられなくなったものが分子です。ですから、それぞれの分子にはそれぞれの性質があるのです。これが大切なことなのです。生体を構成する成分は、意味をもたないカタカナで示されていますので、覚えづらいのはよくわかります。でも、それぞれの分子は性質が違うのです。その分子が生体を構成していることを理解してください。

　分子の数あるいは量の数え方ですが、モル（mol）を使います。分子（粒子）はアボガドロ定数とよばれる「$6.02×10^{23}$」個が集まって「1モル」になります。鉛筆12本で1ダースであるのと同じだと考えてください。目で見えない分子の量を計算するときは、このモルで考えます。

2）各論を始めるに当たっての最低限の基礎知識

　本書にこれから出てくる言葉と構造について、最低限、理解しておかなければならないことを以下の表に列記しておきます。言葉が理解できなければ内容がわかるはずがありません。これから何度となく出てくる単語です。

炭素化合物

炭素数	1	2	3	4
炭化水素	メタン methane	エタン ethane	プロパン propane	ブタン butane
酸 (acid)	ギ酸 formic acid	酢酸 acetic acid	プロピオン酸 propionic acid	酪酸 butyric acid
アルコール (-ol)	メタノール methanol	エタノール ethanol	プロパノール propanol	ブタノール butanol

官能基

－CH$_3$	メチル基
－OH	水酸基(ヒドロキシル基)
－COOH	カルボキシル基
－CHO	アルデヒド基
－NH$_2$	アミノ基
＝NH	イミノ基
－NO$_2$	ニトロ基
－CH$_2$CH$_3$	エチル基
CnHmCO－	アシル基
＝CO	ケト基
CH$_3$CO－	アセチル基
＝SO$_4$	硫酸基
＝SO$_2$	スルホン基
－SO$_3$H	スルホニル基

数、順番を表す

1	2	3	4	5	6	7	8	9	10	少数	多数
モノ	ジ	トリ	テトラ	ペンタ	ヘキサ	ヘプタ	オクタ	ノナ	デカ	オリゴ	ポリ

位置、順番を表す

α　β　γ　δ　ε　・・・　　　　　　　　　　　　　・・・ω

化学反応の種類

種　類	反　応
酸　化	酸素をあげる、水素をとる
還　元	酸素をとる、水素をあげる
加水分解	水をつけて切りはなす
脱水結合	水をとってつなげる
加リン酸分解	間にリン酸をつけて切りはなす

第2章 生体成分の化学と性質

　この章は、物質の名前や構造、そしてその性質についての記述が山のように出てきますが、これらの物質が生体を構成しており、生体を含めて自然界に無駄なものはないのです。これらはどんなに微量であっても、存在する意味をもっています。次の章の代謝の話になると、これらの物質がさらに変化して、また別の名前の物質に変わっていきます。この章では、その基本型を説明します。
　生体を構成する成分を生化学的に列記するとき、タンパク質や酵素から始める教科書が一般的です。でも、本書は生化学だけにとらわれず、栄養学の要素もたくさん折り込みたいということもあり、糖質から始めたいと思います。なぜなら、生きるためには糖質が最も重要だからです。

Ⅰ. 糖　質 …………………………………… 18
Ⅱ. 脂　質 …………………………………… 28
Ⅲ. タンパク質 ……………………………… 40
Ⅳ. 核　酸 …………………………………… 52
Ⅴ. ミネラル（無機質）…………………… 60
Ⅵ. 酵　素 …………………………………… 65

 糖　質

「砂糖は甘い」。これは誰もが感じる感覚です。砂糖をなめたとき、甘いと感じさせる受容体に結合できる物質（糖質）が結合すると、それが刺激となって、頭で甘いと感じます。これも体外からの刺激です。第1章でも説明しましたが、これは体外からの刺激（ここでは甘さ）に応答するのです。そこに結合できなければ、砂のような物質が舌の上にあると感じるだけです。

では、「結合できる」ということはどういうことなのでしょうか。結合できるということは、結合できるスタイル、つまり、それなりの構造をもっているということです。ですから、似たような構造をしていれば、その受容体に結合できて甘さを感じます。似たような構造があるということは、いろいろな糖質があるということです。

糖といえばまずブドウ糖だと思います。ブドウ糖は1,700年末に蜂蜜から単離された代表的な糖類で、英語はギリシャ語のglykys（甘い）に由来して、それをグルコース（glucose）とよびます。また、グルコースのことをデキストロース（dextrose）ともいいますが、これはグルコースが右旋性（dextral、右巻き）を示すことに由来しています。旋光性については、あとで詳しく説明します。

本書では、一般的な名前になっているグルコースという単語を使用します。このグルコースの組成式は$C_6H_{12}O_6$で示されますが、6でくくると、$C_6(H_2O)_6$となります。つまりこれは、炭素と水からなる化合物（carbohydrate）ということで、この糖質のことを炭水化物ともよびます。

 POINT 糖質は炭素と水の化合物なので炭水化物ともよばれる。

1．糖質の種類

ちょっと堅い話から始めますが、なじみにくい構造式などは次項に示しますので、まずは言葉で理解してください。

糖質の定義は簡単です。糖質（単糖）とはア

表1　糖質の種類

種類	特徴
単糖類	糖の定義に当てはまる分子
単糖誘導体	単糖が酸化・還元・他の物質が付加した糖
二糖類	単糖が2個結合した糖
オリゴ糖	単糖が8～10個結合した糖
多糖類	単糖が多数結合した糖

表2　単糖の種類

炭素数	糖の総称	アルドース	ケトース
3（トリ）	三炭糖（トリオース）	グリセルアルデヒド	ジヒドロキシアセトン
5（ペンタ）	五炭糖（ペントース）	リボース デオキシリボース キシロース アラビノース	リブロース キシルロース
6（ヘキサ）	六炭糖（ヘキソース）	グルコース（ブドウ糖） ガラクトース マンノース	フルクトース（果糖）

ルデヒド基（−CHO）あるいはケト基（＝CO）を1個、アルコール基（−CH$_2$OH）を2個以上もつ物質をいいます。そうすると、一番小さい糖質は炭素3個からなるということになります。そして、糖を構造的に分けると、アルデヒド基をもつ糖質が**アルドース**（aldose）、ケト基をもつ糖質が**ケトース**（ketose）となります。ちなみに、英語で接尾語が−oseは、みな糖質を意味するので、アルファベットで覚えるほうが早く整理できるかもしれません。**表1**に糖質の種類をまとめました。

1）単糖類

各種糖質の単位は単糖（monosaccharide）です。生体に存在する主な単糖は、炭素数が3個、5個、そして6個です。一般的に糖といわれるものは、炭素数6個の単糖です。数字の6を表す言葉は、ヘキサ（hexa）、糖の接尾語は-oseでした。つなぎ合わせればヘキソース（hexose）です。代表的な糖だけを**表2**に示しました。

2）単糖誘導体

化学修飾を受けた単糖を**単糖誘導体**といいます。**図1**にあるように、その化学修飾（化学反応）は酸化であったり、還元であったり、ほかの官能基の付加（水素との置換）であったりします。これらの単糖誘導体は体内で作られ、おのおのの役割をもっています。まずはその名前を覚えるしかありません。血中に存在するヘキソース以外は、まず単糖誘導体だと思ってください。特に、リン酸が結合した単糖は、糖代謝に重要な物質です。

 単糖はスタイルを変えて生体内に存在している。

3）二糖類

単糖2個が脱水結合したものを二糖類（disaccharide）といいます。**表3**にあるように、マルトース、イソマルトース、トレハロース、セロビオースは、みなグルコースが2個結合しています。何が違うのでしょうか。次の「糖質の化学」の項では、構造を示して説明します。それより、総論で説明したように、二糖類では小腸から吸収できず、単糖になって初めて吸収できることのほうが生化学では重要です。構造式を理解するのは、そのあとのことです。

表3 二糖類の種類

物質名	2つの単糖
マルトース（麦芽糖）	グルコース＋グルコース
イソマルトース	グルコース＋グルコース
トレハロース	グルコース＋グルコース
セロビオース	グルコース＋グルコース
ラクトース（乳糖）	ガラクトース＋グルコース
スクロース（ショ糖）	フルクトース＋グルコース

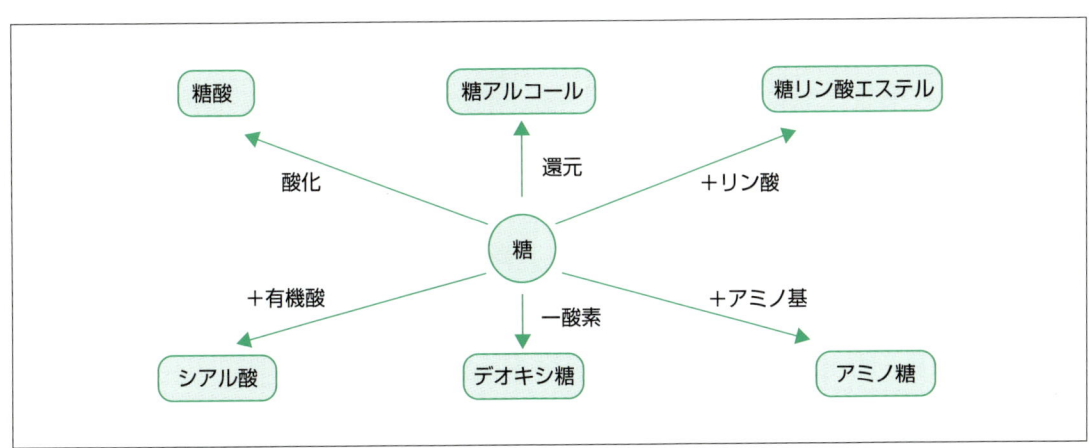

図1 単糖誘導体の種類

4）オリゴ糖

単糖の8～10個が、グリコシド結合したものをオリゴ糖といいます。グリコゲンを加水分解して、それ以上分解できなくなったものを限界デキストリンといい、これもオリゴ糖の1つですが、これは次の項で説明します。また、糖タンパク質は、タンパク質部分に単糖10個程度が連なってアンテナのように結合していますが、これを糖鎖といい、糖鎖もオリゴ糖の1つです。

5）多糖

単糖が多数グリコシド結合したものを多糖（polysaccharide）、あるいはグリカンといいます。そして、1種類の単糖からなる多糖をホモ多糖といい、例えば、グルコースからなるホモ多糖は表4にあるように、何種類もあります。ただしこれらは構造が違うので、種類は何種類にもなってしまいます。

この構造については次の項で説明しますが、名前については少し説明しておきます。生デンプンという言葉を聞くことがあると思います。生米・生イモ・うどん粉・小麦粉などがそれに当たりますが、正確にはβデンプンといいます。

図2にデンプンの種類を示しました。これをみると、βデンプンはどう考えても生のままでは美味しいとは思えないし、食あたりしそうです。βデンプンは微結晶状態なので消化されにくいのですが、熱をかけることによって糊化し、αデンプンとなって美味しく食べることができます。

また、2種類以上の単糖からなる多糖をホモに対してヘテロ多糖といいますが、体内に存在するヘテロ多糖は、酸性糖やグルコサミンを代表とするアミノ糖（glycosamine）からなっているので、それらの多糖の名前をムコ多糖、あるいはグリコサミノグリカンとよんでいます（表5）。

また、ホモ多糖は植物の種や根に貯蔵されていることもあり、貯蔵多糖ともよばれています。それに対して、ムコ多糖は皮膚や軟骨、血管壁などのすべての生体を構成する部位に存在しているので、構造多糖ともよばれています。

また、代表的なムコ多糖であるヘパリンは、肥満細胞に含まれていますが、この肥満細胞は肥満と関係した細胞ということではありません。これは、細胞の中にたくさんの顆粒があるということから「食べ過ぎ細胞」とよばれ、肥満細

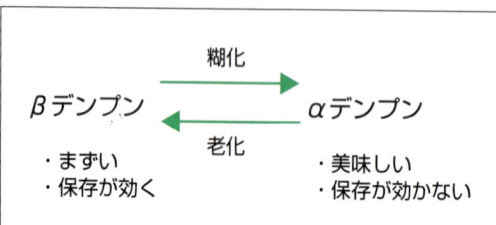

図2 デンプンの種類

表4 ホモ多糖の種類

構成単位	ホモ多糖名
グルコース	デンプン グリコゲン セルロース アミロース アミロペクチン
ガラクトース	アガロース
フルクトース	イヌリン
マンノース	マンナン

ためになる知識

グリコシド結合

糖と糖の脱水結合をグリコシド結合といいます。グリコシド結合は集合名詞で、その糖がグルコース同士であれば、グルコシド結合といいます。似ている名前ですが、少し意味が違います。

表5 ムコ多糖の種類

ムコ多糖名	おもな局在
ヘパリン	肥満細胞
コンドロイチン硫酸 デルマタン硫酸 ケラタン硫酸 ヒアルロン酸	軟骨・皮膚

胞（mast cell）と名づけられました。

6）複合糖質

生体を構成する糖には、タンパク質と結合して存在するものもあります。先に説明したように、オリゴ糖に分類されているものに糖鎖があります。これは、アンテナのように単糖が鎖状（くさりじょう）に結合したものです。この糖鎖がタンパク質に結合しているものを糖タンパク質といい、相対的にタンパク質の部分がはるかに多い物質です。

それに対して、タンパク質より糖含量が多いものをプロテオグリカンといいます。糖タンパク質もプロテオグリカンも、ともに糖とタンパク質からなる物質ですが、それぞれの含量の違いで2つに分類されています。

私たちの細胞は細胞膜で区切られていますが、バイ菌たちは単細胞で存在しており、細胞膜だけでは心もとないのでしょう。一人前にその外側に細胞壁をもっており、その細胞壁がプロテオグリカンから成っています。

 POINT プロテオグリカンは、細胞壁を構成している。

2．糖質の化学と性質

もうすでに、たくさんの糖の名前が出てきましたが、いったい何が違うのでしょうか。それは構造がほんの少し違うだけなのです。構造が少し違っただけで、名前も違えば、糖の性質も異なるのです。それに甘さも違います。これから構造式がたくさん出てきますが、それを覚える必要はありません。構造が違うから、違う物質なのだということを理解してください。

1）光学異性体

炭素は4つの原子あるいは原子団（官能基）と結合しますが、図3にあるように、立体構造を示す正四面体（せいしめんたい）の中央に炭素は位置し、それぞれの頂点に原子団が位置します。一番小さい糖質は、炭素3個からなるグリセルアルデヒドです。2番目の炭素に結合する原子団はみな異なっています。その炭素のことを不斉炭素（ふせいたんそ）、あるいはキラル炭素とよびます。それを鏡に映したとしましょう。これを鏡面対称体といいますが、不斉炭素に結合する水酸基だけが違う所に位置することになります。それを立体構造に当てはめてみると、どうやっても重なりません。つまり、違う物質なのです。

ですから、名前も変えなければなりません。そこで、不斉炭素に結合する水酸基がこの紙面上で右側にあるのをD型、左側にあるのをL型とよんでいます。ちなみに、キラルとは、ギリシャ語の「手のひら」に由来する言葉で、ちょうど2種の異性体が右手と左手の関係、つまり鏡像関係にあることを意味しているのです。

①光学活性

通常の光はさまざまな方向の振幅の波の混合（円偏光）ですが、この光を一方向の振幅の光だけを通すフィルター（偏光フィルター）を通すと、定まった方向にだけ振幅を持つ面偏光が得

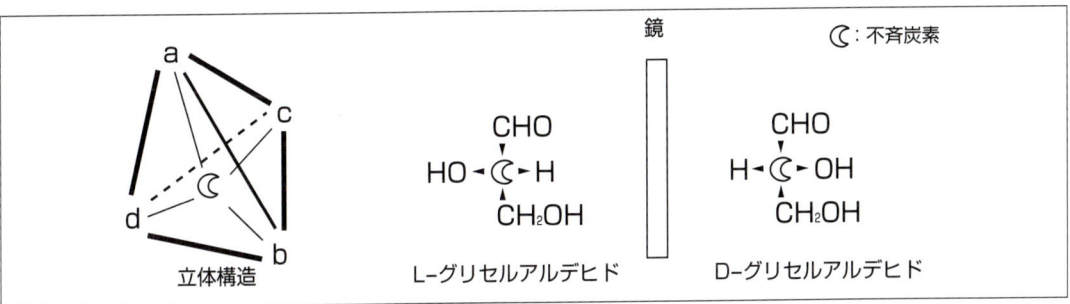

図3　糖の立体構造

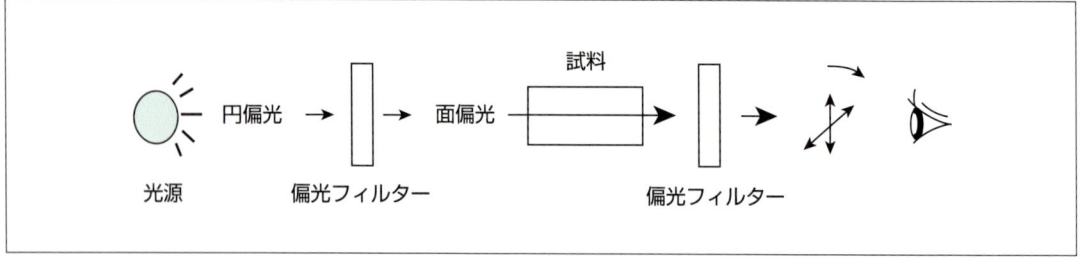

図4　旋光性の測定

られます。図4にある試料のところに、糖を代表とした不斉炭素をもつ化合物をおくと、この面偏光の面が回転します。この回転させる性質をもつことを光学活性があるといいます。

ですから、糖は光学活性があるのです。その面を右に回転させれば右旋性、D型あるいは（＋）型といい、左に回転させれば左旋性、L型あるいは（－）型といいます。その回転の仕方は、その溶液に含まれる物質の濃度に比例します。この性質を利用して糖度計としてスイカなどの甘さを計ることができます。

ちょっと難しくなりますが、立体異性体を生む原子の空間配置の差と旋光性の方向には一定の関係がないことから、現在ではより一般的な異性体の区別として、（R）体とか（S）体という表現をする教科書もあります。

 糖の構造的性質で、糖の濃度を測定できる（糖度計）。

②立体異性体の数

グリセルアルデヒドには不斉炭素が1つあって、立体異性体が2つ存在しました。では、不斉炭素が2つ以上もつ糖があれば、立体異性体はいくつ存在するのでしょうか。これには公式があります。不斉炭素の数をnとすると、立体異性体の数は2^nになります。図5に炭素6個からなる代表的なヘキソースであるグルコースの構造式を示しました。

鏡の右側の構造を見てください。D型かL型の区別は、アルデヒド基から最も遠い不斉炭素、すなわち、C_5に結合する水酸基の向きが、紙面

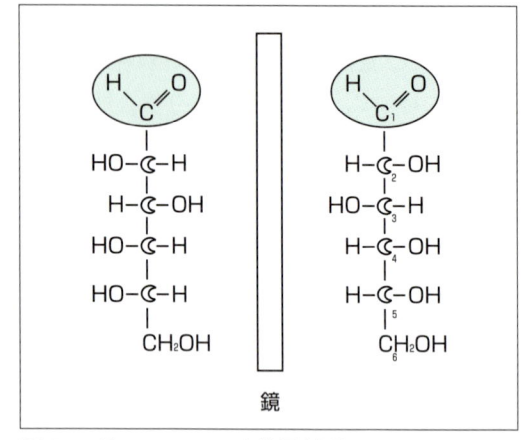

図5　グルコースの立体異性体

上で右側にあるとD型としています。つまり、鏡の右側がD型であり、左側がL型です。なぜか天然に存在するのはD型だけです。そこで、説明はD型で進めます。

炭素が6個ある中で不斉炭素をさがすと4個あります。C_1はアルデヒド基で酸素と二重結合をもつので、違います。C_6は水素2個と結合しており、これも違います。となると、C_2〜C_5の4つが不斉炭素になり、立体異性体の数は$2^4 = 16$となります。結局は、16個のグルコースの仲間が存在することになるのです。その代表的なアルドヘキソース（炭素6個のアルドース）を示しました（図6）。

図6をよく見ると、C_2、C_3、C_4に結合する水酸基の向きが異なっているだけなのです。その1つがグルコースであり、ガラクトースであり、マンノースなのです。そうです、それらは本当の仲間なのです。でも構造が違う。だから名前も違うのです。このような違いの仲間どうしを、エピマーといいます。

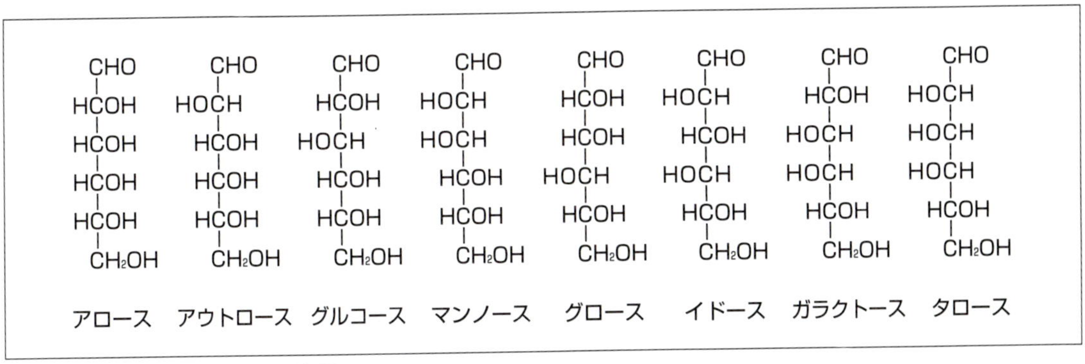
アロース
アウトロース
グルコース
マンノース
グロース
イドース
ガラクトース
タロース

図6　アルドヘキソースの仲間

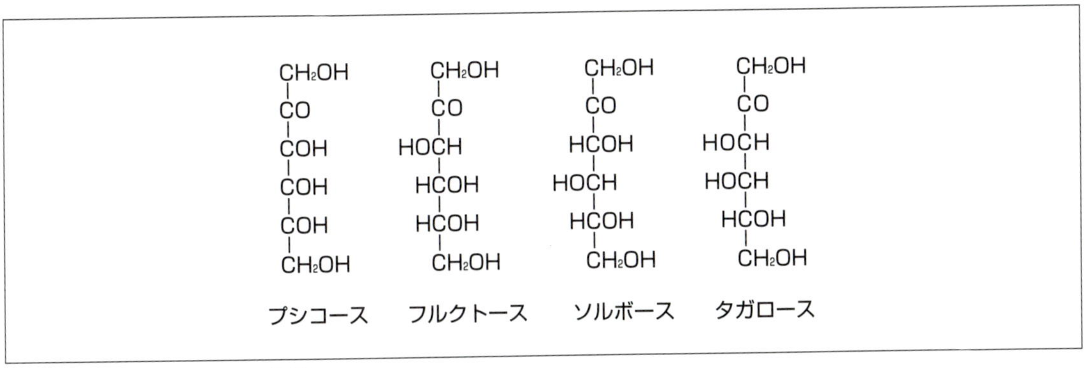
プシコース
フルクトース
ソルボース
タガロース

図7　ケトヘキソースの仲間

それに対して、ケトヘキソース（炭素6個のケトース）を**図7**に示しましたが、この中で大切なのはフルクトースだけで、あとのものは参考程度にしてください。

> **POINT** C_2〜C_4に結合する水酸基の向きの違いでできる異性体を、エピマーという。

③環状構造

糖は試薬ビンの中にあるような粉末の固体では、鎖状構造をとっています（図6、7）。水の中に糖を入れると、つまり糖を水溶液にすると、糖はH_2Oという水分子に出くわすことになります。そうすると、**図8**はグルコースを示していますが、分子内で水素の移動が起き、C_5に結合していた水酸基（$-OH$）の水素が1回飛び出し、残った酸素がC_1と結合して環状構造をとります。そうすると、酸素や水素の数を合わせるわけでもないのですが、新たに水酸基を作ることになります。それがC_1に結合します。

この新たにできた水酸基をヘミアセタール水酸基とよび、反応性に富み、他の物質と結合しやすい場所でもあります。そのC_1をよく見ると、結合する原子あるいは原子団が4個とも異なることになっています。つまり、環状構造をとると、C_1も不斉炭素となり、立体異性体がさらにでき上がります。紙面上で結合する水酸基の向きが下向きをα、上向きをβとよんでいます。また、C_1で生じる立体異性体を、エピマーに対してアノマーといいます。

> **POINT** C_1に結合する水酸基の向きの違いでできる異性体を、アノマーという。

④異なる環状構造

糖がもつ官能基が、アルデヒド基（$-CHO$）だとアルドースで、ケト基（$=CO$）だとケトースであり、その違いは官能基の炭素の位置の違いでした。ですから、環状構造をとるときに、その両者は、同じ環状構造にはなれません。こ

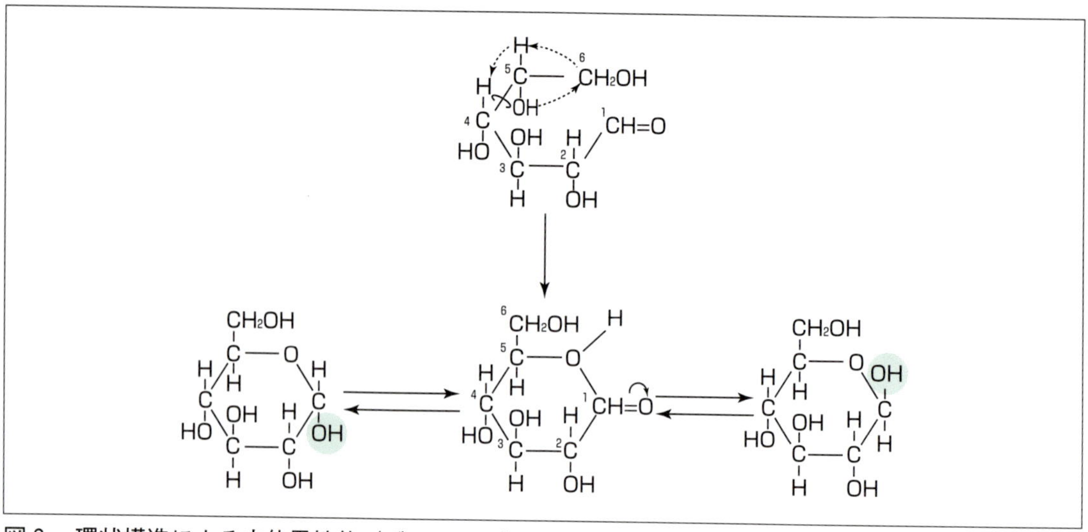

図8　環状構造による立体異性体（グルコース）

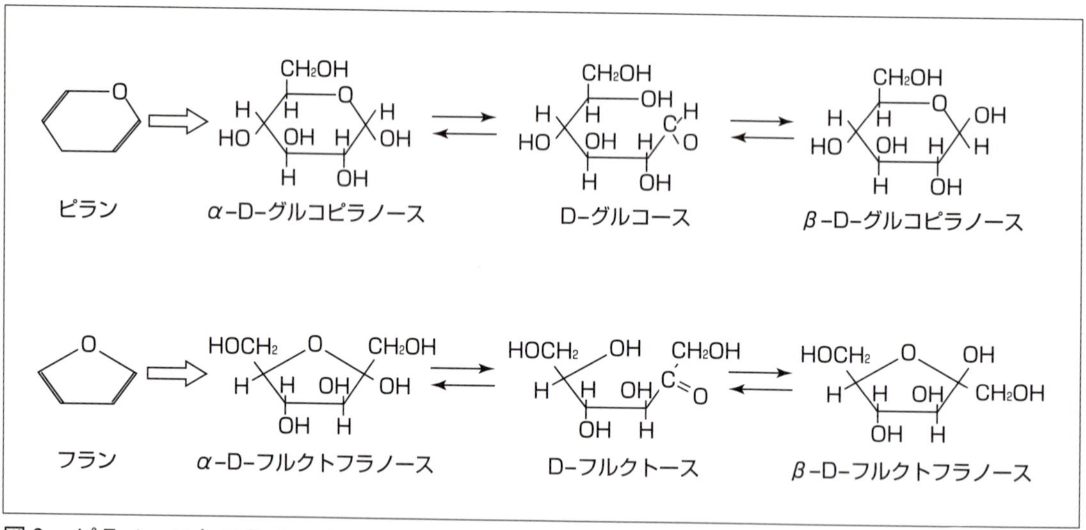

図9　ピラノースとフラノース

の環状構造への変化には法則性があります。

　図8に示したグルコースは、六角形になっています。つまり、アルドースは六角形に、ケトースは五角形になるのです。図9にあるように、酸素を介した六角形をピランといい、ピラン型をした糖を**ピラノース**といいます。それに対して、酸素を介した五角形をフランといい、フラン型をした糖を**フラノース**といいます。ですから、グルコースが環状構造をとればグルコピラノースといい、ケトースであるフルクトースが環状構造をとればフルクトフラノースというのが正式な名前になっています。

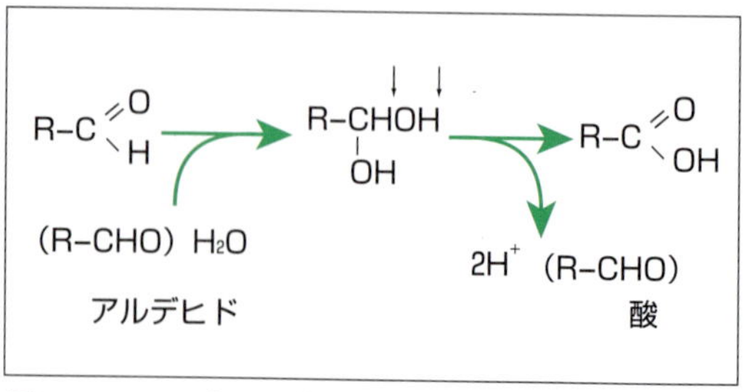

図10　アルデヒド基の酸化

　このように、糖を水溶液にすると、鎖状構造から環状構造に変化しますが、その存在様式は平衡関係にあるので、水溶液の中にはその両者の構造が存在します。この平衡関係がミソで、

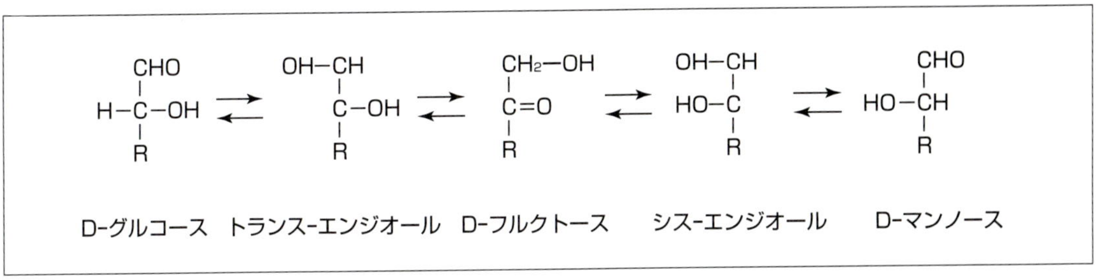

$$\text{CHO} \atop \text{H-C-OH} \atop \text{R} \rightleftarrows {\text{OH-CH} \atop \text{C-OH} \atop \text{R}} \rightleftarrows {\text{CH}_2\text{-OH} \atop \text{C=O} \atop \text{R}} \rightleftarrows {\text{OH-CH} \atop \text{HO-C} \atop \text{R}} \rightleftarrows {\text{CHO} \atop \text{HO-CH} \atop \text{R}}$$

D-グルコース　トランス-エンジオール　D-フルクトース　シス-エンジオール　D-マンノース

図11　ケトースのエノール化

何らかの理由でどれかが減ってしまうと、例えばβ型が減ってしまうと、均衡を維持するため、α型がβ型へと変化するのです。

ちなみにこれらは、アルカリ性だとより鎖状構造になりやすく、中性・酸性だと環状構造をとりやすい性質があります。この液性の違いは、次に説明する糖質の性質と深い関係がありますので重要です。

 糖の環状構造は、H^+の多い酸性で生じやすい。

2) 還元性

代表的な糖質の性質に還元性があげられますが、糖の構造の中のアルデヒド基（-CHO）に還元性があります。還元性があるということは、相手を還元するということです。そして自分は酸化されるということです。そうです、糖は酸化されやすいのです。糖を主役として考えてみると、アルデヒド基が酸化されてカルボキシル基（-COOH）になりやすいともいえます。酸化しようとする物質が糖を攻めるとしましょう。

図10に示すように、物質がアルデヒド基に水をつけて水素原子2個を取る。その結果、カルボキシル基に変換する。その取られた水素原子を相手の物質にあげる。すなわち、それが相手を還元することになります。でも、これはアルデヒド基があっての話です。前にも説明したように、環状構造をとると、アルデヒド基はなくなります。思い出してください。糖はアルカリ性でより鎖状構造をとります。つまり、アルカリ性で強い還元性を示すことになります。

そうすると、アルドースは還元性があって、ケトースには還元性はないのでしょうか。そのような仲間はずれなことはしません。代表的なケトースであるフルクトースの水溶液をアルカリ性に傾けると、図11のように、エノール化とよばれる反応が進み、ケトースもアルドースに変換してアルデヒド基をもつようになります。すると、ケトースも還元性を示し、すべての単糖類は還元性を示すことになります。

 糖はアルカリ性で鎖状構造になり、強い還元性を示す。

①二糖類の還元性

繰り返しますが、糖の還元性は、鎖状構造となり、アルデヒド基が露出したときに現われます。逆に、アルデヒド基が露出しないと、還元性は示さないことになります。二糖類とは、単糖がグリコシド結合したものです。その構造を図12に示しましたが、その中のマルトースを見てください。左側のグルコースのアルデヒド基に由来する水酸基（ヘミアセタール水酸基）が右側のグルコースのC_4と結合しています。ということは、左側のグルコースはアルデヒド基を露出させることができません。

つまり、左側のグルコースには還元性はないのです。でも、右側のグルコースはヘミアセタール水酸基がそのままなので、平衡関係のもとにアルデヒド基が現れます。したがって、マルトースは還元性を示します。そして、ラクトースも同様に還元性を示します。

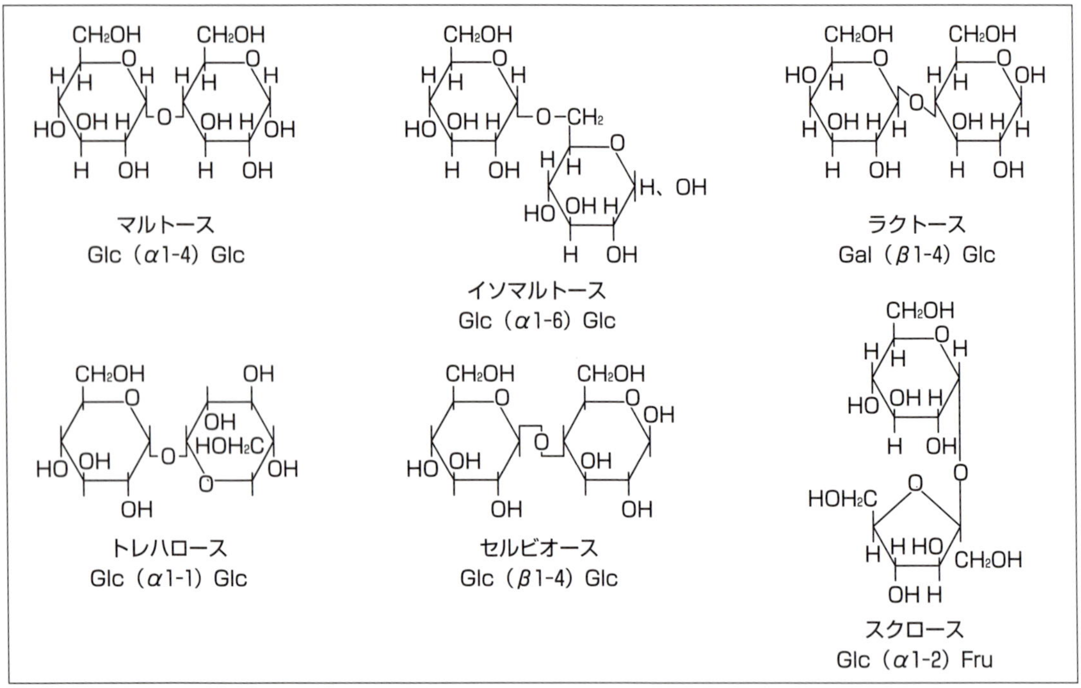

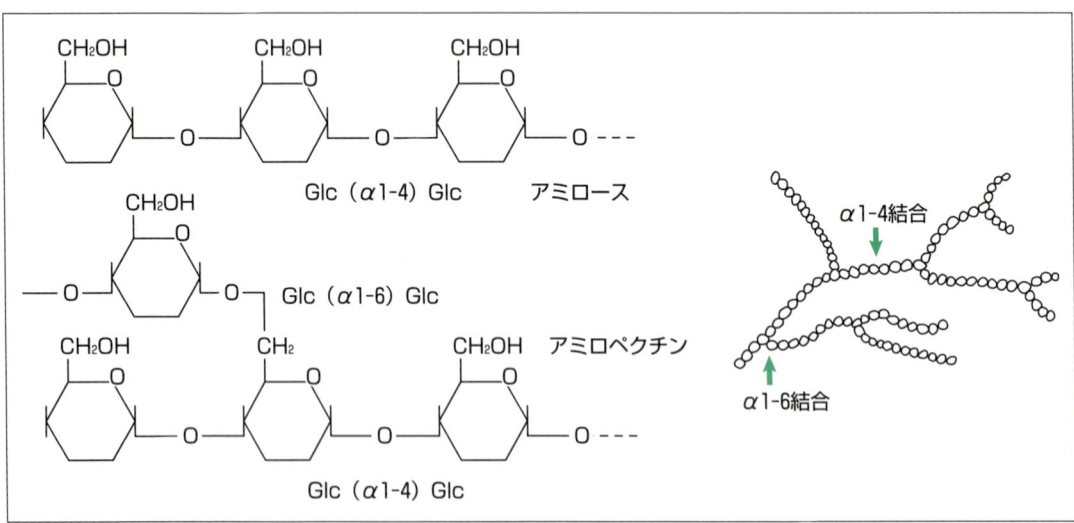

図12 二糖類の構造

図13 アミロースとアミロペクチンの構造の違い

　スクロースを見てください。グルコースのアルデヒド基とフルクトースのケト基のところでグリコシド結合しているので、鎖状構造には戻れません。トレハロースも同じです。トレハロースはグルコースのアルデヒド基同士で結合しています。結論として、スクロースとトレハロースは還元性を示しません。

 POINT　スクロースは、還元性を示さない。

②多糖類の還元性

　では次に、多糖類の還元性について考えてみましょう。グルコースからなるホモ多糖の2つの構造を**図13**に示します。グルコースが α1-4 グリコシド結合して鎖状になったものをアミロ

ースといいます。それに対して、その鎖状構造をもとにしてα1-6グルコシド結合で分枝状構造をもつものをアミロペクチンといいます。代表的なホモ多糖であるデンプンは、アミロースが約20％、アミロペクチンが約80％含まれる混合物です。

また、グリコゲンはアミロペクチンから成っています。そして、それぞれグルコース同士結合した左側のグルコースは、ヘミアセタール水酸基が結合に使われているので、還元性はありません。たくさんのグルコースが結合しているわけですから、途中のグルコースはみな還元性がありません。還元性を示すグルコースはこの紙面上で一番右側の1つだけです。高分子である多糖の中で、1個のグルコースだけでの還元性では、全体的にみるとごくわずかの還元性となり、皆無に等しくなります。ですから、多糖類は還元性を示さない物質になります。

多糖類の中で還元性を示すのは、1つの糖だけである。

3．糖質の栄養的意義

1）エネルギー源

糖質をなぜ、摂取しなければいけないのか。糖質を取るときは、高分子であるデンプンとして主に食べていますが、これは糖質が、身体に最もやさしいエネルギー源だからです。燃やしても燃えかすが出ないのです。出るのは水と二酸化炭素だけです。つまり、固形物の老廃物が出ないということです。

ですから1日に必要なエネルギーを作る場合、60％は糖質からエネルギーを得たほうがいいといわれています。とにかく、あっという間にグルコースからエネルギー（ATP）が作られるのです。これは酸素がなくても作られるのです。例えば、100m走るときも、火事場でのバ・カ・チ・カ・ラも、グルコースを燃やして作られたエネルギ

たぬになる知識

フェーリング反応

1848年にドイツの科学者 H.Fehlingが考案し、糖の検出・定量に広く用いられています。糖が二価の銅（Cu^{2+}）を赤色の一価の銅（Cu_2O）に還元するもので、下の反応式にあるように、ヘキソース1分子は銅の約5原子を還元します。

R-CHO（糖）＋ 2 Cu^{2+}＋ 5 OH^- →
　　　　　　　　　R-COO^-＋Cu^+＋ 3 H_2O

ーを使用しています。代謝については、第3章、第4章で詳しく説明します。

2）線維素

糖質の栄養的意義はエネルギー源だけではありません。悔しいことに、消化できない糖質もあります。この消化されない糖質を線維素といいます。消化できないということは、加水分解できず、体内に吸収できないということを意味します。その物体は仕方がないので消化管を下り、最終的には便となって排泄されますが、その間、線維素は消化されることがないので、ゆりかごのようにゆっくりと消化管を下ります。それに乗っているのは腸内細菌です。腸内細菌は便の形成に役立つだけでなく、体内の老廃物をより老廃物にしてくれるのです。

ですから、腸内細菌が頑張ってはたらいてくれないと、腸も健康ではいられなくなるのです。体内には入ってこないから、個体にとっては無意味かもしれませんが、腸内細菌が頑張ることが、ひいては私たちの健康にもつながっているのです。

腸内細菌のためにも、糖質摂取は重要である。

II 脂　質

「油脂」という単語があります。これは同じ意味の漢字を2つ並べた単語ですが、「油」とはオリーブ油のように常温（室内）で液体の脂質をいい、「脂」とはバターのように常温で固体の脂質をいいます。同じアブラなのに、なぜそのようにスタイルが異なるのでしょうか。答えは簡単です。いろいろなアブラ、つまり構造が異なるアブラがたくさんあるからです。

糖質の定義はきわめて明瞭でした。アルデヒド基（－CHO）あるいはケト基（＝CO）を1個、アルコール基（－CH$_2$OH）を2個以上もつ物質を糖質といいましたが、これは糖質の構造に類似点が多いということによります。

でも、脂質の定義となると、曖昧な定義になってしまいます。水（極性溶媒）に不溶で、有機溶媒（非極性溶媒）に可溶な一群の生体成分を脂質といいます。有機溶媒にもいろいろな種類があり、それに溶ける脂質もあれば、溶けない脂質もあります。つまりはいろいろな構造の脂質があるということです。

水と油について、もうちょっと説明します。水のように分子内で電気の偏りをもつ物質を極性物質といいます。当然のように、プラスとマイナスは引き合います。ですから、極性のある物質は、極性のある水の中に難なく散らばることができます。これが溶けた状態です。

反対に、水のような極性溶媒中では、非極性物質は極性溶媒の電荷からの反発を受けるので、散らばって存在するよりは、自らが固まりあって水との接触面を最小にしようとします。ですから、このような物質は水に拡散できず、溶けないことになります。水の中の油滴を想像してください。それが脂質であり、非極性物質です。

1. 脂肪酸の化学と性質

構造が簡単なので、まずは脂肪酸から話を進めます。生体内の脂質のほとんどは、脂肪酸を

ためになる知識

水に溶けない？

水に溶けるとは、どのようなことなのでしょうか。まず、水分子の構造を図14に示しました。水分子H$_2$Oは、酸素原子（O）1個と水素原子（H）2個が共有結合で結ばれています。紙面上に書けば平面ですが、実際の原子は球状です。それを図14-(B)に示しましたが、酸素原子の半径は0.14 nm、水素原子は0.12 nmです。さらに、原子は一般的に、大なり小なり電子を引きつける力をもっており、水素原子より酸素原子の方がその力が強いのです。電子を多くもつとマイナス荷電を帯びます。ですから、酸素原子はよりマイナスを帯び、水素原子はプラスを帯びます。それをδ$^-$やδ$^+$で示しています。

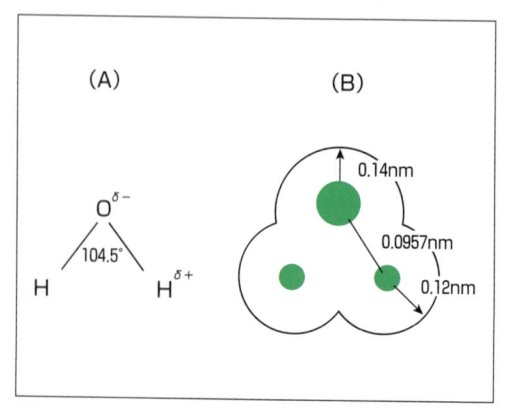

図14　水分子の構造

含んでいるのです。そして、脂肪酸は炭化水素鎖にカルボキシル基（-COOH）が結合した格好をしています。炭化水素は完全なる非極性物質です。それに極性基であるカルボキシル基が結びついているので、炭化水素鎖が短ければ水になじみます。そして、炭化水素鎖が長くなるほどアブラの性質が出てきて、水には溶けなくなります。

ちなみに、カルボキシル基をもつ物質は名前の最後に必ず「酸、acid」がつきます。なぜならそれは、カルボキシル基が酸の性質をもつからです。

1）脂肪酸の種類

まず、脂肪酸を構成する炭素番号の命名ですが、図15にあるように、脂肪酸は炭化水素鎖にカルボキシル基が結合したものとみなしていたので、炭化水素の始まり、すなわち、カルボキシル基（-COOH）の隣の炭素から、ギリシャ文字で順次、α、β、γ…そして最後の炭素をωとしていました。

現在でもそのよび名を使用することもありますが、炭化水素の炭素もカルボキシル基の中の炭素も同じ炭素ということで、現在では、カルボキシル基の炭素から、数字で1から順次よぶようになっています。

そして、カルボキシル基から-OHを除いた>C=Oと、炭化水素鎖をあわせてアシル基といいます。これはこれから何度となく出てくる単語です。脂肪酸がいろいろな反応をするときは、このアシル基が反応しています。この反応とは、脂肪酸が結合したり切り離されたりすることをいいます。

そしてまた、脂肪酸には、炭素同士が一重結合だけでなっているものと、二重結合をもつものがあり（図16）、一重結合からなる脂肪酸は、二重結合の部位を水素で飽和した脂肪酸とみなすことができます。だから、一重結合だけからなる脂肪酸を飽和脂肪酸といい、二重結合をもつものを不飽和脂肪酸といいます。さらに、二重結合を2個以上もつ脂肪酸を多価不飽和脂肪酸といい、栄養的に重要な脂肪酸です。

> **POINT** 炭化水素鎖にカルボキシル基が結合したものを、脂肪酸という。

図15　脂肪酸の構造

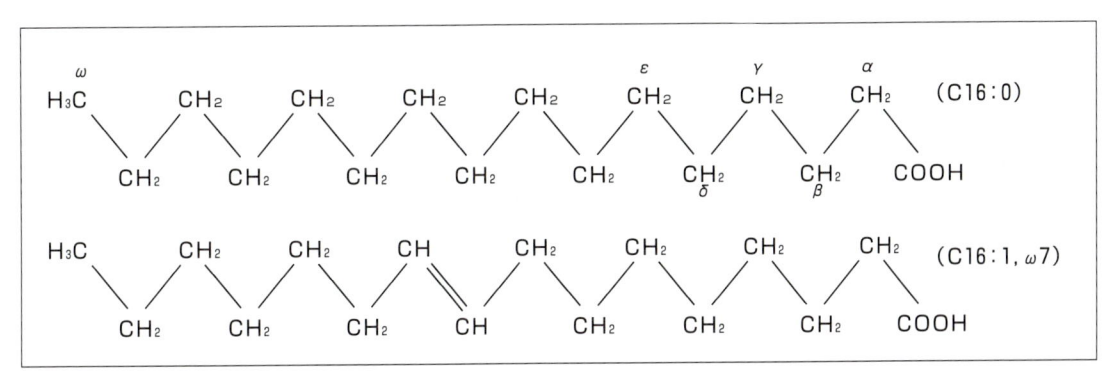

図16　飽和脂肪酸と不飽和脂肪酸

表6に示すように、脂肪酸の記名方法は慣用的にステアリン酸であればC18：0のように書きます。これは、炭素数18で二重結合数が0ということを表しています。つまりこれは飽和脂肪酸です。炭素数18で二重結合数1のオレイン酸であればC18：1と書きます。

不飽和脂肪酸をもっと詳しく示すときは、その二重結合の場所も表すことになっています。図16にもありますが、ω7は最後の炭素から数えて7番目の炭素から8番目の炭素にかけて二重結合であるということです。また、教科書によってはω7を、n-7系と表記しているものもあります。

図17に代表的な不飽和脂肪酸の構造を示しました。ω位の炭素から何個目に二重結合があるかがわかると思います。生体には、n-9系以外に、n-6系、n-3系の不飽和脂肪酸もあるのです。

2）生体内の脂肪酸

このように、脂肪酸にはいろいろな種類があることがわかりました。表6を見ると気がつくと思いますが、表の中の脂肪酸の炭素数はすべて偶数です。これは、生体内で脂肪酸を合成するときに、炭素を2個ずつ伸ばしていくので、どうしても偶数の脂肪酸ができ上がってしまうのです。でも、生体内には炭素数が奇数の脂肪酸も、あるにはあります。脂肪酸の代謝のなかに*α酸化*というのがありますが、これは脂肪酸から炭素1個が切断される反応です。ですから、炭素数偶数個の脂肪酸がα酸化を受けると、炭素数奇数個の脂肪酸が生じるのです。詳しくは、脂質代謝の項で説明します。

また、飽和脂肪酸と不飽和脂肪酸のどちらが生体に多く存在するかというと、結論からいえば、不飽和脂肪酸のほうが多く存在します。これは、次に説明する脂肪酸の融点と関係しています。

表6 脂肪酸の種類

	炭素数	脂肪酸名	融点(℃)
短鎖	C4：0	酪酸	-7.9
	C6：0	カプロン酸	-3.4
中鎖	C8：0	カプリル酸	17
	C10：0	カプリン酸	31
長鎖脂肪酸	C12：0	ラウリン酸	44
	C14：0	ミリスチン酸	59
	C14：1	ミリストレイン酸	-4
	C16：0	パルミチン酸	63
	C16：1	パルミトオレイン酸	0
	C18：0	ステアリン酸	70
	C18：1	オレイン酸	13
	C18：2	リノール酸	-5
	C18：3	リノレン酸	-11
	C20：4	アラキドン酸	-50
	C20：5	エイコサペンタエン酸	-54
	C22：6	ドコサヘキサエン酸	-44

> **POINT** 生体内にある脂肪酸は、炭素数は偶数のものが多い。

オレイン酸 (n-9)　リノール酸 (n-6)　アラキドン酸 (n-6)　α-リノレン酸 (n-3)

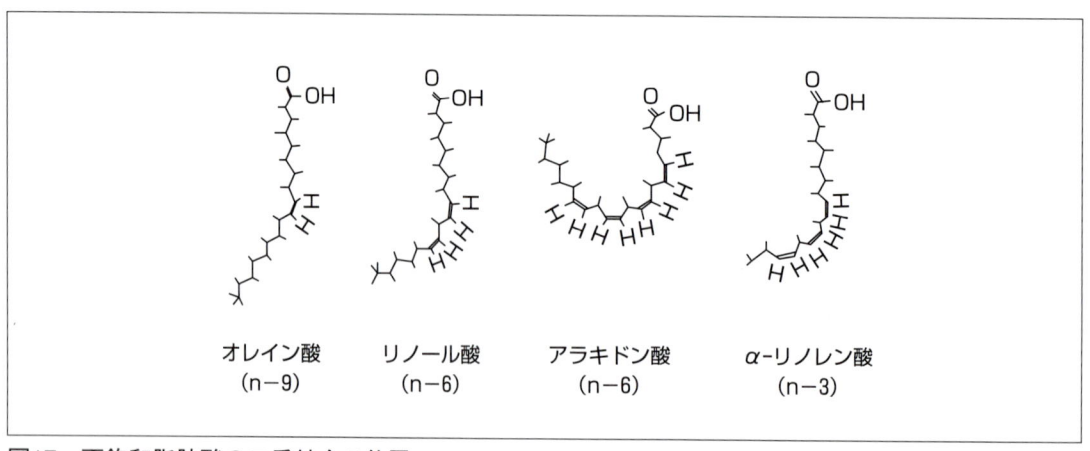

図17 不飽和脂肪酸の二重結合の位置

3）脂肪酸の融点

　融点とは、固体から液体になる温度をいいます。水の融点は0℃です。常温（25℃）では液体で存在する脂肪酸もありますが、その脂肪酸の融点は25℃以下のはずです。また、常温では固体で存在する脂肪酸の融点は25℃以上のはずです。表6に脂肪酸の融点も表記しました。これを見ると、融点には法則性があることがわかります。わかりやすくするために、**表7**に代表的なものを書き出してみました。炭素数が増えると融点が上がり、同じ炭素数でも、二重結合数が増えると融点は下がります。「油脂」の意味を思い出してください。また、バターとマーガリンの硬さの違いも想像してみてください。バターのほうが硬いのは、飽和脂肪酸を多く含んでいるからです。マーガリンは植物性脂質、バターは動物性脂質に由来していますが、どちらがよいのかはあとで少し説明します。

> **POINT** 二重結合のある脂肪酸は、融点が低い。

4）幾何異性体

　図16の中に示した脂肪酸（C16：0）は、炭素16個がそれぞれ一重結合で連なっています。紙面上に書けば、当然、平面構造になってしまいますが、糖質の項でも説明したように、炭素は立体構造である正四面体の中央に位置し、4つの結合相手は正四面体のおのおのの頂点に位置します。それぞれの原子がぶつかることなく並ぶには、炭素同士の結合は折れ曲がることになります。その炭素同士の結合角度は100度で、一重であるがゆえに回転が可能になります。でも、二重結合があると、そこの場所だけが平面になって回転ができなくなりますが、それ以外の一重結合の場所は回転可能です。

　図18に簡素化した二重結合を示しました。官能基X、Yは炭化水素鎖と思ってください。二重結合の部位から官能基X、Yの位置が同じ方向（シス型）と反対の方向（トランス型）では、違う物質になります。このような異性体を幾何異性体といい、不飽和脂肪酸にはこの異性体が存在します。

　図17をよく見てください。ここでは4つの脂肪酸しか示していませんが、生体内の脂肪酸はシス型です。それではなぜ、生体内にはシス型が多いのでしょうか。図18を見ても、構造的にシス型のほうが不安定に見えます。実際に化学的には不安定なのですが、シス型の方が、結晶性が低くて析出しにくいこと、さらに、流動性が高くなることから、生体はあえてシス型を合成するようになります。

> **POINT** 生体内の脂肪酸は、シス型が多い

5）脂肪酸の存在様式

　生体の中で脂肪酸はどのようにして存在しているのでしょうか。図16や図17のような構造の

表7　脂肪酸と融点

炭素数	融点	二重結合数	融点
C4：0	−7.9	C18：0	70
C6：0	−3.4	C18：1	13
C8：0	17	C18：2	−5
C10：0	31	C18：3	−11
C12：0	44		
C14：0	59		
C16：0	63		
C18：0	70		

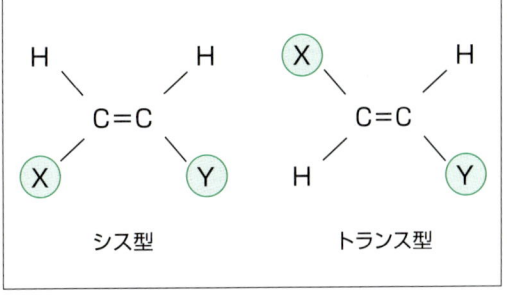

図18　幾何異性体の構造

ままでの存在は、まずありません。あとで少し説明しますが、血中の脂肪酸は、アルブミンというタンパク質と複合体をなしていますが、ほんの少しです。脂肪酸は「何か」と結合しているのです。その結合の仕方は脱水結合で、エステル結合とよばれており、いろいろな物質と結合しています。そして、エステル結合ででき上がった物質をエステルといいます。

この**エステル**ですが、酸とアルコールとの脱水化合物であり、ここでいう酸とは、脂肪酸のことです。このエステル化した脂肪酸については、これから順次説明していきます。この酸がリン酸の場合は、特に**リン酸エステル**とよばれています（図19）。

エステル結合していない脂肪酸は、先にも説明したように、血中にも存在しますが、脂肪酸もアブラです。脂肪酸だけでは血液という水の中では存在しにくいので、代表的な血清タンパク質であるアルブミンと複合体をなして存在しています。言い換えると、アルブミンが脂肪酸を運搬してくれているのです。この脂肪酸はエステル化されていないので、**遊離脂肪酸**（NEFA：free fatty acid, non-esterized fatty acid）ともよばれています。

> **POINT** エステルとは、酸とアルコールとの脱水化合物である。

2．脂質の種類

脂肪酸は、これから説明するいろいろな脂質に含まれる物質ですので、脂質の性質も知るためにも始めにかなり詳しく説明しました。そして、その脂肪酸と結合してでき上がったエステルが、生体内にたくさん存在しています。

また、栄養学的にも大切であるビタミンの中にも、脂質に含まれるものがあります。それは、脂溶性ビタミンとよばれるものです。

1）トリアシルグリセロール（トリグリセリド、TG、中性脂肪）

3分子の脂肪酸と、グリセロール（グリセリン）というアルコールとが結合したエステルを、トリアシルグリセロールといいます。臨床の場では検査項目の1つになっていて、慣用的にトリグリセリドとよばれています。アシル基（C_nH_mCO-）とは脂肪酸の側鎖の名前で、**図20**にあるように、3つのアシル基がグリセロールとエステル結合した構造をしています。トリアシルグリセロールは水を嫌う油の王様です。結合するアシル基が2つであればジアシルグリセロール（ジグリセリド）、1つであればモノアシルグリセロール（モノグリセリド）といい、

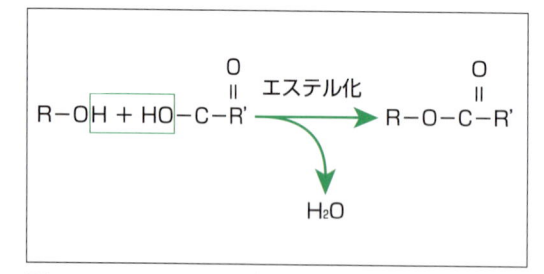

図19　アルコールと酸のエステル化

ためになる知識

トランス型の脂肪酸

自然界ではシス型の不飽和脂肪酸がほとんどです。でも、植物油に多く含まれる多価不飽和脂肪酸に水素を化学的に付加すると、天然には存在しないトランス型も生じてきます。植物性脂質は、ほとんどが「油」、つまり液体です。マーガリンはどうでしょうか。植物性脂質に由来といっても「脂」です。植物性油に人工的に水素を付加して二重結合数を減らして、融点を上昇させて「脂」にしているのです。バターよりマーガリンのほうが体にやさしいといわれますが、天然の物ではないという見方をすると、マーガリンのほうがバターよりもよくないかもしれません。

これらをまとめて中性脂質（中性脂肪）とよんでいます。

このトリアシルグリセロールに含まれる脂肪酸はさまざまですが、血清トリアシルグリセロールについてみると、多い順にオレイン酸44％、パルミチン酸26％、リノール酸16％、その他14％となっています。

注目したいのは、含まれる脂肪酸の約70％は不飽和脂肪酸であるということです。脂肪酸の融点を思い出してください。不飽和脂肪酸のほうが、融点が低いのです。つまり、油であっても、水になじまなくとも、体温では液体で存在しうるということです。これが飽和脂肪酸ばかりだったら、体内でアブラが固体化してしまうでしょう。

2）複合脂質（リン脂質・糖脂質）

中性脂質は油の王様でした。中性脂質は水を全く嫌うのです。それに対して、極性を示す官能基をもつ脂質を複合脂質といいます。極性を示す官能基として、リン酸をもてばリン脂質、糖質をもてば糖脂質というものがありましたが、これは総論の細胞膜のところで説明しました。第1章の図9（p.8）に模式化した細胞膜の構造を示しましたが、見てもわかるように、細胞の中と外は水だらけです。それを分けるにはアブラが好都合であり、水にもアブラにもなじむ物質、つまり複合脂質の性質が、細胞膜にはもってこいなのです。

①リン脂質

リン脂質の基本骨格からみて、グリセロリン脂質とスフィンゴリン脂質の2種類のリン脂質があります。簡単に言ってしまうと、リン脂質とはアシル基を代表とする疎水基と、リン酸や塩基類を代表とする親水基からなるということ

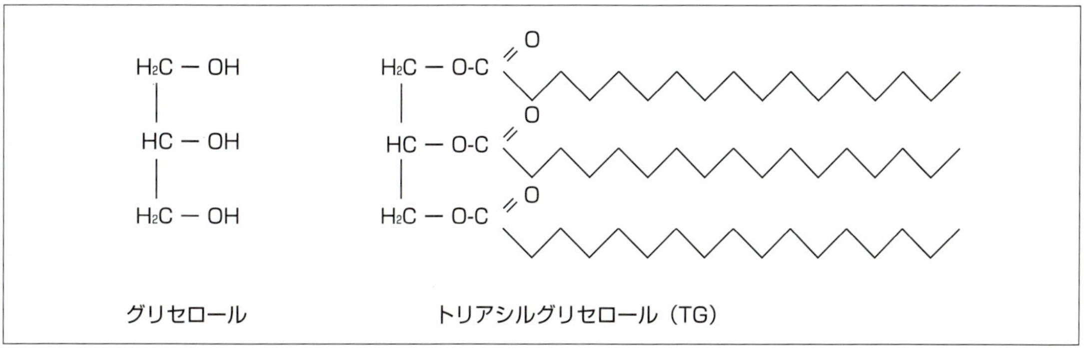

図20　トリアシルグリセロールの構造

ためになる知識

トリアシルグリセロールの存在意義

太っているヒトは、一般的にトリアシルグリセロールを皮下組織に貯めています。もちろん、好きで貯めておくわけではないでしょうが、トリアシルグリセロールは、身体の異常時には、大変役に立ちます。詳しくはエネルギー代謝や脂質代謝の項で説明しますが、脂質は糖質の2倍以上のエネルギー効率をもっています。

いざというときに、このトリアシルグリセロールは加水分解されて3分子の脂肪酸とグリセロールとなり、脂肪酸は酸素のもとに燃焼されてエネルギーを生み出すことができます。でも、脂質を体内で燃焼させると、身体にとっては都合の悪い老廃物もできてしまうので、本当はあまり燃やさないほうがいいのです。

POINT　トリアシルグリセロールは、エネルギー源としての貯蔵体である。

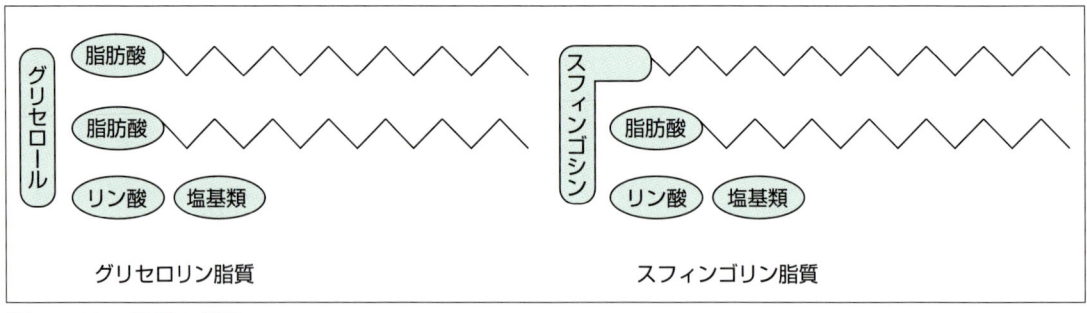

図21　リン脂質の構造

表8　リン脂質の種類

種類	基本骨格	代表的なリン脂質
グリセロリン脂質	グリセロール	ホスファチジルコリン（レシチン） ホスファチジルセリン ホスファチジルエタノールアミン ホスファチジルイノシトール リゾホスファチジルコリン 　　　（リゾレシチン）
スフィンゴリン脂質	スフィンゴシン	スフィンゴミエリン

です。図21に示したように、2本の疎水基（アシル基）と親水基（リン酸や塩基類）をもち、ともに類似した構造をもっています。また、2本の疎水基のうちの1本がなくなったリン脂質もあります。それをリゾリン脂質とよんでいます。代表的なリン脂質を表8に示しました。リゾ（lyso-）は、溶けたという意味の接頭語です。ですからこれは、脂肪酸が1つ溶けたリン脂質という意味です。

ためになる知識

ホスファチジン酸

トリアシルグリセロールから疎水基（アシル基）が1本取れれば、ジアシルグリセロールです。このジアシルグリセロールにリン酸が結合したものをホスファチジン酸といい、代表的なリン脂質の基本骨格になっています。

これに塩基類としてコリンが入れば、ホスファチジルコリンというリン脂質になり、この慣用名がレシチンです。これは鶏卵の黄味にたくさん含まれている物質です。その他の塩基類を図22の中に示しましたが、例えば、エタノールアミンが結合していれば、ホスファチジルエタノールアミンになります。

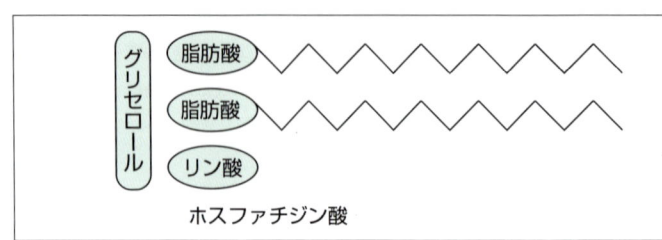

図22　ホスファチジン酸と塩基類

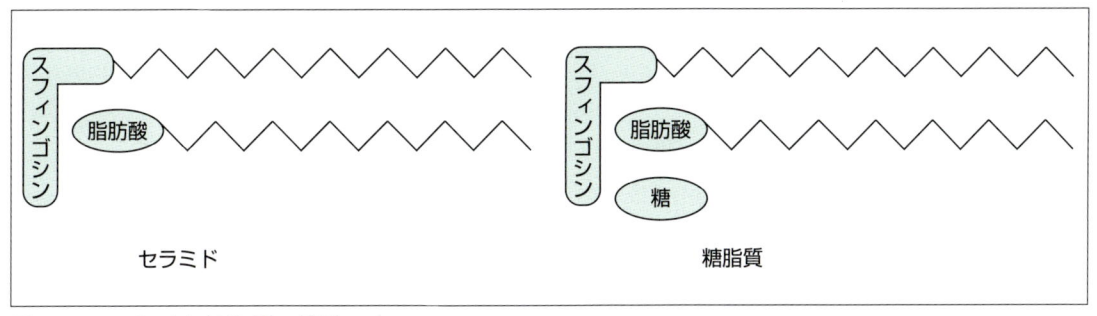

図23 セラミドと糖脂質の構造

> **POINT** ホスファチジン酸は、リン脂質の基本骨格である。

②糖脂質

リン脂質と同様に、分子内に疎水基と親水基をもち、ガラクトースなどの糖が結合したものです。図23にあるように、セラミドが基本骨格になりますが、代表的な糖脂質にセレブロシドやガングリオシドがあります。

> **POINT** 複合脂質は、細胞膜を構成する大切な脂質である。

3）ステロイド

トリグリセリドを代表とする中性脂質、そしてリン脂質などの複合脂質とは構造が全く異なる脂質があります。以前は、誘導脂質などとよばれていましたが、現在では、誘導脂質という言葉は使わず、ステロイド骨格をもったコレステロール類という言い方のほうが多いようです。その基本構造を図25に示しました。ステロイドの基本構造は、A～D環をもつ多環構造をしています。

そして、ステロイド（steroid）の3位の炭素に水酸基（−OH）が結合すると、それはアルコール基になりますので、名前もステロール（sterol）となります。英語で語尾にアルコールに由来する-olがつくわけです。これは、胆汁（chole）中から初めて発見されたステロールでしたので、コレステロール（cholesterol）とよぶようになりました。生体の中には、その水酸基の部位に脂肪酸がエステル結合しているコレステロールもあります。これをコレステロールエステルといいます。その脂肪酸は、不飽和脂肪酸であるリノール酸が半分を占めます。

コレステロールと聞くと、動脈硬化を引き起こす悪い物質ととらえがちですが、そんなことはありません。リン脂質とともに細胞膜の構成成分ですし、コレステロールがなければ作れない物質も生体中にはあります。代表的なその仲間たちの構造も図25に示しました。性ホルモン、副腎皮質ホルモン、ビタミンD、胆汁酸など、これらは体内でコレステロールから代謝されてでき上がったものです。コレステロールはあり過ぎてもよくありませんが、なくても困る脂質なのです。

> **POINT** コレステロールは、ステロイド骨格をもつ。

ためになる知識

セラミド

スフィンゴシンに脂肪酸が結合したものをセラミドといいます。図23に示しましたが、このセラミドにリン酸が結合したものを基本骨格にしたリン脂質をスフィンゴリン脂質といい（図21）、代表的なものにコリンをもつスフィンゴミエリンがあります（表8）。

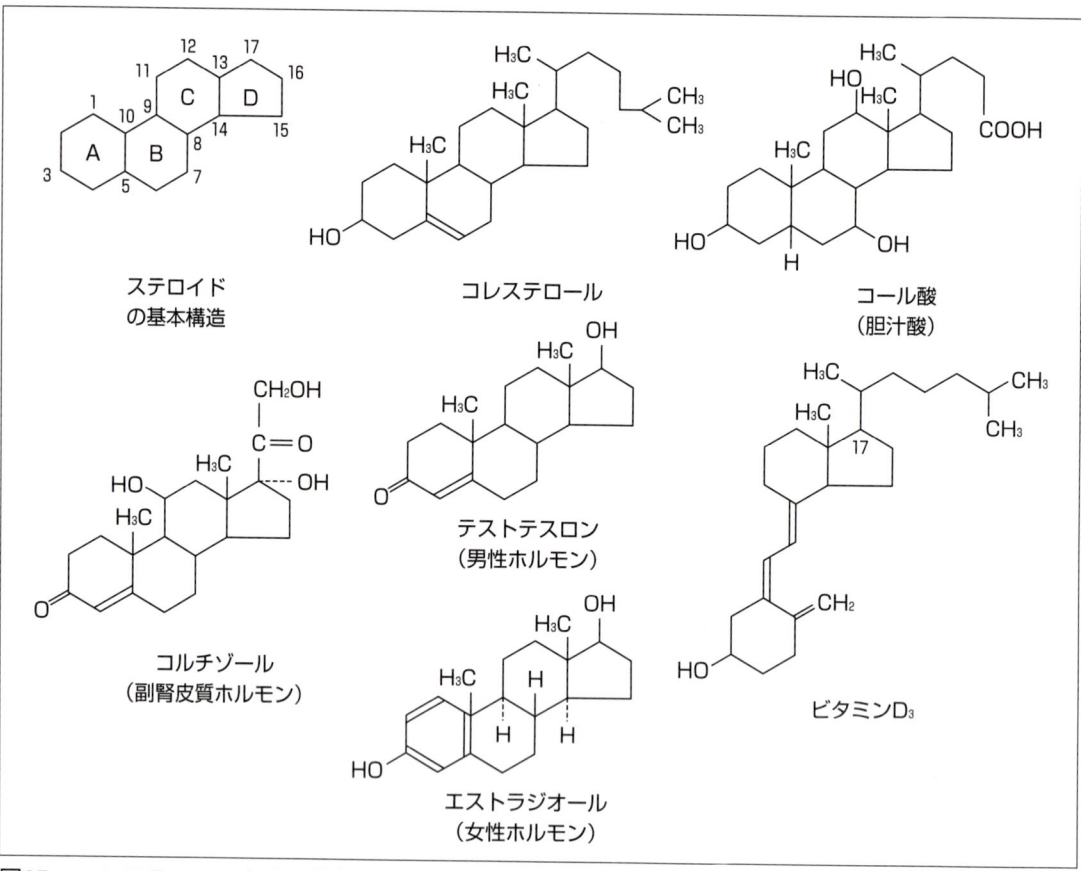

図25 コレステロールとその類縁物質

ためになる知識

リポ多糖（LPS：lipopolysaccharide）

　これは多糖類と脂質から成る物質で、私たちの身体の構成成分ではなく、バイ菌たちがもっているものです。バイ菌は単細胞で存在していますので、細胞膜だけではすぐ壊れてしまうので、植物と同様に細胞膜の外側に硬い細胞壁をもっています。その細胞壁を構成する物質はペプチドグリカンですが、リポ多糖（LPS）もその重要な成分の1つになっており、リピドAという脂質とO-抗原とよばれる各種の糖からできています。簡単な構造を図24に示しましたが、リピドAには毒性があります。これはバイ菌を構成する成分ですので、内毒素とよばれています。バイ菌が死ねばLPSは出てきて悪さをします。バイ菌によっては、生きながら菌体の外に毒素（外毒素、ベロ毒素）を分泌するタチの悪いバイ菌もいます。食中毒を引き起こすO-157はその代表例です。

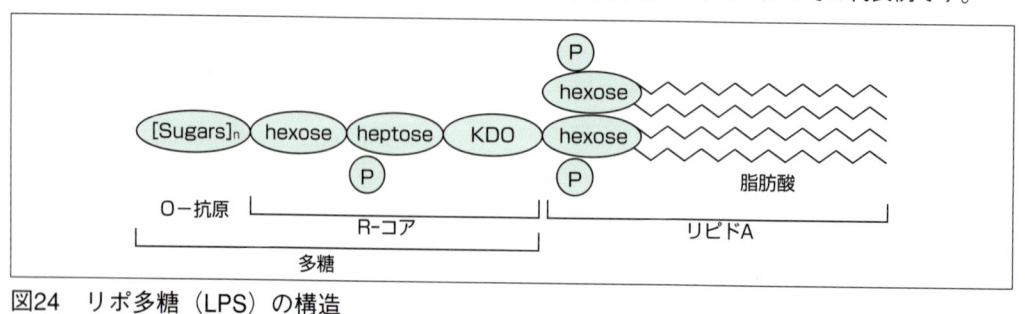

図24 リポ多糖（LPS）の構造

第2章　生体成分の化学と性質

図26 イソプレンの構造

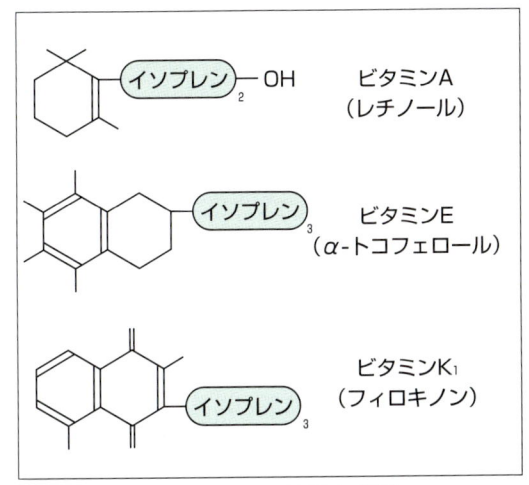

図27 脂溶性ビタミンの簡単な構造

4）脂溶性ビタミン（イソプレノイド）

図26に示しましたが、イソプレンをもつ仲間をイソプレノイドといいますが、これはテルペンあるいはテルペノイドともよばれています。コレステロールの構造の中にもイソプレンは含まれているので、ビタミンDの構造の中にももちろんあります。ビタミンDは脂溶性ビタミンでした。その他の脂溶性ビタミンはどうでしょう。図27に脂溶性ビタミン（ビタミンA、E、K_1）の簡単な構造を示しました。これらの脂溶性ビタミンはみな、イソプレンをもっています。

ビタミンは体内にあるほどいいと思いがちですが、水溶性ビタミンと違い、脂溶性ビタミンは細胞内に蓄積しやすいので、多く摂取すると過剰症を起こすことがあります。ちなみに、水溶性ビタミンは、取り過ぎても尿中排泄されますので、過剰症はありません。

ためになる知識

ビタミンD

ビタミンDはコレステロールから合成されると説明しましたが、その中でもいろいろな種類があります。まず、ビタミンDの化学名はカルシフェロールといいます。「石灰化する」という英語calcifyと、構造的にアルコール基をもつので-olを接尾語としてつけて命名されました。カルシウム（calcium）も似たような単語です。ビタミンDは腸管からの食事性カルシウムの吸収に必要なビタミンです。

その中でも作用が強いのは、魚類の肝やバターなどの動物由来のD_3（コレカルシフェロール）とキノコ類などの植物由来のD_2（エルゴカルシフェロール）です。このビタミンがないと、どんなにカルシウムを食べても吸収できず、体内のカルシウムが減少して、骨が柔らかくなってしまいます。子どもでそれを発症した場合をくる病といい、大人で発症した場合を骨軟化症といいます。

でも、普通はビタミンDの欠乏症になることはありません。コレステロールは、体内に十分あります。皮膚から太陽光線中の紫外線を受けると、コレステロールは体内でビタミンDになってくれます。このように、ビタミンの原料となるものをプロビタミンといいます。ですから、ビタミンDのプロビタミンはコレステロールなのです。詳しくは、第6章で説明します。

POINT ビタミンDは、コレステロールから合成される。

①ビタミンA（レチノール）

　ニンジンなどに含まれるβカロチンはレチノールが2分子結合した構造をしています。それが体内で変化して、2分子のレチノールになります。このレチノールは、光を感じるタンパク質であるロドプシンの原料になっています。ですから、ビタミンAがたりなくなると、光を感じなくなります。この代表的な欠乏症として夜盲症があります。

②ビタミンE（α-トコフェロール）

　ビタミンEであるトコフェロールには$α〜δ$型があります。この中では$α$型が最も強い抗酸化作用を示し、特に不飽和脂肪酸やビタミンAの酸化を防ぎます。このビタミンEはハンドクリームにもよく含まれていますが、皮膚が酸化してカサカサになるのを防いでくれています。

③ビタミンK

　ビタミンKにもいろいろあって、K_1はフィロキノンといいます。このビタミンは、肝臓で合成されるタンパク質、例えば、プロトロンビンやオステオカルシンを合成するのに不可欠な物質です。プロトロンビンが減ると血液が凝固しなくなり、オステオカルシンが減ると骨がもろくなります。

> **POINT** 脂溶性ビタミンは、過剰摂取で過剰症を起こすことがある。

3．脂質の栄養的意義

　脂質は糖質と同様にATPを産生する大切なエネルギー源であり、糖質以上にエネルギーを産生してくれることは、特記すべきことです。そして、栄養学的に言えば、生体を構成する原料になっていることも重要なことです。

1）エネルギー源

　糖質と同様に、エネルギー源として脂質は重要です。脂質は糖質の2倍以上にエネルギーを産生してくれます。でも、そこまでエネルギーは作らなくてもよいのです。なぜなら、余分に燃焼された脂質は、燃えかすとしてケトン体という有害な物質を作ってしまうからです。少量ならば有意義な物質なのですが、多量に産生されるとそれは身体にいいことではありません。

　ですから、成人であれば、1日に必要なエネルギー産生の20〜25％は脂質に依存したほうがよいといわれ、この数値を脂質のエネルギー比率とよんでいます。このとき、糖質だけを燃焼させると、必ずビタミンB_1を消費してしまいます。ですから、脂質を燃焼させることは、ビタミンB_1の節約にもなるのです。

2）脂肪酸の種類の摂取方法

　数多く存在する脂肪酸に対して、分類方法はいろいろなものがありました。その1つに、飽和脂肪酸と不飽和脂肪酸がありました。栄養学では、不飽和脂肪酸をさらに2つに分けています。二重結合を1つもつものを一価不飽和脂肪酸（M）、2つ以上もつものを多価不飽和脂肪酸（P）としているのです。そして飽和脂肪酸（S）と合わせ、3種の脂肪酸の摂取比率の、S：M：P＝3：4：3を、バランスのとれた脂肪摂取としています。脂肪酸は、生体の中では、この比率で存在しているからです。

　また、脂肪酸の分類はこれだけではありません。二重結合の位置の違いで、n-6系（リノール酸、アラキドン酸）とn-3系（エイコサペンタエン酸、ドコサヘキサエン酸）にも分けています。そして、この2種の脂肪酸の摂取比率の、n-6系：n-3系＝4：1が、バランスのとれた脂肪摂取としています。

3）必須脂肪酸

　リノール酸、リノレン酸、アラキドン酸の3つの脂肪酸をさして必須脂肪酸といいます。これは栄養学ではビタミンFともよばれる大切なものです。アラキドン酸は別にしても、リノー

ル酸などは体内では合成できないので、食事として摂取しなければなりません。これらの脂肪酸は、細胞膜の中にリン脂質の構成成分として含まれていますが、この必須脂肪酸を原料として、**図28**にあるようなプロスタグランジンをはじめとした体内での伝達物質が作られています。このプロスタグランジンは痛みを引き起こす物質と理解していただいてかまいません。鎮痛薬の多くは、このプロスタグランジンの合成を抑制して、痛みを止める作用があります。この続きは、第6章ホメオスターシス（健康のしくみ）のオータコイドのところで少し説明します。

この必須脂肪酸から合成されるのはプロスタグランジンだけではありません。脂質代謝の項でも少し説明しますが、血小板凝集作用のあるトロンボキサン、気管支収縮作用のあるロイコトリエンも必須脂肪酸から合成されています。ここでは、プロスタグランジンを代表とした体内で重要なはたらきをもつ物質の原料として、

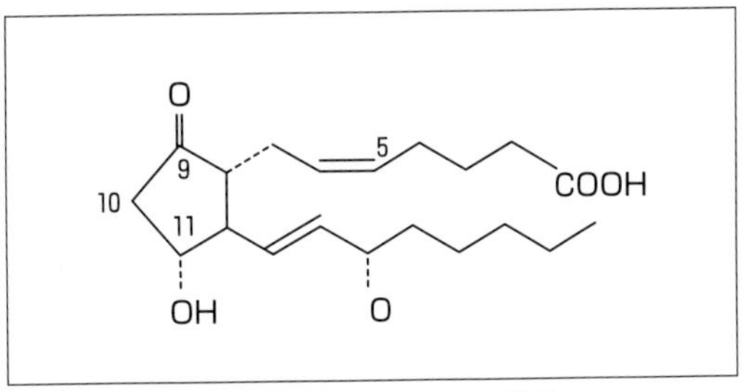

図28　プロスタグランジン類の構造

食物を摂取する必要があることを理解してほしいと思います。

4）脂溶性ビタミン

脂質の栄養的意義として、脂溶性ビタミンも忘れてはなりません。先に説明したように、栄養的にも脂質の中に脂溶性ビタミンがなければ、身体の機能はままならなくなります。脂溶性ビタミンはさまざまな食材に含まれているで、偏らない食事をしていれば、まず脂溶性ビタミンの欠乏症になることはありません。

III タンパク質

　細胞に含まれる物質については総論の項で説明しましたが、水を除けばタンパク質が最も多い成分です。ヒトはタンパク質から成っているといっても言い過ぎではありません。タンパク質のことを英語ではプロテイン（protein）といい、その由来はギリシャ語のproteiosにあり、「第一番目に重要な」という意味をもっています。これは的を射た命名だと思います。細胞に一番多く含まれているということは、タンパク質がいかに重要なものかということがわかります。そのはたらきを表9にまとめました。これらのはたらきは今すぐに覚えなくてもいいのですが、タンパク質がいかに多くの生命活動に関係しているかを知っておいてください。タンパク質は、私たちの生命活動のすべてにかかわっているのです。ちなみに、ドイツ語でタンパク質はEiweiss（卵白）といい、日本語のタンパク質はそれに由来しています。

表9　タンパク質の役割

役　割	タンパク質	局　在
構築原料	コラーゲン、ケラチン フィブロネクチン	皮膚、毛 細胞外
情　報	各種受容体 ロドプシン	細胞膜 網膜
制　御	核タンパク質 酵素阻害タンパク質	核 細胞質
運搬・貯蔵	アルブミン、トランスフェリン ヘモグロビン フェリチン	血液 赤血球 肝臓
運　動	アクチン、ミオシン 能動輸送ポンプ	筋肉 細胞膜
触　媒	各種酵素	各種細胞
防　衛	抗　体	血液

ためになる知識

変なタンパク質プリオン

　タンパク質は生体にとって大切な物質ではありますが、その中にはタチの悪いタンパク質もあります。これはタンパク質感染粒子などともよばれ、感染性があるものの、ウイルスではなく、ウイルスよりもさらに小さな異常型タンパク質であり、プリオンはそれに当たります。
　このプリオンは健康な人の体内にも存在しますが、ウシだけではなく、ヒトにも病気を引き起こすのが異常な構造になったプリオンで、これを食べると体内でそのプリオンが増えていきます。そして最後には、脳がスポンジ状になり、中枢神経が侵されて死んでしまうという恐ろしいタンパク質なのです。現在は、牛海綿状脳症（BSE、狂牛病）として注目され、牛丼も食べられなくなりました。

1．タンパク質の構成成分 —アミノ酸—

生体に存在するタンパク質は何千種もありますが、それを構成しているのは20種類のアミノ酸にすぎません。ですから、タンパク質を理解する前に、まずそのアミノ酸を理解し、アミノ酸の構造と種類を覚えなければなりません。栄養学の中では、必須アミノ酸が特に重要です。

1）アミノ酸の名前

アミノ基（-NH$_2$）をもつ酸をアミノ酸といいます。脂肪酸の項を思い出してください。**図29(1)** に示すのは脂肪酸で、炭素4つからなる酪酸です。カルボキシル基（-COOH）の隣の炭素から順次、α位、β位、γ位の炭素と命名していました。現在では数字で命名していますが、それは無視してかまいません。そして、α位の炭素にアミノ基（-NH$_2$）をもつ物質をα-アミノ酸（2）といいます。化学名は炭素が4つなのでα-アミノ酪酸となりますが、生体には存在しません。炭化水素鎖がより長いのは存在しますが、それは考えなくても結構です。順次、β位の炭素にアミノ基をもてば、それをβ-アミノ酸（3）といい、γ位の炭素にアミノ基をもてば、それをγ-アミノ酸（4）といいます。（4）にある物質は、γ-アミノ酪酸（GABA：gamma amino butyric acid）といいます。神経伝達物質として特に、頭の中で重要なはたらきをしています。

でも、生体のタンパク質を構成するアミノ酸は、すべてα-アミノ酸です。βやγ-アミノ酸はタンパク質には含まれていません。ですから、これから文中にアミノ酸と出てきた場合には、α-アミノ酸だと思ってください。

> **POINT** タンパク質を構成するアミノ酸は、α-アミノ酸である。

2）アミノ酸の構造と性質

①立体構造

あらためて**図30（A）**の＊印のある炭素を見てください。炭素は4つの原子もしくは原子団と結合しています。図30（A）では1つはカルボキシル基、1つはアミノ基、1つは水素、残りの1つはRで示しています。Rは側鎖のことで、英語でresidueとよび、その頭文字を使います。このRの部分がいろいろ変わることで、異なった構造のアミノ酸になっています。アミノ酸の種類についてはあとで説明しますので、ここでは＊印のある炭素に注目してください。

Rに結合する原子団が、カルボキシル基、アミノ基、水素以外だと、糖質の項で説明した不斉炭素になり、鏡に映した鏡像が立体異性体となります。そうです、アミノ酸は糖質と同様に光学活性をもつのです。細かなことは必要ありません。タンパク質を構成するアミノ酸はL型だけであり、自然界に存在するほとんどのアミノ酸はL型なのです。そうでなければ、アミノ酸をひとつひとつ結合してタンパク質を合成できないと思ってください。

そして、ここでもう1つ大切なのは、光学活

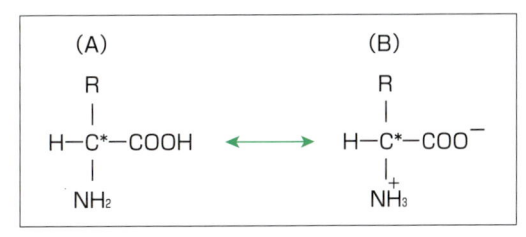

```
        γ     β     α
(1)  CH₃・CH₂・CH₂・COOH              酪酸

(2)  CH₃・CH₂・CH₂・COOH              α-アミノ酸
                |
               NH₂

(3)  CH₃・CH₂・CH₂・COOH              β-アミノ酸
           |
          NH₂

(4)  CH₃・CH₂・CH₂・COOH              γ-アミノ酸
      |                          （γ-アミノ酪酸、GABA）
     NH₂
```

図29　アミノ酸の種類

```
   (A)                    (B)
    R                      R
    |                      |
H—C*—COOH       ⇄     H—C*—COO⁻
    |                      |
   NH₂                    NH₃⁺
```

図30　α-アミノ酸の構造

性をもたないアミノ酸もあるということです。Rの部位に水素が結合したアミノ酸があります。これは一番小さなアミノ酸で、グリシンといい、酢酸の水素の1つがアミノ基と取って変わる（置換）構造をしています（**図31**）。ですから、グリシンのことを α-アミノ酢酸ともいいます。これは、α 位にアミノ基をもつ酢酸だからです。

> **POINT** 糖質と同様にアミノ酸にも光学活性がある。

②両性電解質

「酸」や「塩基（アルカリ）」はどういうものだったでしょう。簡単に言えば、水溶液になったとき、水素イオン（H^+）を出す物質が酸性物質で、水酸化イオン（OH^-）を出すのが塩基（アルカリ）性物質です。**図32**にあるように、カルボキシル基は$-COO^-$となってH^+を出します。

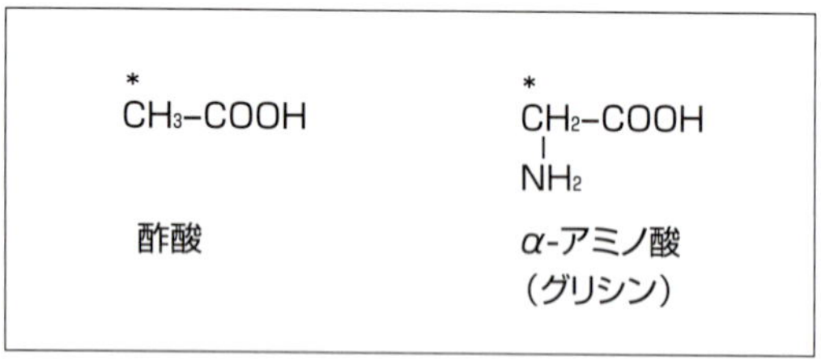

アミノ基は最終的にOH^-を出します。結局、マイナス荷電をもつものは酸性を示し、プラス荷電をもつものは塩基性を示します。

そこで、あらためて**図30（B）**を見てください。アミノ酸の中にマイナスとプラスの部位があります。つまり、アミノ酸は酸性と塩基性の両方の性質をもっているので、アミノ酸は両性電解質ということになり、アミノ酸からなるタンパク質も両性電解質になります。

では、どのようなときにプラスになったり、マイナスになったりするのでしょうか。アミノ酸という固形体（粉末）であれば、図30（A）の構造で荷電をもちません。でも、いったん水に溶解すると、図30（B）のように荷電をもちますが、水溶液中でも図30（A）のように、みかけ上、荷電をもたないときもあります。プラスの力とマイナスの力が等しいときを想像してください。そのときのpHを等電点（pⅠ：isoelectric point）といいます。つまり、pHが変化すれば荷電も変わるということです。

図33にあるように、荷電のない等電点の状態（中央）からみて、酸性にすると、H^+が高くなるので、H^+がアミノ基に入って$-NH_3^+$となり、塩基性を示します。ここが理解しにくいところです。その塩基性を示すアミノ酸に荷電をもた

```
  *                    *
CH₃-COOH           CH₂-COOH
                      |
                      NH₂

  酢酸              α-アミノ酸
                   （グリシン）
```

図31 酢酸とグリシン

$$-COOH \longrightarrow -COO^- + \boxed{H^+}$$

$$-NH_2 + H^+ \longrightarrow NH_3 + H_2O \longrightarrow NH_4OH \longrightarrow NH_4^+ + \boxed{OH^-}$$
（アンモニア水）

図32 カルボキシル基とアミノ基の変化

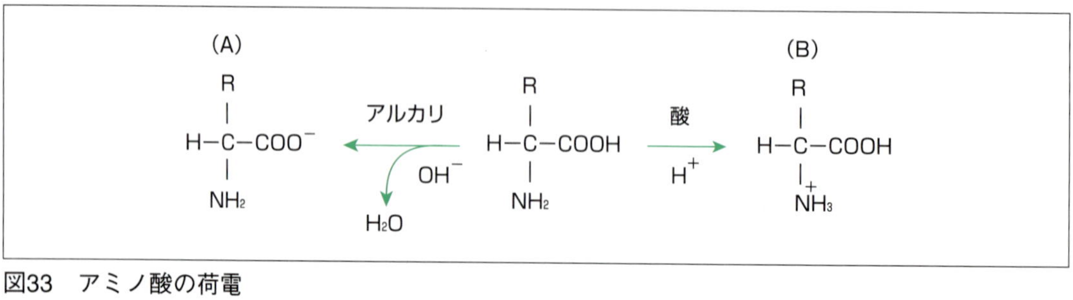

```
         (A)                              (B)
          R              R                 R
          |              |                 |
      H-C-COO⁻  ←アルカリ H-C-COOH  酸→  H-C-COOH
          |       OH⁻    |        H⁺      |
         NH₂      H₂O    NH₂              NH₃⁺
```

図33 アミノ酸の荷電

せないときのpHを考えると、それはアルカリ（塩基）のときです。ですからそれを、塩基性といいます。

その反対に、等電点よりアルカリ性にすることは、OH⁻が増えることになるので、カルボキシル基のH⁺を取り、水となって−COO⁻、つまり酸性を示します。先ほどと同様に、そのアミノ酸が荷電をもたないpHは、酸性側になるので、酸性アミノ酸といいます。

> **POINT** アミノ酸は、プラス荷電とマイナス荷電の両方をもつ。

アミノ酸の種類の項でも説明しますが、結局、Rの部位に−COOHがあれば、余計に酸性を示すことになるので、これを酸性アミノ酸といいます。また、Rの部位に−NH₂があれば、余計に塩基性を示すことになるので、これを塩基性アミノ酸といいます。そして、それ以外は中性アミノ酸になります。

このようなアミノ酸からタンパク質は成っていますので、タンパク質にも酸性タンパク質、塩基性タンパク質が存在します。

3）アミノ酸の種類

アミノ酸の種類を**表10**に示しました。酸性を示すアミノ酸は名前にも酸がついています。それ以外はカタカナだけです。ですから、覚えるのも大変です。略名として、アミノ酸は普通アルファベット3文字で表されています。

例えば、グリシンは英語でGlycineですからGly、アラニンはAlanineですから、Alaと表記します。イソロイシンはIsoleucineでIleと表記します。トリプトファン(Tryptophan)は、チロシン(Tyr：tyrosine)と区別するため、Trpと表記します。アミノ酸の多くは、英語で表記したスペルの最初の3文字を使って表しています。これらのアミノ酸はすべてを覚えて欲しいので、まずはグループ分けをして理解してください。

また、タンパク質の構造は、アミノ酸の配列順序として示しますが、アルファベット3文字でも長くなります。そのようなときは、大文字のアルファベット1文字で示します。それも表中に示しました。

両性電解質の項で説明したように、酸性（マイナス荷電）を示すアミノ酸は酸性アミノ酸、塩基性（プラス荷電）を示すアミノ酸は塩基性アミノ酸に分類されます。また、側鎖は水にとけやすいもの（親水性）と、水にとけにくいもの（疎水性）に分けられます。炭化水素はきわめて水に溶けにくい化合物ですから、バリン(Val)、ロイシン(Leu)、イソロイシン(Ile)のような炭化水素が枝分かれしたアミノ酸（分枝鎖アミノ酸）やベンゼン環などを含む芳香族アミノ酸は疎水性アミノ酸に分類されています。

4）ペプチド

アミノ酸にはプラスになる部位とマイナスになる部位がありました。すると、**図34**に示したように、プラスとマイナスで結合しようとする

たぬになる知識

アミノ酸の溶解性

水は水に、油は油になじみます。これをアミノ酸にたとえると、水に溶けやすい状態のアミノ酸は水になじみます。脂質の項でも説明しましたが、水は弱い荷電をもっていました。つまり、荷電をもっているアミノ酸は、水になじみます。ここで、アミノ酸の等電点のことを考えてください。等電点にあるアミノ酸は荷電をもちません。つまり、水に溶けにくい状態です。ですから、等電点からはずれたpHの水には溶けやすいことになります。

> **POINT** アミノ酸の溶解度は、等電点で最も低くなる。

表10　タンパク質を構成するアミノ酸の種類

酸性アミノ酸	アスパラギン酸 グルタミン酸	Asp (D) Glu (E)		
塩基性アミノ酸	リジン ヒスチジン アルギニン	Lys (K) His (H) Arg (R)		
中性アミノ酸	グリシン アラニン バリン ロイシン イソロイシン トリプトファン チロシン フェニルアラニン システイン メチオニン セリン スレオニン アスパラギン グルタミン プロリン	Gly (G) Ala (A) Val (V) Leu (L) Ile (I) Trp (W) Tyr (Y) Phe (F) Cys (C) Met (M) Ser (S) Thr (T) Asn (N) Gln (Q) Pro (P)	分枝鎖 芳香族 含硫側鎖 アルコール側鎖 アミド側鎖 イミノ酸	疎水性側鎖 親水性側鎖

$$NH_2-CH(R)-COOH + NH_2-CH(R)-COOH \longrightarrow NH_2-CH(R)-\underline{CONH}-CH(R)-COOH + H_2O$$

ペプチド結合

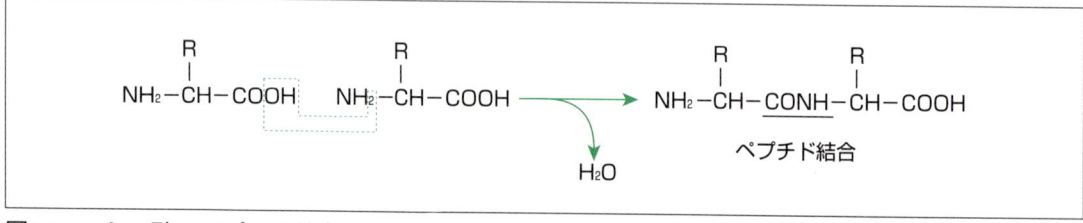

図34　アミノ酸のペプチド結合

のも当然です。おのおののアミノ酸からその2つの部位で結合し（脱水結合）、そこで生じた物質をペプチドといいます。そして2つのアミノ酸からなるペプチドをジペプチド、3つのアミノ酸からなるペプチドをトリペプチド、より多くのアミノ酸からなるペプチドを**ポリペプチド**といいます。タンパク質はまさしくポリペプチドですが、一般的に分子量が10,000以下（アミノ酸では100個くらい）をポリペプチド、10,000以上をタンパク質とよんでいます。

> **POINT**　アミノ酸が数個結合したものを、ペプチドという。

2．タンパク質の構造

　糖質や脂質は、酸素、炭素、水素を用いて構造式を書くことができました。それは低分子化合物だからです。糖質でもデンプンのような多糖類では、構造式は模式図でしか書きようがありません。多糖類の基本構造はグルコースで、これはグルコースの構造を知っているのを前提としてのことでした。そして、タンパク質もデンプンと同様に高分子化合物です。アミノ酸の構造式をペプチド結合で連ねたのがタンパク質ですが、あまりにも大きく、構造式を書くには紙が何枚あってもたりません。

　ですから、タンパク質の構造は、概念として

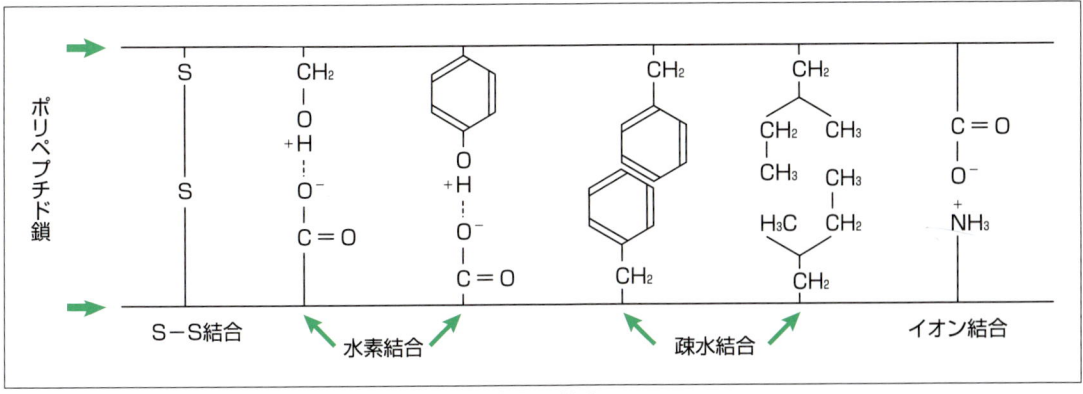

図37　2本のポリペプチド鎖でのアミノ酸側鎖間の結合
奥野和子、飯塚美和子、大久保美智子、他：生化学　改訂4版、南山堂、2004、p26、図3-8を参考にして作成

理解していきます。まずは簡単なものから複雑なものへと順序立てて考えます。具体的には、一次構造、二次構造、三次構造、四次構造として考えます。それは直線から、平面へ、そして立体へと考えていく概念と同じだと思ってください。

1）一次構造

タンパク質の一次構造では、20種のアミノ酸が直線的に配列される順番を考えます。先にも説明しましたが、1つのアミノ酸のカルボキシル基と隣のアミノ酸のアミノ基との脱水結合、つまりペプチド結合によってアミノ酸が連なっている順番を決定するのが一次構造です。概念としては鎖状構造になります（**図35**）。

すると、そのタンパク質の末端はカルボキシル基、もう1つの端はアミノ基が裸になるはずです。そのカルボキシル基側をC末端アミノ酸、アミノ基側をN末端アミノ酸とよんでいます。

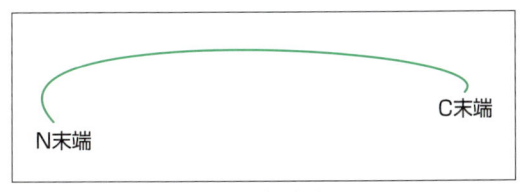

図35　タンパク質の一次構造

POINT タンパク質の一次構造とは、アミノ酸の配列順序である。

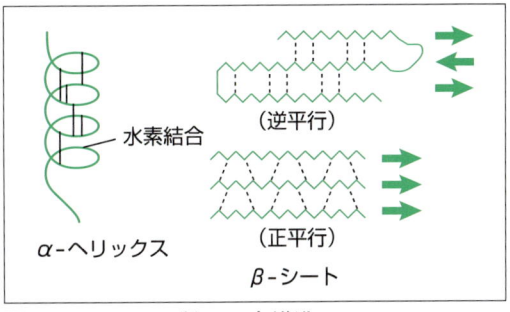

図36　タンパク質の二次構造
奥野和子、飯塚美和子、大久保美智子、他：生化学　改訂4版、南山堂、2004、p27、図3-9引用

2）二次構造

タンパク質の一次構造は、アミノ酸の鎖状構造の概念でした。これを直線とは思わないでください。鎖状構造が針金からできていると考えると想像しやすいと思います。針金なら手で曲げれば曲がるし、バネのコイルのようになったり、ジグザクの波型になったりもします。このような構造をタンパク質の二次構造といいます（**図36**）。二次構造では、離れている2本のペプチド鎖同士が結合します（**図37**）。

水素結合はその代表例で、1つのアミノ酸と少しはなれたアミノ酸との親和性（水素結合）によってできています。そのほかには、疎水結合や電気的な結合などがあります。このような結合によって、バネのコイルのように、アミノ酸の鎖状構造がラセン構造になります。この構造を**α-ヘリックス構造**といい、3.6個のアミノ

酸で1回転するコイル状構造をとっています。

　もう1つの構造はβ-シート構造とよばれるものです。この構造は針金が波型になっており、それがいくつか平行に並んでタンパク質の中でトタン屋根のような面を作っています（図36）。アコーディオンカーテンを想像してください。この場合にも、隣あったアミノ酸同士の水素結合により固い構造がつくられています。球状をしたタンパク質の内部には、このようなβ-シート構造が骨組みをつくっています。

3）三次構造

　タンパク質の一次構造ではアミノ酸からなる鎖状構造という概念を説明し、二次構造では、直線的なものから、バネのコイルのようになったり、波型になる概念を加えて説明しました。その2つの概念を統合すると、球状や楕円状の構造になったり、棒状の構造へとなっていく概念が出てきます。これをタンパク質の三次構造といいます。

　このような折りたたみを生み出すためには、直線的にできたアミノ酸の鎖が、遠く離れた所どうしで結合しあう力が必要になります。図37にはその結合の力となるものも示しました。一番強い結合は、システインというアミノ酸の側鎖の-SH基と-SH基の間の水素がとれて、-S-S-の形で結合するもので、S-S結合（ジスルフィド結合）といいます（図37）。この結合はなかなか切れない強い結合で、タンパク質の立体構造を担う結合です。このほかに、リジンやアルギニンのように、側鎖に-NH₃⁺をもつアミノ酸、アスパラギン酸やグルタミン酸のように、側鎖に-COO⁻をもつアミノ酸との間のプラスとマイナスのイオン同士の間ではたらくイオン結合、セリン、スレオニン、チロシンのように、側鎖に水酸基（-OH）をもつもの同士ではたらく水素結合、バリン、ロイシン、イソロイシン、フェニルアラニンなど側鎖が水に溶けにくいもの同士でつくる疎水結合などがあります。模式化した構造を平面ですが図38に示しました。

4）四次構造

　タンパク質の中には三次構造だけで存在するものたくさんあります。つまり、1つのかたまりとして存在するタンパク質もたくさんありますが（一量体、モノマー）、これがいくつか集まって、初めて大切な機能をもつタンパク質もたくさんあります。このように、三次構造からなるタンパク質の集まりを四次構造といいます。

　例えば、図39に示しましたが、ヘムをもつヘモグロビンというタンパク質はαとよばれるタンパク質（α鎖）とβとよばれるタンパク質（β鎖）がそれぞれ2個ずつ集まり、計4個そろってはたらいています。このような構造をもつことは、いろいろな反応を調節する酵素や生体内の構造を維持するタンパク質にとっては大切です。この四次構造を構成するタンパク質の中の1つのタンパク質（鎖）を、サブユニットとよ

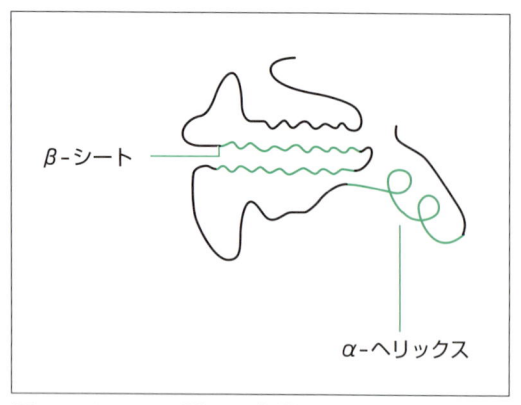

図38　タンパク質の三次構造

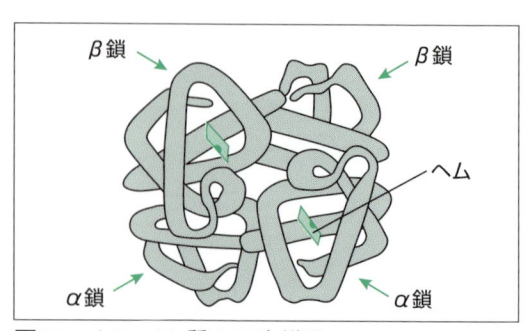

図39　タンパク質の四次構造
相原英孝、大森正英、尾庭きよ子、他：イラスト生化学入門　第3版、東京教学社、2005、p24、図2-14 引用

んでいます。ヘモグロビンは、4つのサブユニット（四量体、テトラマー）からなるタンパク質です。三次構造と四次構造は、タンパク質の立体構造を示すもので、この2つを合わせてタンパク質の高次構造といっています。

生命を生み出す細胞の構造づくりには、このようなサブユニットが集まって円筒をつくったり、平面の構造になったりしているタンパク質があってこそ、いろいろな機能がはたらいているのです。

5）タンパク質の構造から現れる性質

このように、タンパク質は大きくて立体的な構造をしています。立体的ということは、中心もあれば表面もあります。その表面に酸性アミノ酸が多く局在すれば、そのタンパク質は酸性タンパク質になります。また、表面に疎水性アミノ酸が多く局在すれば、水に溶けにくいタンパク質になります。

タンパク質は細胞の中、つまり細胞質のように水成分に存在している場合には、その水の中に溶けて存在しなければなりません。このような場合には、タンパク質の表面の部分には水に溶けやすい酸性および塩基性アミノ酸が集まっています。逆に、タンパク質の内部には、水に溶けにくい分枝鎖あるいは芳香族アミノ酸が集まっています。表面が水に溶けやすければ、タンパク質は水の中で溶けた状態で存在できます。

ところが、タンパク質の三次構造や四次構造をつくる力になっているイオン結合、水素結合、疎水結合、ジスルフィド結合などを壊されると、タンパク質の立体構造は変化します。そして、水に溶けにくいアミノ酸も表面に出てきてしまいます。このように、タンパク質の高次構造の崩壊をタンパク質の変性といいます。図40に示すように、これは本来の立体構造が維持できなくなった状態です。卵の白身の部分が、熱で白濁したり、凝固したりするのがそのよい例です。

3．血清タンパク質

血液を採取して試験管の中に放置すると、血球は凝集して血餅となり、上清に黄色味を帯びた液体ができて分かれます。その液体を血清といいますが、血清はタンパク質だらけです。血清中のいろいろな成分は、mg/dlで表すことができるくらいの量が含まれていますが、タンパク質は約8g/dlも含まれています。そのタンパク質のほとんどは肝臓で合成され、血中に放出されています。

1）血清タンパク質の分離方法

血清タンパク質の種類は、酵素も入れると数えられないくらいあります。タンパク質は両性電解質です。マイナス荷電をもったタンパク質を電場におけば、陽極側に移動するはずです。強いマイナス荷電をもてばより陽極側へ、弱いマイナス荷電をもてばあまり動かないはずです。結局は、タンパク質がもつ等電点の違いで、電場の中での動き方に違いがでてきます。この分析方法を電気泳動法とよんでいます。これは、臨床検査でもよく用いられています。図41にその分離パターンを示しました。血清タンパク質は、電気泳動を行ったあとに染色します。含量が多ければ濃く染色されます。その濃度をグラフ化しました。

そうすると、似たような等電点をもつタンパク質同士がグループになっているのがわかります。血清タンパク質では5つのグループ（分画）に分かれます。図の左側の一番陽極側に存在するものをアルブミン分画、残りの4つをグロブリン分画といいますが、陽極側から順に、a_1、

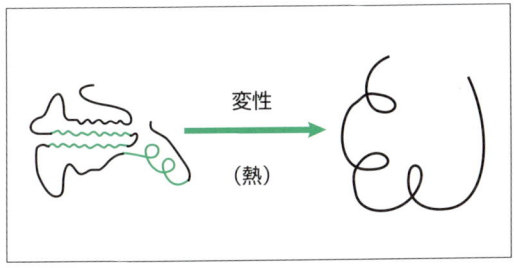

図40　タンパク質の変性

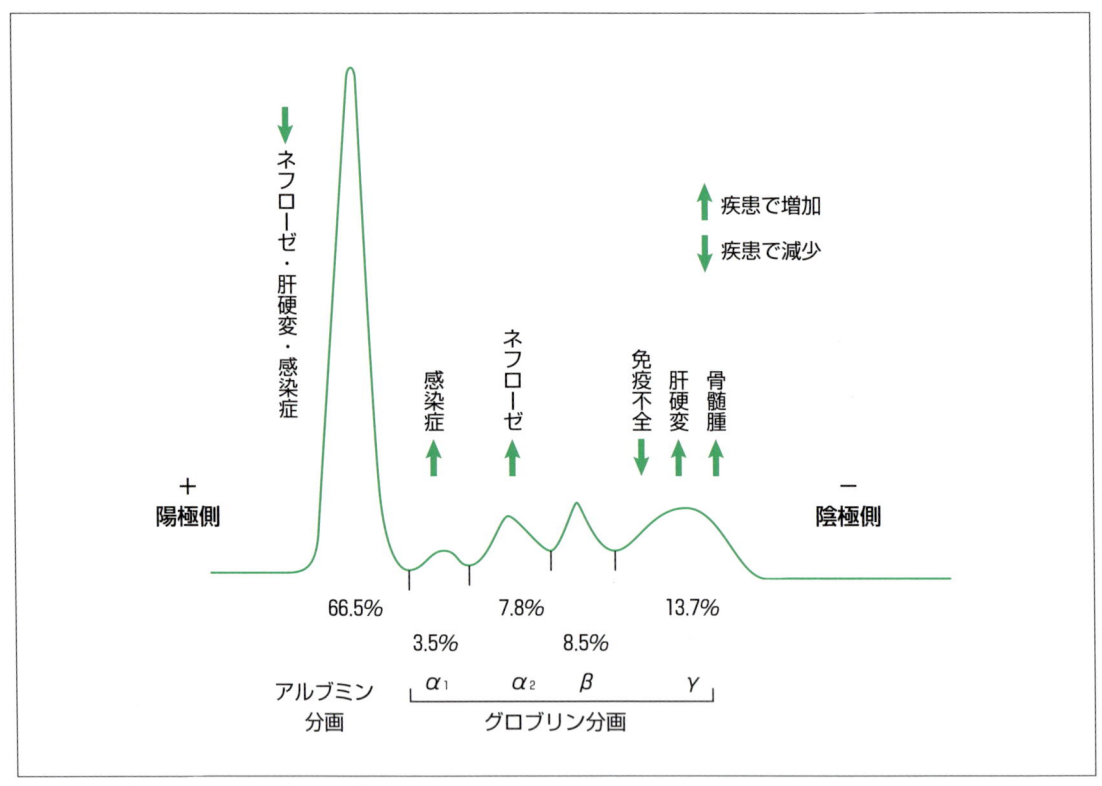

図41 血清タンパクの電気泳動像

α_2、β、γグロブリン分画といいます。

身体が健康であれば、この5分画の相対的な比率は一緒です。でも、いろいろな病気にかかると、おのおのの比率が変わってきます。例えば、代表的な腎臓疾患であるネフローゼではアルブミンが減少し、α_2が増加してきます。このように、電気泳動法は臨床診断にも大切な分離方法だといえます。

> **POINT** 両性電解質のタンパク質を電場におくと、移動する。

2）血清タンパク質の種類

先にも説明しましたが、血清タンパク質は数えきれないほど存在します。そしてそれぞれが大切な役割をもって血清中に存在していますが、すべてを知っておくこともありません。代表的なタンパク質を**表11**に示しました。タンパク質は、いろいろな物質を輸送する役割をもつものが多いのです。

> **POINT** 血清タンパク質は、いろいろな物質を運搬する。

4．タンパク質の栄養的意義

水を除いて身体を構成する成分で最も多いのがタンパク質です。ですから、タンパク質がいかに大切な物質であるかが、これからも理解できます。タンパク質はペプチド結合でアミノ酸が連なってできている高分子化合物です。1つのアミノ酸が不足してもそれを必要とするタンパク質は合成できないことになります。身体の中で合成できるアミノ酸であれば不足することはないのですが、身体の中で合成できないアミノ酸があります。それが必須アミノ酸です。体内は、必須アミノ酸を十分に含んでいないタンパク質を、どんなに摂取しても利用することができません。

表11　代表的な血清タンパク質の機能

電気泳動分画	種類	おもな機能
アルブミン	トランスサイレチン アルブミン	チロキシンの輸送 膠質浸透圧維持、栄養源、難溶性物質の輸送
α_1-グロブリン	α_1-酸性糖タンパク α_1-アンチトリプシン HDL	急性炎症で増加 タンパク分解酵素の阻害 脂質の輸送
α_2-グロブリン	セルロプラスミン ハプトグロビン	銅の輸送 ヘモグロビンの輸送
β-グロブリン	トランスフェリン ヘモペキシン LDL	鉄の輸送 ヘムの輸送 脂質の輸送
γ-グロブリン	IgM IgG CRP	抗体活性 抗体活性 急性炎症で増加

HDL:高比重リポタンパク質、LDL:低高比重リポタンパク質、IgG:免疫グロブリンG、CRP:C反応性タンパク質

1）タンパク質の栄養価

「栄養価の高いタンパク質」という言葉はよく耳にすると思います。これは栄養的価値が高いタンパク質という意味ですが、何をもって栄養的価値が高いというのでしょうか。では反対に、どのようなタンパク質が栄養的価値が低いというのでしょうか。

食事から得られるタンパク質は、生体で合成するタンパク質の原料となります。合成するには部品が必要です。そうです、それがアミノ酸です。体内で作られるアミノ酸は、特に食事から摂取しなくても心配ありません。でも、身体の中で合成できないアミノ酸は、食事に依存しなくてはなりません。必須アミノ酸はそのために必要なのです。体内で1日に合成するタンパク質の量は、おおよそ決まっています。すると、その原料であるアミノ酸の量も決まってきます。そうなると、体内で合成できない必須アミノ酸の必要量も決まってきます。

ここでもし、必須アミノ酸が体内に入ってこなかったらどうなるでしょうか。必要なタンパク質が合成できないことになります。別のアミノ酸がたくさんあったとしても、必須アミノ酸を必要とする特定のタンパク質を作ることができないのです。そうなると、別のアミノ酸はただ邪魔になるだけで、捨てられてしまいます。これはもったいない話です。そこでも、必須アミノ酸の必要性を理解してください。

「アメフリヒトロイバス」。これは必須アミノ酸の頭文字をならべたゴロ合わせの言葉で、アルギニンArg・メチオニンMet・フェニルアラニンPhe・リジンLys・ヒスチジンHis・トリプトファンTrp・ロイシンLeu・イソロイシンIle・バリンVal・スレオニンThrの10種類です。一般的に、ヒト成人の必須アミノ酸は「ア、Arg」を除いた9種類ですが、成長の早い乳幼児では、Argは体内合成が間に合わず、食物として摂取する必要がありますので、準必須アミノ酸といわれています。

> **POINT** 必須アミノ酸は「アメフリヒトロイバス」。

2）タンパク質の栄養価の数値化

利用できるタンパク質は栄養価の高いタンパク質、利用できないタンパク質は栄養価の低いタンパク質でした。ここでいう利用とは、「タンパク質合成に利用」、という意味で、まだ曖昧な単語です。もう少しわかりやすくするためには、良い悪いを数値化するのが一番です。

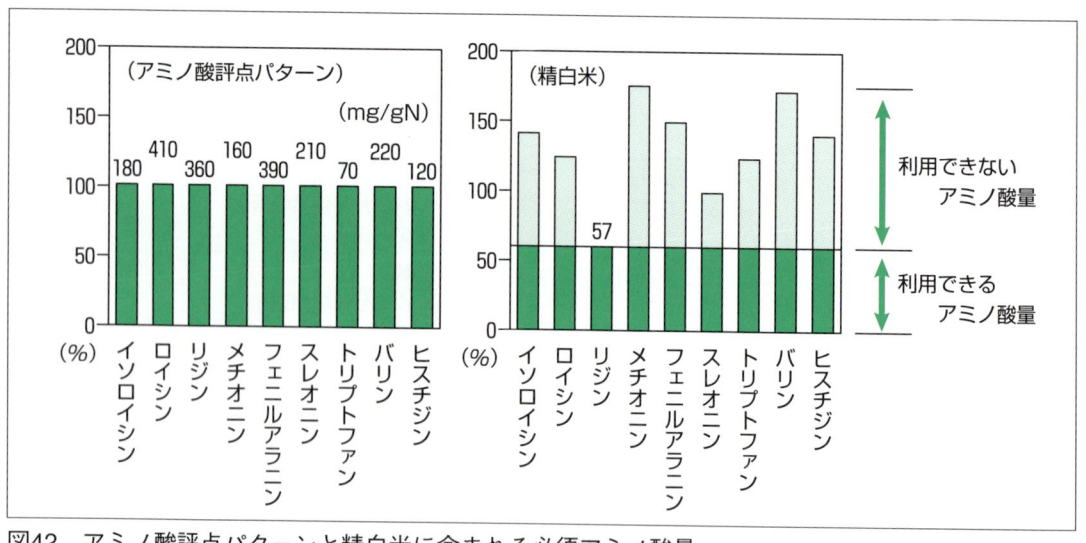

図42 アミノ酸評点パターンと精白米に含まれる必須アミノ酸量

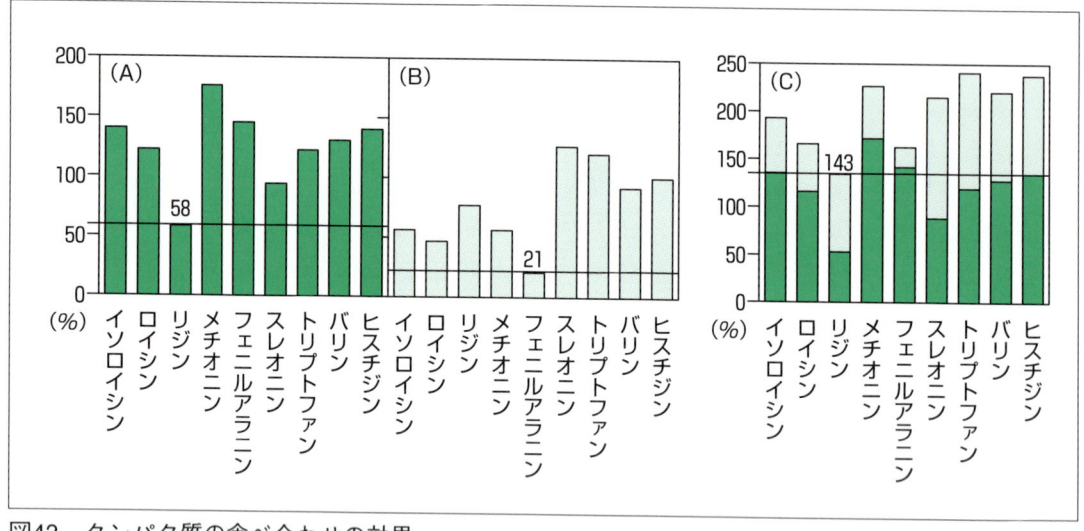

図43 タンパク質の食べ合わせの効果

　先ほど、1日に必要な必須アミノ酸量が決まっていると説明しました。その食品に含まれるタンパク質に、その必須アミノ酸が必要以上に入っていれば問題ありません。でも、その食品に含まれるタンパク質を構成する必須アミノ酸の量が1つでも必要量以下だったらどうでしょう。その食品を食べても、体内で必要なタンパク質が合成できないことになります。これは大変なことになります。そこで、その食品に含まれるタンパク質を構成する必須アミノ酸の量が1日に必要な必須アミノ酸の量に対して、どのくらいの割合で含まれているかを現したものを、アミノ酸価といいます。必須アミノ酸は成人で9種類ありました。その9種類の必須アミノ酸の必要量（mg/gN）を図42の左に示しました。

　おのおののアミノ酸の量をそれぞれ100％とします。そして、そのパーセントに対する精白米に含まれるタンパク質の必須アミノ酸の量を図42の右に示しました。ほとんどのアミノ酸は100％以上なのですが、リジンだけが57％です。このリジンのように、その割合の最も少ないアミノ酸を、第一次制限アミノ酸といい、そのアミノ酸の含有％をもって、つまり0～100の間で数値化したものがアミノ酸価です。100であれ

ば、栄養価の高いタンパク質であり、その数が減少すればするほど、栄養価の低いタンパク質ということになります。そのようなタンパク質を摂取しても、図42のタンパク質であれば57％利用できるとしても、それ以外は利用されることはなく、無駄に排泄されるだけなのです。

> **POINT** 栄養価の低いタンパク質は利用されない。

3）タンパク質の食べ合わせ

いろいろな食材に含まれるタンパク質は千差万別です。栄養価の低いタンパク質もたくさんあります。あるタンパク質（A）と（B）の必須アミノ酸量を**図43**として示しました。タンパク質（A）の第一次制限アミノ酸はリジンで、アミノ酸価は58です。タンパク質（B）の第一次制限アミノ酸はフェニルアラニンで、アミノ酸価は21です。ともに栄養価の高いタンパク質とはいえません。でも、考えてみてください。タンパク質を食べても、体内に吸収されるときには、すべてアミノ酸へとバラバラになって吸収されます。図43のタンパク質（A）と（B）をたしてみると、（C）のようになります。その中で第一次制限アミノ酸をさがすとリジンがありますが、アミノ酸価は143で、余裕で100％を越しています。

つまり、捨てられることなく、利用可能になるのです。これは食材は1種類だけというのはよくないという典型的な例です。ですから、何種類かのタンパク質を一緒に摂取することで、栄養価の高いタンパク質に変化するのです。

> **POINT** 栄養価の低いタンパク質も、食べ合わせで栄養価が上がる。

IV 核酸

 ヒトを除いた動物の本能は、自分という個体を維持するための食欲、そして自分という種を維持するための性欲です。個体を維持するためには栄養素を絶えず補給しなければなりません。では、種を維持するためには、どのような方法がとられているのでしょうか。それは、細胞の中に保存されている核酸という物質で維持されています。個体の形質を子孫へ伝えることを遺伝といいますが、遺伝の因子である遺伝子そのものが核酸です。

 この核酸を初めて分離したのは、1869年にDr.F.Miescherで、Nucleinと命名しましたが、のちに構造が明らかになり、それは酸性の性質であったので、現在ではnucleic acid（核酸）とよばれています。

1. 核酸の種類と役割

 核酸は2種類しかありません。それはDNA（deoxyribonucleic acid, デオキシリボ核酸）とRNA（ribonucleic acid, リボ核酸）です。これはあとで説明しますが、構造がほんのちょっと違うだけなのです。DNAを構成する糖がデオキシリボースであるのに対して、RNAの糖はリボースです。それがそのまま命名の由来になっています。

> **POINT** DNAの情報が多いほど、多くのタンパク質が合成される。

1）DNAの役割

 DNAは例外的にミトコンドリアの中にもありますが、そのほとんどは核内にあって、細胞を構成するタンパク質に関する情報を保持しています。そして、自己と同一の分子を複製して体細胞増殖を行い、生殖細胞を通して子孫へと遺伝情報を伝達しているのがDNAです。

 生物にはいろいろあります。大きい生物、小さい生物、それはともに水、酸素、栄養素を補給して生きています。例えば、大きい生物には象がいます。小さい生物には蚊がいます。細胞の大きさは、この2つの生物で大きな違いはないので、大きさの違いは全体の細胞数の違いということがわかると思います。では、なぜ、細胞の数を変えてもよいような生命が作られるのでしょうか。それは、象や蚊自身のもつDNAの中にその不思議が潜んでいて、その不思議を実体化しているものが、まぎれもなくタンパク質なのです。

 ヒトを例にとるなら、背が高い低い、足が長い短い、鼻が高い低い、指が太い細いと、どれをとってもその形質を決めているのはタンパク

表12 RNAの種類とその役割

RNAの種類	役割と主な特徴
rRNA	タンパク質と結合して、タンパク質を合成する場であるリボソームを形成 （全RNAの約80％）
tRNA	タンパク質合成に必要なアミノ酸をリボソームまで運搬 （各アミノ酸に対応するtRNAが存在）
mRNA	DNAから必要な部分の情報を写し取り、リボソームまで、その情報を伝達 （寿命の短いRNA）

質なのです。タンパク質の項でも説明しましたが、小さいタンパク質でも50個以上のアミノ酸から作られていて、そのアミノ酸は20種類もありました。ですから、そのタンパク質を作る組み合わせであっても、20×20×20×……×20ですから、その種類は星の数ほどもあります。

このように、タンパク質を作る組み合わせはほぼ無限に可能なわけで、その中には、きっと象を作るのに大切なはたらきをするタンパク質や、蚊を作るのに大切なはたらきをするタンパク質があるのでしょう。このように、DNAはタンパク質をつくる暗号となっているのです。これがDNAのもつ役割になります。

2）RNAの役割

DNAは遺伝情報そのものでしたが、RNAはその情報を写し取り、理解してタンパク質の生合成に関与しています。さらに、RNAはそのはたらきによって分類されています。これを**表12**に簡単にまとめました。第5章でも詳しく説明しますが、DNAの情報を写し取るmRNA（メッセンジャーRNA）、その遺伝情報にしたがってアミノ酸を運んでくるtRNA（トランスファーRNA）、そして、実際にタンパク質合成を行う場所となるリボソームを形成するrRNA（リボソームRNA）があります。ここでは、核酸の種類や構造について理解しておいてください。

2．核酸の構成成分

核酸の構造はあまりにも大きいので、まずはバラにして考えることにしましょう。そうすると、思ったより簡単な構造をしています。**表13**や**図44**に示すように、核酸は3つの成分から成っています。

1）ペントース

先に説明したように、核酸の名前の由来になっているのがペントースです。ペントースには2つあり、1つはリボース、もう1つはデオキシリボースです。デオキシの「デ、de-」は「脱」、「オキシ、oxy-」は「酸素」を意味します。つま

表13　核酸の構成成分

		DNA	RNA
糖（ペントース）		デオキシリボース	リボース
塩基	プリン体	A, G	A, G
	ピリミジン体	T, C	U, C
リン酸		○	○

A:アデニン、G:グアニン、T:チミン、C:シトシン、U:ウラシル

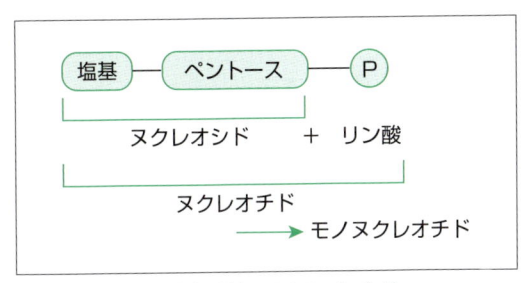

```
 ┌──┐ ┌──────┐ ┌─┐
 │塩基│─│ペントース│─│P│
 └──┘ └──────┘ └─┘
  └──────┬──────┘   │
     ヌクレオシド    ＋ リン酸
  └──────────┬──────────┘
         ヌクレオチド
              └──→ モノヌクレオチド
```

図44　ヌクレオシドとヌクレオチド

ためになる知識

DNAとRNAどっちが古い？

DNAとRNAのどちらが先に地球上にあったと思いますか。生化学的にいえば答えは簡単です。RNAの中にある糖は、リボースとDNAの中のデオキシリボースで、天然に存在するのはリボースです。これを還元すれば、デオキシリボースになります。事実、細胞内にリボースを還元する酵素があります。このことから、地球上に生命が誕生して以来、遺伝物質としてまず使われたのはRNAであり、その後、より安定なDNAを遺伝子とする生命世界が作られたと考えるのが妥当だと思います。

いずれにせよ、RNAはその不安定性を活かして、DNAとタンパク質を結びつける役割を今日まで持ち続けてきたと思われます。でも、DNAをもたず、RNAを遺伝子とするウイルスもいます。これは第5章で少し説明します。

り、脱酸素されたリボースがデオキシリボースです。図45にあるように、環状になっている2番目の炭素についている「-OH」の「=O」が取れた格好をしたリボースがデオキシリボースです。

> **POINT**
> リボースとデオキシリボースの違いは、酸素1つである。

2）リン酸

炭素は結合する手を4つもっていました。リンは結合する手が5つもあります。そしてリン酸は、図45に示すように、3つの水酸基（-OH）がついています。この水酸基は、いろいろな物質と脱水結合することができます。ですから、リン酸はタンパク質、脂質、糖質などの物質と容易に結合して体内に存在しています。リン酸エステルやリン脂質という単語は、もうすでに出てきました。

3）塩基

もともと塩基とは酸に対応する言葉で、塩基性（アルカリ性）を示す物質の総称ですが、核酸を構成する塩基とは、塩基性を示す環状構造をもつ物質をいいます。図46にその構造を示しました。構造の違いでプリン塩基とピリミジン塩基の2種類に分けられます。

4）ヌクレオシドとヌクレオチド

図44に示したように、塩基に糖（ペントース）が結合したものを**ヌクレオシド**（nucleoside）

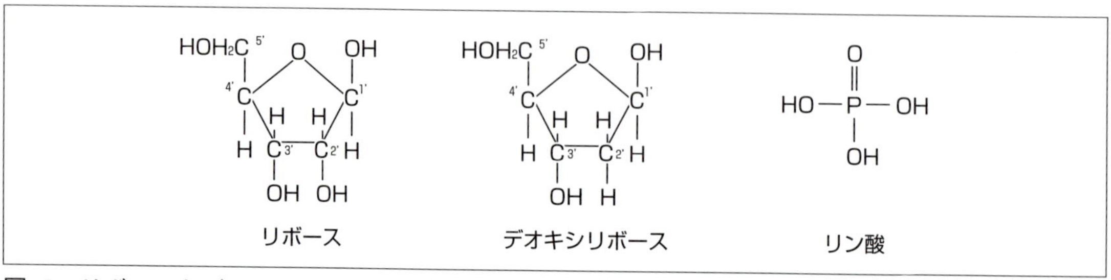

図45　リボースとデオキシリボース、そしてリン酸の構造

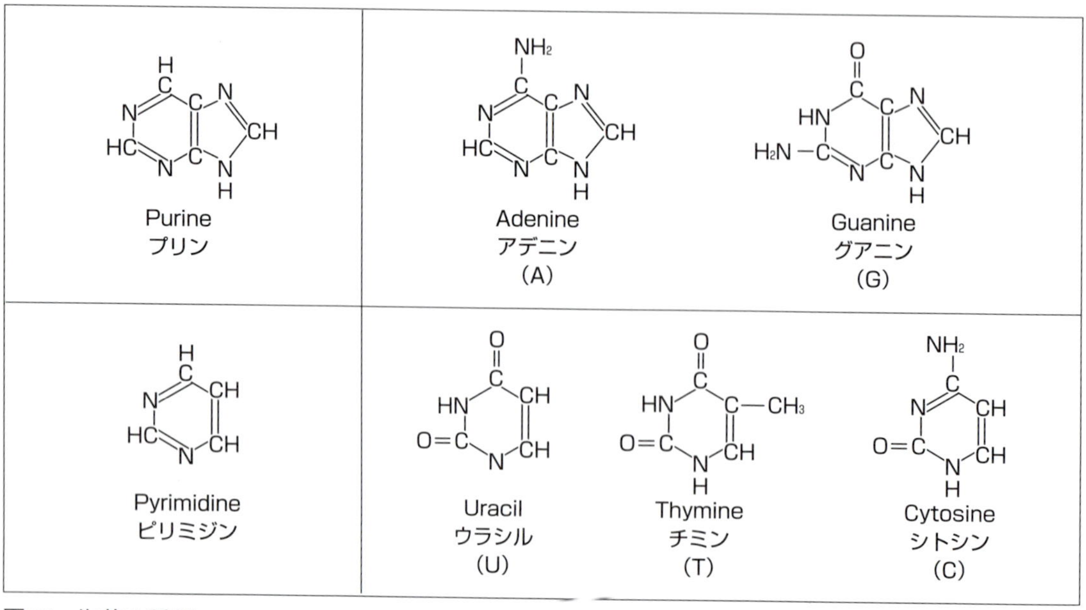

図46　塩基の種類

といいます。食事として口にした核酸が、小腸から吸収されるスタイルがヌクレオシドです。それにリン酸が結合したものを**ヌクレオチド**（nucleotide）といいます。似た名前ですが違う物質です。このヌクレオチド1つでモノヌクレオチド、2つ結合してジヌクレオチド、たくさんつながってポリヌクレオチドといいますが、つまりこれが核酸です。モノヌクレオチドが核酸の最小単位になりますが、ほかに、塩基の名前に由来した名前の違うヌクレオチドがあります。表14に塩基、ヌクレオシド、ヌクレオチドの名前をまとめました。

表14の中にある物質名は、構成するペントースが、リボースの場合です。ペントースがデオキシリボースのときは、名前の頭にデオキシをつけてください。アデニル酸であればデオキシアデニル酸です。また、核酸の構成成分ではありませんが、核酸が分解したときに生じるヌクレオチドもあります。それがイノシン酸ですが、塩基の構造が異なって、痛風の原因になる尿酸の前駆体です。詳しくは第5章で説明します。

> **POINT** ヌクレオチドがたくさんつながったものが、核酸である。

表14 塩基、ヌクレオシド、ヌクレオチドの名前

塩基	ヌクレオシド	ヌクレオチド
アデニン	アデノシン	アデニル酸（アデノシン-1-リン酸, AMP）
グアニン	グアノシン	グアニル酸（グアノシン-1-リン酸, GMP）
ヒポキサンチン	イノシン	イノシン酸（イノシン-1-リン酸, IMP）
ウラシル	ウリジン	ウリジル酸（ウリジン-1-リン酸, UMP）
シトシン	シチジン	シチジル酸（シチジン-1-リン酸, CMP）
チミン	チミジン	チミジル酸（チミジン-1-リン酸, TMP）

ためになる知識

ATPとサイクリックAMP

サイクリックAMP（cAMP）とは、細胞膜に局在するアデニル酸シクラーゼにより、ATPから合成される細胞内伝達物質のことで、細胞の代謝機能の調節、分泌、神経などの刺激伝達に重要な役割をもっています。複雑な代謝系ですが、タンパク質リン酸化酵素の活性化において、血糖値の上昇作用の仲介物質として発見されました。ホルモンであるアドレナリンの場合では、アドレナリンはファーストメッセンジャー、サイクリックAMPはセカンドメッセンジャーとよばれ、いろいろな整理応答を示しています。

このサイクリックAMPもヌクレオチドの1つです。当然、エネルギーをもつATPもヌクレオチドの1つです。図47にあるように、ヌクレオチドにさらにリン酸が2分子結合しています。第1章でも説明しましたが、これは高エネルギーリン酸結合をもっている物質です。細胞膜上に存在するホルモンの受容体にホルモンが結合すると、それが刺激となり、アデニル酸シクラーゼという酵素が活性化されて、ATPからサイクリックAMPが生成します。

ちなみに、グアニル酸シクラーゼによりGTP（グアノシン三リン酸）からサイクリックGMPも作られています。

> **POINT** サイクリックAMPは、細胞内伝達を仲介する物質である。

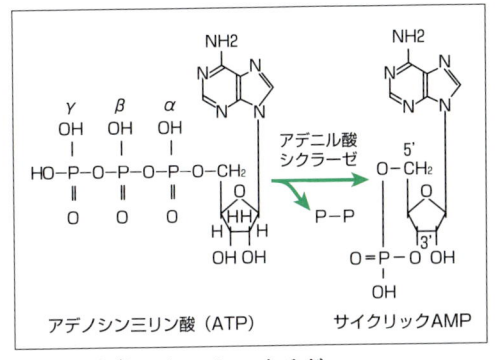

図47 変化したヌクレオチド

3．核酸の構造

> **POINT**　ヌクレオチド同士は、ペントースとリン酸とで結合する。

1）ヌクレオチドの結合

2つのヌクレオチドの結合は、リン酸の水酸基（－OH）とリボースの水酸基同士の脱水結合によります。リボースには図45（p.54）にあるように、水酸基が4個あります。その中で結合に使われるのは3番目（3'）と5番目（5'）です。また、**図48**に示したように、ヌクレオチドに結合するリン酸はリボースの5'とエステル結合しています。そのヌクレオチド同士の結合となると、左側のリボースの3'と右側ヌクレオチドのリン酸とでエステル結合します。ですから、ヌクレオチドの結合はジエステル結合ともいわれています。多くのヌクレオチドの結合を略して表すときは、5'側から3'側に向かって5'－AC－3'のように列記します。

2）DNAの構造

DNAは2本のポリヌクレオチドがおのおのの塩基間での水素結合によってからみ合い、右巻きの二重ラセン構造をなしています。1953年にWatsonとCrickが、それをモデル化しました。**図50**にもあるように、アデニン（A）とチミン（T）の間では2つの、グアニン（G）とシトシン（C）の間では3つの水素結合でつながっています。AとGはプリン塩基でピリミジン塩基のTとCよりサイズが少し大きいですが、AとTがつくこと、そしてGとCがつくことで、それぞれのステップの長さは等しくなり、平行なラセン構造、鎖の方向は逆になりますが、二重ラセン構造をとることができます。

図48　ヌクレオチド間の結合

ためになる知識

ジヌクレオチド

モノヌクレオチドが2つ結合したジヌクレオチドは、生体の構成成分としてではなく、体内でのさまざまな代謝に関与しています。次の章の酵素の項で説明しますが、水素の授受、つまり、酸化還元反応に不可欠な物質にジヌクレオチドがあります。図49にその構造を示しました。ニコチンアミドという塩基からなるヌクレオチドとアデニル酸（ヌクレオチド）が、リン酸を介して結合しているので、名前をニコチンアミドアデニンジヌクレオチド（NAD：nicotinamide adenine dinucleotide）といいます。フラビンアデニンジヌクレオチド（FAD：flavin adenine dinucleotide）も同様に、フラビンという塩基からなるヌクレオチドとアデニル酸が結合しているので、そういいます。

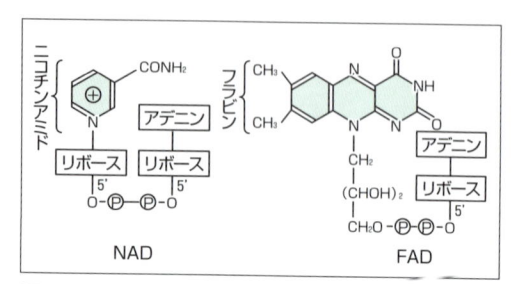

図49　補酵素NADとFADの構造

よくしたもので、この二重ラセン構造をねじりにねじると、さらに収納されていきます。

そして、さらにもっとねじりにねじったものが染色体になっています。それは目に見えない細胞の中の核の中に収納されている染色体です。反対に、それをほどいていくとDNAの二重ラセン構造が現れてきますが、幅は2nmでも、その長さは約170cmにもなります。それを**図51**に示しました。

3）RNAの構造

2本鎖のラセン構造をなすDNAと違って、RNAは1本鎖からなるポリヌクレオチドです。でも、構成する塩基がDNAと1つ異なり、DNAではTのところが、RNAではウラシル（U）になります。これは、tRNA（トランスファーRNA）の構造でよく知られていますが、**図52**に示すようにtRNAは約80個のヌクレオチドから

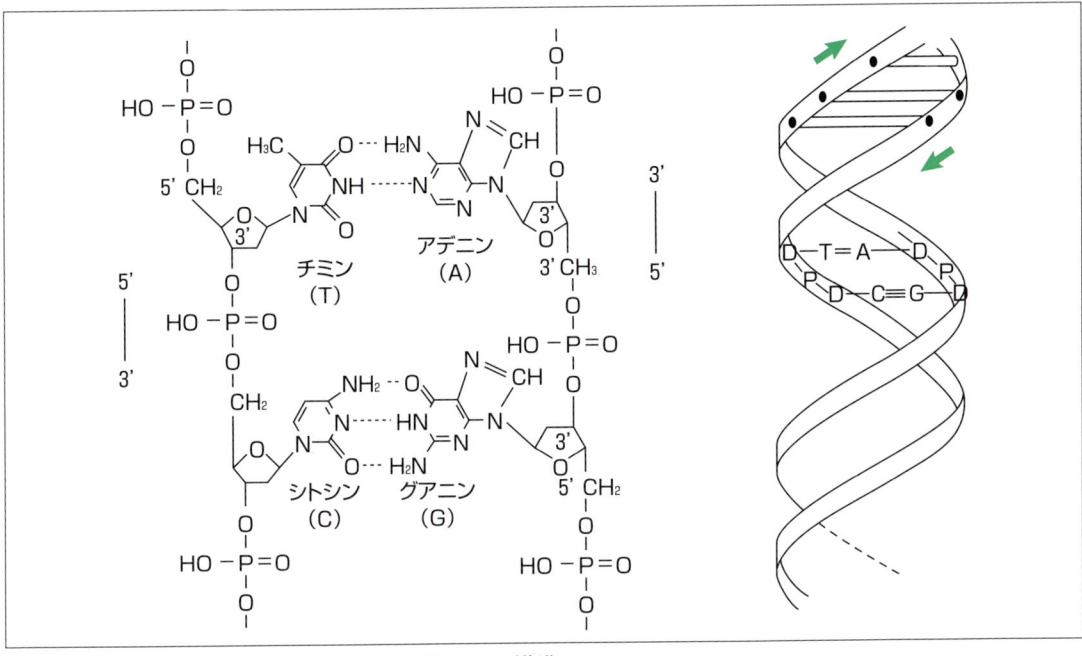

図50　DNAの塩基の水素結合による二重ラセン構造

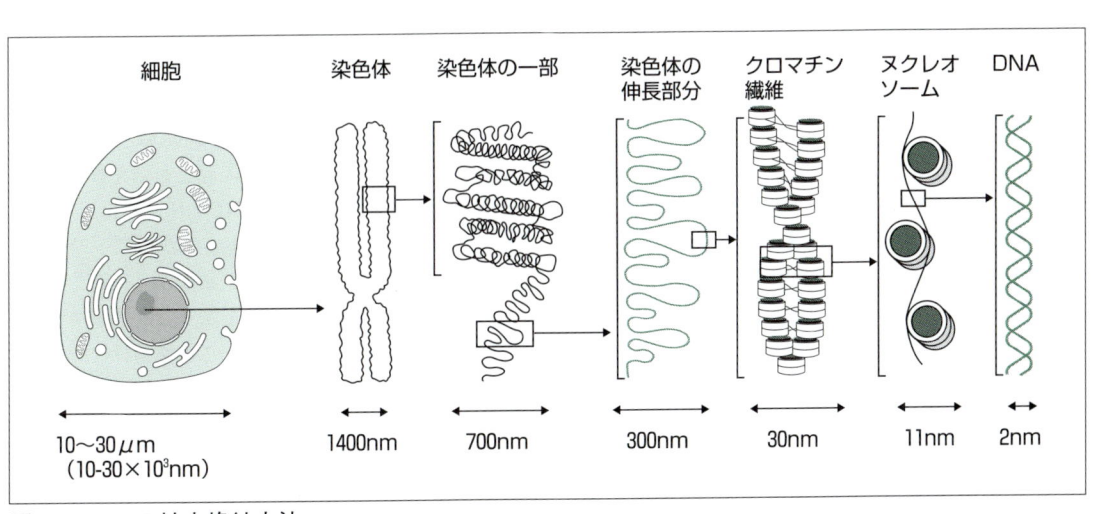

図51　DNAの核内格納方法
　　　相原英孝、大森正英、尾庭きよ子、他：イラスト生化学入門　第3版、東京教学社、2005、p64、図5-2を引用

Ⅳ　核　酸

なり、クローバー葉状になっています。mRNA（メッセンジャーRNA）の情報にしたがって、アミノ酸を運んでくれるのがtRNAです。図52の下のループに3つの塩基がありますが、それはアンチコドンとよばれてmRNAの情報を認識する部位です。アンチコドン部分もそうですが、tRNAは種類によって塩基の並びは違います。図52にアラニンを運ぶtRNAを示しました。

4．核酸の栄養的意義

私たちが普段食べている肉や魚、野菜、果物などは、どれも細胞をもった生物ですから、含有量の違いこそあれ、核酸が含まれています。

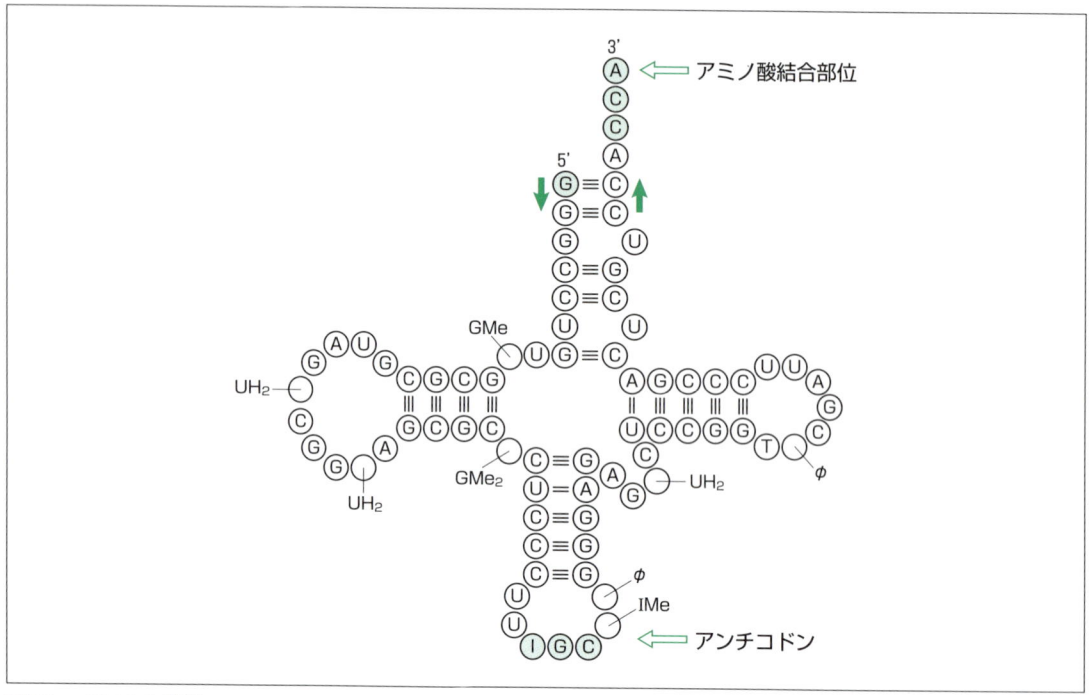

図52　tRNAの構造

ためになる知識

DNAとRNAの構造の違いによる性質の違い

　DNAのもつ糖はデオキシリボースで、RNAのもつ糖はリボースでした。DNAを構成する塩基はATGCでしたが、RNAではAUGCでした。さらに、DNAは二本の鎖でできていますが、ふつうRNAは一本鎖です。これがDNAとRNAの性質を大きく変えています。

　DNAは二本鎖でできているので、非常に安定しています。例えば、95℃にしても二本鎖が一本鎖になるものの、壊れることはありません。また、弱アルカリ性にしても壊れません。ところが、RNAは弱アルカリ性にするだけで簡単に壊れてしまいます。このような安定性の違いを生命は見事に利用しているのです。DNAは子孫へと伝えていかねばならない生命の源ともいえる物質ですから、安定していなければなりません。

　一方、RNAはタンパク質合成のために一時的に橋渡しをする役割をもっていますから、タンパク質をつくる役割を終えたのであれば、すみやかに壊れることが必要なのです。この性質はよくできていると思います。

> **POINT** DNAは壊れにくい構造、RNAは壊れやすい構造である。

そしてそれらを食べることによって、核酸成分を摂り入れていることになります。

ポリヌクレオチドであるDNAやRNA、は消化酵素によってモノヌクレオチドまで分解されますが、このスタイルではまだ小腸から吸収されません。それからさらに、リン酸がはずれてヌクレオシドまで分解されて小腸から吸収されます。ですから、核酸を食べても、ヌクレオシドやヌクレオチドを食べても、その栄養的意義は変わらないことになります。

五大栄養素の中に核酸は入っていません。これは体内で合成できるからです。だからといって、核酸は食べなくてもいいのかというと、それも極論です。気にしていなくても核酸を摂取し、生体はそれを吸収しています。それは必要なことだからです。偏った食生活ではそのバランスも壊れます。

そこで、不足分を補うために核酸に関係する栄養補助食品が開発されています。核酸（ヌクレオチド）が配合されている、乳児用の粉ミルクが出てきました。以前より、「粉ミルクで育てた赤ちゃんは母乳で育てた赤ちゃんに比べて病気に対する抵抗力が弱い」、とか、「アレルギー疾患の発症率も粉ミルクで育てた赤ちゃんのほうが高い」や「記憶力や学習力にも違いがある」といった説が強く指摘されてきました。そのような経緯から、従来の粉ミルクに含まれていなかった成分の存在が突き止められ、それが、母乳の中に凝縮されている核酸（ヌクレオチド）だったのです。

V　ミネラル（無機質）

　五大栄養素に数えられるミネラルは、体内での化学反応（代謝）に不可欠な物質です。その化学反応が進めば進むほど、ミネラルは消費されてしまいます。ビタミンと同様にミネラルも体内では合成ができないので、食事として摂取しなければならない物質です。それではなぜ、ミネラルが必要なのでしょうか。

1．ミネラルとは

　ミネラル（無機質）は、いってみれば元素ですが、正確には水素、炭素、窒素、酸素の4元素以外の元素の総称と定義されています。この4元素だけで、体内の元素の約97％も占めています。ここでは、残りの数％の元素の話ですが、この元素も身体の中で作れるはずがありません。総論の項でも簡単に説明しましたが、生体内に存在する元素は約30種類ほどです。体重50kgのヒトでカルシウムは約1kgももっていますが、ナトリウムが約100g、鉄は約4g、微量金属といわれる亜鉛やヨウ素などは、本当に微量です。でも、その微量なミネラルが身体の機能に大きくかかわっているのです。

　ちなみに、荷電をもつ元素のことを電解質ともいいます。ですから本来は、ナトリウムやカルシウムのことはNa^+、そしてCa^{2+}、塩素やリン酸はCl^-、そしてHPO_4^{2-}のように表示したほうがいいのかもしれません。なぜなら、ミネラルが水に溶解したときは、電子を放ったりもらったりしているからなのです。そして、生体が電気的にほぼ中性になっていられるのも、これらの電解質の力がほぼ同じになっているからなのです。

　生体に存在するすべての元素を説明するのも大変ですし、理解するのも大変でしょう。まずは、表15にあるように、体内に存在する元素を量的に4つに分類しておきます。

> **POINT**　ミネラルとは、水素、炭素、窒素、酸素の4元素以外の元素をいう。

2．ミネラルの種類と作用

1）多量元素

　生体を構成している多量元素は、表15に示した酸素（O）、炭素（C）、窒素（N）、水素（H）、リン（P）、イオウ（S）の6種類です。生体を構成する高分子物質つまりタンパク質、そして核酸は、これらの元素からでき上がっています。また、糖質も脂質もそのほとんどが酸素、炭素、窒素、水素で構成されています。生命現象の維持に、ATPが不可欠なことは何度となく説明していますが、そのATPの中にはリン酸としてリンが3つ含まれています。

2）多量金属元素

　上で説明した6種類の多量元素で、生体を構成する元素の約99％が占められていますが、そのほかの元素は、すべてあわせても約1％です。その中でも比較的多く存在する金属元素がカルシウム（Ca）、マグネシウム（Mg）などで、これ

表15　生体を構成する元素

	種類
多量元素	O、C、N、H、P、S
多量金属元素	Na、Ca、K、Cl、Mg
微量金属元素	Fe、Zn、Cu
極微量元素	F、I、Se、Si、B

を多量金属元素とよびます。これらの元素の主なはたらきを**表16**に示しましたが、詳しくはホルモンの項で説明します。ホルモンの作用によって、体内では、これらの金属元素の量でホメオスターシスが維持されているのです。

3）微量金属元素

鉄は微量といっても、体内に約4 g存在しています。細胞ひとつひとつの生命維持に酸素が必要なのは何度も説明していますが、その酸素を血中で運搬しているのが鉄です。ですから、微量とはいえ、とても大切な元素です。

①鉄（Fe）

まず、鉄という元素は2つの存在状態があることを理解してください。別な元素と結合する手が2本のものと3本のものがあるのです。もう少し詳しく言うと、鉄のもつ電子が、2個ないものと3個ないものがあるということです。前者を二価の鉄イオン（Fe^{2+}）、後者を三価の鉄イオン（Fe^{3+}）といいます。多くの鉄はヘム（**図53**）という物質の中にあり、ヘムをもつタンパク質の代表がヘモグロビンです。タンパク質の項でその構造（p.46図39）も示しました。また、鉄は筋肉のミオグロビン、それ以外にもチトクロムというタンパク質の中にもあって、ATPという高エネルギー化合物を作るときにも、いろいろな薬物を代謝するときにもチトクロムははたらいています。ちなみに、ヘムを構成している環状構造をポルフィリン環といいます。

②銅（Cu）

タンパク質には、アミノ酸だけからなるタンパク質もあれば、金属を含んだタンパク質もたくさんあります。銅を必要とするタンパク質もたくさんあります。例えば、セルロプラスミンというタンパク質は銅がなければ合成できないタンパク質で、これは鉄欠乏性貧血のときにはたらいてくれるタンパク質です。

③亜鉛（Zu）

亜鉛は鉄や銅に比べるとさらに微量ですが、人体にとって必要な元素です。食べ物の甘さを感じない、塩辛さを感じないなどのことを味覚障害といいますが、味覚を感じる部位に、亜鉛は不可欠です。これは舌の味蕾を形成する成分の1つになっています。偏ったダイエットや偏食などで亜鉛の摂取不足は増えており、亜鉛不足による味覚障害も増えているといわれています。味覚障害が起こってから6か月以内に治療を開始すると回復が期待されますが、それ以降になると難しくなるようです。

表16　多量金属元素の主なはたらき

元素	主なはたらき
ナトリウム（Na）	細胞外液に多く含まれ、浸透圧維持
カルシウム（Ca）	骨の無機質を構成 筋肉の刺激と筋肉の収縮 外分泌腺や内分泌腺の刺激と分泌機能
カリウム（K）	細胞内液に多く含まれ、ナトリウムとバランス
塩素（Cl）	胃から分泌される塩酸（HCl）の成分
マグネシウム（Mg）	生体成分合成にかかわる酵素類の活性化 軟骨と骨の成長 脳と甲状腺機能維持

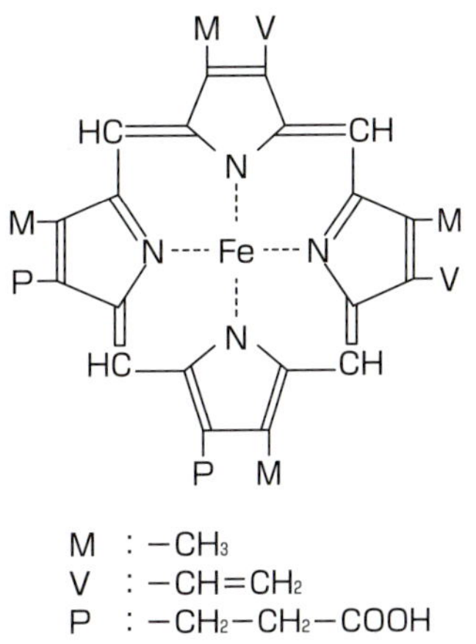

図53　ヘムの構造

4）極微量元素

　微量元素のうち、きわめて微量しか存在しないものを極微量元素とよび、**表17**に示したように15種類ほどあり、非金属元素と金属元素に分けられます。これらも、量は少なくても人体にとって必要不可欠な元素ばかりです。だからといって多量に摂取すると、体内に蓄積して中毒を起こしてしまいます。

　特に、表17に示した金属元素は、微量必要でも、多量では恐い金属です。ではなぜ、そんな恐ろしいものが体内に存在しているのでしょうか。それは、身体を構成するタンパク質にもいろいろあって、そのような微量金属を必要とするタンパク質があるからです。その金属がないと、そのタンパク質は合成できません。身体の健康を損ねるわけです。このようなタンパク質を、金属タンパク質あるいは金属酵素ともよんでいます。

①フッ素（F）

　歯のエナメル質の成分（ハイドロキシアパタイト）が、フッ素を取り込んで酸に対して抵抗性をもつようになり、フッ素が適当な濃度で口の中にあると、歯質が酸に侵されにくく、虫歯にならなくなります。今ではフッ素入りの歯磨きも市販されています。でも、高濃度になると、反対に歯がボロボロになることも知られています。

②ヨウ素（I）

　ヨウ素は甲状腺ホルモンの成分なので、ヨウ素がたりないと甲状腺ホルモンが作られず、甲状腺の機能が低下します。また、ヨウ素は、ヨウ素自体に殺菌、抗ウイルス作用があるので、医薬品としての利用価値も高く、外用の殺菌消毒として、ヨードチンキやヨードホルムが使われています。

③セレン（Se）

　セレンは、1969年に哺乳動物にとって必須なものであるという事が証明されました。セレンの関与する酵素としては、グルタチオンペルオキシダーゼが代表的なものです。セレンは、硫黄と同族の元素です。自然界では、硫黄を含んだアミノ酸の、硫黄の代わりにセレンが代わって含まれているものがあります。ですから、システインとメチオニンにもセレンが含まれています。セレン化合物の生理作用は、抗炎症作用、免疫促進作用、そして、制がん作用が知られています。この欠乏症としては克山病（こくざんびょう）が有名です。

表17　極微量元素の種類

非金属元素	金属元素
フッ素（F）	ヒ素（As）
ヨウ素（I）	マンガン（Mn）
セレン（Se）	モリブデン（Mo）
ケイ素（Si）	コバルト（Co）
ホウ素（B）	クロム（Cr）
	バナジウム（V）
	ニッケル（Ni）
	カドミウム（Cd）
	スズ（Sn）
	鉛（Pb）

ためになる知識

微量の量

　一般的に微量の量は、マイクログラム（μg）、ナノグラム（ng）あるいはピコグラム（pg）の単位で表します。1ミリグラム（mg）は1gの1/1000、1μgはmgの1/1000、さらに、1ngは1μgの1/1000、さらに、1pgは1ngの1/1000です。もうこうなると目では見えません。このことからもわかるように、微量元素の量は、私たちの日常生活の単位と比べて実感できないほど小さいのです。

④ヒ素（As）

ヤギやヒツジなどの草食動物では、食物中のヒ素が欠乏すると発育障害が起こります。ヒトでも必須元素ですが、ヒ素に限らず、微量金属元素を多量に摂取すると、中毒を起こして死亡することがあります。ヒ素は毒入りカレー事件で有名になってしまいました。

⑤コバルト（Co）

コバルトはビタミンB_{12}に含まれています。ビタミンB_{12}は赤血球を作るときに必要なビタミンです。コバルトがないと、赤血球が作られないわけですから、貧血になります。このようなコバルトの欠乏による貧血を悪性貧血といいます。

⑥モリブデン（Mo）

キサンチンオキシダーゼという酵素に含まれる金属で、核酸代謝に重要な役割をもっています。核酸がバラバラに壊れた成分にキサンチンがあり、それをこの酵素で酸化することによって尿酸を産生しています。この尿酸が増加すると、痛風という病気になってしまいます。ですから、この酵素を阻害する薬が、痛風の治療薬に用いられています。

> **POINT** ミネラルは、どれが欠けても生命現象は維持できない。

3．ミネラルの分類

ミネラルには数多くの種類がありますので、いろいろな分類方法で分けた方が理解しやすいかもしれません。各種ミネラルの摂取量とその存在部位で分類してみます。

1）摂取量によるミネラルの分類

私たちはミネラルをいろいろな食物として摂取していますが、食物に含まれるミネラルの量もまちまちです。ですから、割合を、多量摂取（100mg/日以上）、微量摂取（1～100mg/日）、

そして極微量摂取（1mg/日未満）するミネラルに分けてみます（表18）。ちなみに、このくらいの量を摂取して、健康が保たれていると思ってください。でも、過剰摂取は禁物です。体内に蓄積されて中毒を引き起こしてしまいます。

> **POINT** ミネラルの過剰摂取は、中毒を引き起こす。

2）存在部位によるミネラルの分類

表19に分類しましたが、細胞内濃度が細胞外液より高いミネラルを、細胞内ミネラルといいます。細胞内ミネラルは、細胞が濃度勾配に逆らい、細胞外から取り込むことによって細胞の活性を維持しているミネラルです。反対に、細胞外液の濃度が、細胞内より高いミネラルを細胞外ミネラルといいます。細胞外ミネラルは、細胞が濃度勾配に逆らい、細胞外に排除することによって、細胞の活性を維持しているミネラルです。

また、銅などは、脳髄膜炎などで脳脊髄液の濃度が10倍程度上昇しますが、健康な条件下では細胞内外の濃度差は少なく、細胞内外のいずれにも分類することができません。

表18　摂取量によるミネラルの分類

摂取量	種類
100mg/日以上	Na、K、Cl、Ca、Mg、P、S
1～100mg/日	Zn、Fe、Cu、Mn、Al、Br、Zr、Sn、Si、Rb、Sr、F
1mg/日未満	Co、Cr、I、Mo、Se

表19　存在部位によるミネラルの分類

局在	種類
細胞内ミネラル	K、Mg、P、Zn、Feなど
細胞外ミネラル	Na、Ca、Clなど
細胞内外ミネラル	S、Cu、Mnなど
骨ミネラル	
細胞内ミネラル	P、Mg
細胞外ミネラル	Na、Ca

また、骨を構成し、骨が貯蔵庫として機能している主なミネラルを、骨ミネラルといいます。骨ミネラルをさらに細胞内外で分けると、存在部位が、ほかの組織とは違うことがわかります。細胞内ミネラルではリン（P）とマグネシウム（Mg）が、細胞外ミネラルではナトリウム（Na）とカルシウム（Ca）がほとんどになっています。

4．ミネラルの栄養的意義

最近、サプリメント（supplement、補足）という言葉をよく耳にします。これは、私たちの日常の食事を、栄養面で補うもの、つまり栄養補助食品のことです。1994年にアメリカで栄養補助食品健康教育法ができました。サプリメントの定義は、「ハーブ、ビタミン、ミネラル、アミノ酸などの栄養成分を1種類以上含む栄養補給のための製品」とされています。日本でも多くのサプリメントが出回っていますが、健全な食事をしていれば、無用の長物というのは言い過ぎでしょうか。

自然界に自然に存在する食べ物の中には、生命維持そして生体維持のための成分が十分に含まれています。当然、その摂取が不足すれば欠乏症になってしまいます。そのときにはサプリメントは必要かもしれません。「予防は治療に勝る」という言葉は、サプリメントの意義をズバリ言い当てたものだと思います。まず、必須ミネラルの栄養的意義としては、次の2つが考えられます。

・必須ミネラルを、食物から身体に取り入れる量を減らすと、重大な機能的障害が現れる。
・必須ミネラルを、食物から身体に取り入れると、ほかの元素やほかの方法では見られない効果や栄養状態の改善が見られる。

とにかく、必須ミネラルは体内で合成できない五大栄養素の1つです。これはエネルギー源にはなりませんが、エネルギーを作る代謝系には、ビタミンとともに大切な栄養素といえるのです。

VI 酵素

「酵素（enzyme）って何？」と聞かれたら、何と答えますか。総論の中で、そのことに少し触れました。酵素とは生体内触媒のことで、活性化エネルギーを小さくする物質でした。酵素自身は変化を受けませんが、その酵素が作用する化学反応を速める物質のことです。

酵素に関する研究は、すなわち生化学の発展にもつながっています。19世紀初期にまでさかのぼりますが、酵母細胞をすりつぶしたものを糖溶液に入れると、アルコールと二酸化炭素が発生することが発見されました。このことから、酵母の中に化学反応を促進する物質があるということで、「酵母の中の」という意味をもつ「enzyme」と命名されました。ちなみに、「en」は「中に」という意味で、「zyme」は「酵母」を指します。

この酵素の項は少しややこしいかもしれませんが、生化学的には重要なことばかりです。すべてを理解してほしいのですが、最低限、酵素がないと体内のいろいろな反応が進まないということだけは理解してください。この項ではその反応の仕方を説明します。

1. 酵素の化学と性質

まず、酵素とはどのようなものかを理解する必要があります。あとにも述べますが、酵素はタンパク質です。タンパク質の情報は遺伝子の中に組み込まれています。つまり、酵素は親から子へと遺伝され、この酵素の作用によって似たような顔立ちになるのです。

1）酵素の本体

酵素の本体は、たくさんのアミノ酸がペプチド結合でつながったタンパク質です。でも、酵素はタンパク質だけからなるものと、タンパク質以外に補助因子（cofactor）を必要とする酵素があります。その場合のタンパク質だけをさしてアポ酵素とよび、補助因子をもったアポ酵素のことをホロ酵素とよんでいます。補助因子には、金属イオンや、ビタミンが体内で変化して補酵素（coenzyme）とよばれるものがあったりします。また、酵素はタンパク質ですから、タンパク質の性質をもっています。例えば、熱や酸、アルカリにはとても不安定で、変性を起こしてしまいます。このように、酵素が変性して酵素の作用がなくなることを酵素の失活といいます。

> **POINT** 酵素は、タンパク質である。

2）酵素の作用のしかた

①酵素反応

まずは、簡単な化学反応について考えてみましょう。

$$2H_2 + O_2 \rightarrow 2H_2O$$

水素ガスと酸素ガスが反応すると水ができるはずです。でも、出会っただけでは何の反応も起きません。化学反応が起きるためには、一定のエネルギーが必要なのです。

第1章でも説明しましたが、反応するのに必要なエネルギーを活性化エネルギー（p.3）といいました。室温では、この活性化エネルギーのバリアを超えることができないので、反応が起きないのです。でも、ここで酸素と水素の混合ガスに火を近づければ、爆発が起きます。これは

急激な化学反応です。この状態では、目に見えない水が、そのまわりにできあがっています。つまり、火によって活性化エネルギー以上のエネルギーを与えられたので、反応が進んだのです。

ここで、火をつけないで、酸素と水素の混合ガスに、白金の細かな粒子を少量加えたとしましょう。それでも反応して水が生じるのです。そうです。白金がこの化学反応をうながしたのです。このように、化学反応を速める物質を触媒といいます。生体の中の化学反応、つまり代謝を円滑に行うことができるのは、酵素という名前の触媒が存在するからなのです。

図54に、酵素（E）が基質（S）にはたらいて生成物（P）ができ上がるまでを示しました。図54の中央にあるのは、酵素・基質複合体（ES）で、これを形成することによって活性化エネルギーを小さくすることができ、生成物ができ上がります。そのあとに酵素は離れますが、また次の基質と複合体を作り、再び生成物ができ上がります。ふつう、酵素は1秒間にこの繰り返しを1,000回以上行っていることが多く、10,000回になることもまれではありません。この繰り返し、この回転のことを酵素の代謝回転といいます。このことから、生体内の化学反応がいかにすばやく行われているのかがわかります。

ちなみに、図54の中の矢印は、両矢印です。これは、左右どちらでも行けることを意味し、このような反応を可逆反応とよんでいます。生体の中の酵素反応は、このような可逆反応であったり、一方通行だけであったりするときもあります。その一方通行だけの反応を不可逆反応といっています。

② 酵素の単位

一般的に物質の量は濃度で表します。例えば1 Lの中に何mg、あるいは何mol溶けているかというようなことです。でも、酵素の量は、あまりにも微量すぎて濃度では表すことができません。そこで、反応速度をもって酵素の量を決めています。これは速度ですから、時間あたりにどれだけ、というものです。車にも速度計がついていて、その速度は時速で表されますが、それは1時間で何km走ったかというものです。

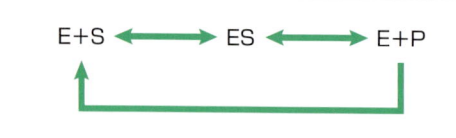

```
E+S ⇌ ES ⇌ E+P     E  : 酵素
                    S  : 基質
                    ES : 酵素・基質複合体
                    P  : 生成物
```

図54　酵素反応における酵素の存在様式

ためになる知識

酵素の反応の速さ

酵素は化学反応を促進させる触媒だと説明しました。では、どのくらい反応を促進させるのでしょうか。酵素の種類によっても、触媒する化学反応の内容によっても異なりますが、酵素がないときに比べて、およそ10^7倍から10^{20}倍くらい反応速度を高めることができるといわれています。10^7倍というのは、1,000万倍のことです。これは、通常なら115日かかる反応が、たった1秒で済んでしまうことを意味します。1,020倍というのは、3,000億世紀かかる反応をわずか1秒で済ませるということです。言いかえると、酵素なしには化学反応は進まないことを意味しています。

体内では物質代謝という名の化学反応が無数に行われています。ということは、無数の酵素がはたらいていることを意味し、酵素の作用がなくなると、それは死を意味します。ですから酵素は大切なものだと理解してください。

酵素の反応速度も同じ考えで、1分間で基質の濃度がどれだけ変化したかということを表します。

普通は、基質の濃度はμmol/Lで表しますので、例えば、1分間で基質が1 μmoll/L変化するならば、それを1 μmol/L/分と表し、これを酵素の1国際単位（IU：international unit）としています。酵素がたくさんあるなら基質をたくさん変化させるし、少なければ基質の変化の量も少しです。これはとても好都合な単位だといえます。

> **POINT** 酵素量の単位は、反応速度で表す。

③最大反応速度とミハエリス定数

酵素量を一定にして基質濃度を変化させ、反応速度を測定してみます。それをグラフにしたのが**図55**です。そうすると、基質濃度（[S]）を徐々に上げていくと、反応速度vはそれに比例して上昇していきます。さらに、[S]を増加させると、vは頭打ちになっていき、[S]が増えても一定の速度になります。そのときの速度を**最大反応速度**（Vmax）とよんでいます。

このように、酵素反応は二相性の性質をもっています。始めの反応のvが、[S]と比例関係にある反応を**一次反応**、Vmaxが得られる反応を**零次反応**といいます。これは、酵素量を一定で行ったときのグラフです。酵素量を半分にすればVmaxも半分、酵素量を2倍にすればVmaxも2倍、つまり、零次反応では、vは酵素量に比例する反応なのです。これらの関係を、数式で表してみます。

> **POINT** 一次反応では、反応速度は基質濃度に比例する。
> 零次反応では、反応速度は酵素量に比例する。

その前に、酵素の性質を示す値として**ミハエリス定数（Km値）**というものがあります。Vmaxが1/2のときの[S]をKmといい、それぞれの酵素固有の値です（図55）。ちょっとややこしいですが、酵素の性質を示す大切な値ですので名前は覚えておいてください。ミハエリス・メンテン式というものを**図56**に示しましたが、一次反応の始めの方では[S]≪Kmとなります。これは、Kmより[S]がきわめて少ないときですから、ミハエリス・メンテン式の右辺の分母は、限りなくKmになります。そうなると、VmaxもKmも固有の値ですので、Vmax/Kmも定数となります。簡略化すると、y＝axという直線的な関係、つまり、vと[S]は比例関係になります。

それに対して零次反応では、[S]≫Kmとなり、ミハエリス・メンテン式の右辺の分母は限りなく[S]になります。そうすると、分母、分子ともに[S]があるから消えるので、v＝Vmax

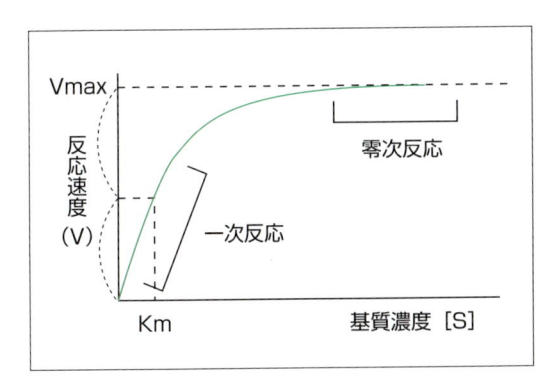

図55　一次反応と零次反応

ミハエリス・メンテン式	一次反応	零次反応
$v = \dfrac{V_{max} \cdot [S]}{K_m + [S]}$	$[S] \ll K_m \rightarrow K_m + [S] \fallingdotseq [K_m]$ $v = \dfrac{V_{max}}{K_m} \cdot [S]$　（y＝ax）	$[S] \gg K_m \rightarrow K_m + [S] \fallingdotseq [S]$ $v = V_{max}$

図56　ミハエリス・メンテン式と酵素反応

となります。このように数式を使うと一次および零次反応が、より理解しやすくなると思います。

> **POINT** Km値とは、Vmaxの1/2のときの基質濃度である。

今度は、同じ基質に作用する酵素（A）と酵素（B）の2つの酵素について、反応速度を求めたグラフを図57に示します。ここで大切なことは、2つの酵素でKm値が異なることです。同じように基質に作用したとしても、作用の仕方が違うのです。それがKm値でわかるのです。

もう一度言います。Vmaxの1/2のときの[S]がKmです。そのKm値をグラフの中にKm$_{(A)}$とKm$_{(B)}$で入れました。ただ、違う値と片づけないでください。Km$_{(A)}$はKm$_{(B)}$よりも小さい値をとっています。これは何を意味するのでしょうか。Kmは結局は基質濃度です。Km$_{(A)}$は、ほんの少しの基質濃度でも、Vmaxの1/2の速度が得られることを意味しています。反対に、Km$_{(B)}$は多量の基質濃度を使用しないと、Vmaxの1/2の速度が得られないことを意味しています。

つまり、Km値はその酵素の基質に対する親和性を示しているのです。その値が小さいのは親和性が高く、反応しやすいということです。その値が大きいのは親和性が低く、反応しにくいということです。

> **POINT** Km値が小さい酵素ほど、反応しやすい。

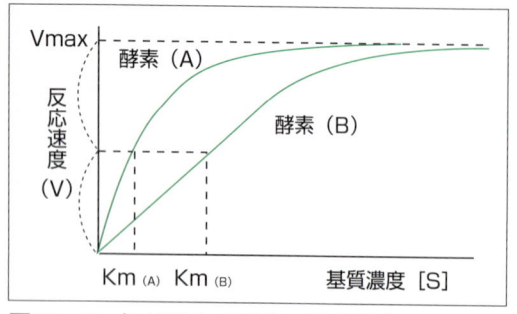

図57　Km値が異なる酵素の反応速度

3）酵素の反応条件

酵素が化学反応を促進することはKm値からもわかったと思います。では、酵素はどのようにして反応を促進するのでしょうか。それは19世紀後半には理解されました。

発酵にはたらく酵素が、糖の立体異性体を区別することがわかり、鍵と鍵穴説ができあがりました。ある鍵は、その特定の鍵穴にしか入らないということです。ここでいう鍵は、酵素の相手である基質をいい、鍵穴は酵素のことをいいます。これを酵素の基質特異性とよんでいます。

①酵素の基質特異性

基質が酵素にすっぽりはまりこむ場所があります。これはタンパク質の項で説明しましたが、タンパク質である酵素は立体構造をもっています。その中の一部に基質が結合すると、その基質の化学反応が生じます。そのはまりこむ場所を酵素の活性中心、あるいは活性部位とよんでいます。

図58の中の反応式を見てください。アセチルコリンは、酢酸とコリンがエステル結合している物質で、体内で情報伝達を行う重要な物質です。でも、たくさんあり過ぎると過剰に伝達してしまうので困ってしまいます。そこで、この反応式にあるように、アセチルコリンを分解してその作用をなくす酵素が存在します。この酵素をコリンエステラーゼといいます。

そのとき、このアセチルコリンは、コリンエステラーゼの鍵穴にはまりこみます。この場合は2つの鍵穴がありますが、この鍵穴が活性部位です。この鍵穴を1つでも妨害する物質（阻害薬）が存在すると、アセチルコリンははまりこむことができず、反応はしません。それについては、またあとで説明します。

②酵素の至適条件

一般的な化学反応と同様に、酵素反応も温度

の上昇に伴って反応する速さも速くなります。冷蔵庫の中の4℃では、普通はその作用がありません。でも、先ほども説明しましたが、酵素はタンパク質です。高温によって変性して失活してしまいますが、一般的には体温と同じ37℃あたりで反応が進むようになっています。この一番反応しやすい温度を<u>至適温度</u>といいます。

pHもその酵素に適したpHが必要です。そのpHのことを<u>至適pH</u>とよんでいます。「酵素に適したpH」とは、反応速度が最も早いときのpHのことです。そのpHからずれていくと、反応しなくなります。多くの酵素は生理的pHで反応が進みますが、例外的にタンパク分解酵素であるペプシンの至適pHは1.8ときわめて酸性側にありますし、アルカリホスファターゼという酵素の至適pHは約10です。生体内でpH10になることはまず考えられませんが、そのような酵素もあります。

体内のpHが、この至適pHからずれていくということは、酵素がはたらかないということになりますから、これは大変なことになります。次に説明する酵素の必要性とあわせて理解してください。

> **POINT** 酵素反応は、それに適した条件のもとに進む。

4）酵素の必要性

酵素の必要性を考えるとき、酵素がなくなったらどうなるかを考えたほうがわかりやすいと思います。

<u>先天性代謝異常</u>という病気があります。先天性代謝異常とは、遺伝子に何らかの障害があっ

$$CH_3CO-O^--CH_2CH_2\overset{+}{N}(CH_3)_3 \longrightarrow CH_3COOH + HOCH_2CH_2\overset{+}{N}(CH_3)_3$$

アセチルコリン　　　　　　　　　　　酢酸　　　　　コリン

$$CH_3CO-O^--CH_2CH_2\overset{+}{N}(CH_3)_3$$

コリンエステラーゼ

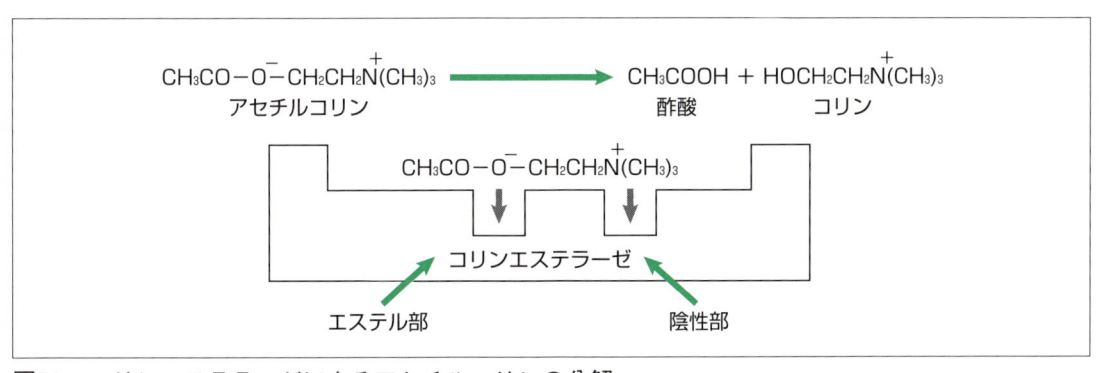

エステル部　　　　陰性部

図58　コリンエステラーゼによるアセチルコリンの分解

ためになる知識

酵素パワー

「酵素入り洗剤」なるものが、酵素パワーという名のもとに、最近は当たり前のように販売されています。そして、使用する洗剤の量も以前に比べればかなり少量になりました。その違いを生み出してくれるのが酵素なのです。

それでは、「酵素というのはとてつもない効果があるらしい」「どうしてそんなに差があるのか」ということから、そのはたらきの違いを考えてみましょう。

今までの洗剤は、汚れを取り囲んで繊維からもぎ取るもので、一度汚れを取り囲んだ洗剤は、それで用済みとなり、ひどい汚れにはかなりの量の洗剤が必要でした。でも、酵素は汚れそのものを分解してしまうのです。しかも、仕事が1つ終わると次の汚れに取りかかるという具合に、1つの酵素がいくつもの汚れを分解していきます。汚れを分解するはたらきそのものもとても速いので、少量の洗剤ですむわけです。

て、代謝に必要な酵素ができないため起こる異常疾患です。例えば、フェニルケトン尿症というものがあります。これは赤ちゃん2万人に1人くらいの割合で起こる病気です。必須アミノ酸の1つであるフェニルアラニンは、正常ならフェニルアラニンヒドロキシラーゼという酵素によってチロシンに代謝されます。つまり、チロシンは体内で作られますので、チロシンは必須アミノ酸にはなっていません。

ところが、この酵素がないために、フェニルアラニンは通常、使われない別の経路で代謝されてしまいます。その結果、フェニルピルビン酸という物質ができ、尿中に出てきて、それはネズミの尿のような臭いがします。これをフェニルケトン尿症といいますが、そのような赤ちゃんをそのまま放置しておくと、知能の発達が遅れることがわかっています。そこで、フェニルアラニンをできるだけ含まないミルクで育てなければなりません。このように1つ酵素がないだけで、大変なことになってしまうのです。タンパク質代謝の中のアミノ酸の代謝異常（p.126）でも、このことについてちょっと触れます。

5）酵素反応における阻害薬

体内の物質代謝が円滑に行われることで、身体の健康が保たれています。物質代謝を左右するのが酵素です。体内の中でも体外から侵入してくる酵素の作用を妨害する物質があります。これを逆手にとって、酵素反応が進んで病気になっているのであれば、この酵素活性を阻害して病気を改善しようとする薬もたくさんあります。そのためにも、酵素反応の阻害様式を知っておく必要があります。

酵素の作用は、酵素量に比例します。酵素量は反応速度に比例します。そうであるならば、反応速度を遅くすれば、つまり、基質との反応を邪魔すれば、酵素活性を阻害することになります。その阻害様式は2つに大別されます。図59に示しましたが、1つは競合阻害（拮抗阻害）、もう1つは非競合阻害（非拮抗阻害）です。

競合阻害薬は、基質と類似した構造をしていて、基質が結合する部位に基質と争って結合しようとする物質です。その阻害薬が酵素の活性部位に結合すると、基質が結合できなくなりますので、酵素反応はなくなります。先に説明し

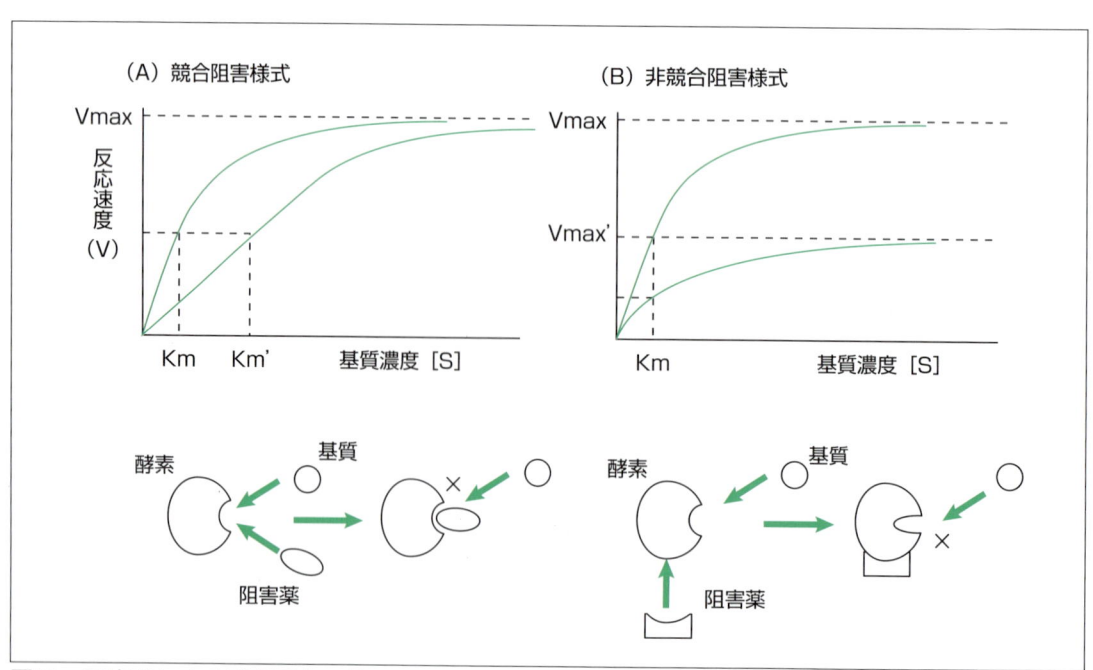

図59　阻害薬による酵素反応の低下

たコリンエステラーゼ（p.68）のところで少し触れました。それに対して非競合阻害薬は、酵素の活性部位に結合するわけではなく、酵素分子に結合することで、活性部位の構造が変化してしまい、基質と結合できなくさせてしまう阻害薬です。

もう少し詳しく説明します。競合阻害では、酵素が反応する部位はそのままです。それは、そこに結合する阻害薬が存在しているので、基質が結合できないだけです。これは、酵素と反応する基質量が減ってしまったと考えられます。でも、多量の基質を存在させれば、確率的に阻害薬が酵素に結合するよりも、基質が結合する数が増えるわけですから、限りなく基質を増やせば最大反応速度は、阻害薬がないときと同じです。図59の左の図がそれを示しています。基質濃度を最大限に増やせば、Vmaxは得られるのです。でも、その競合阻害薬の存在のもとに基質との親和性が低くなるわけですから、Km値は大きくなります。

非競合阻害ではどうでしょうか。この阻害薬は、酵素のどこでもいいのですが、結合することで基質と結合する部位（活性中心）の構造が変わってしまいます。ですから、基質との反応が起こらなくなります。いってみれば、非競合阻害薬の分だけ酵素量が減ったことになります。非競合阻害薬が結合していない酵素は、今までどおりの普通の酵素です。ですから、酵素の性質であるKm値は変化しません。酵素量が減った分だけ、最大反応速度が減少します。

> **POINT**
> 競合阻害では、Vmaxは同じでもKm値は大きくなる。
> 非競合阻害では、Km値は同じでもVmaxは小さくなる。

2．物質代謝に関与する酵素の性質

酵素はタンパク質です。これは細胞内のリボゾームで合成されるタンパク質です。でも、タンパク質として合成された酵素でも、そのままでは活性を示さない酵素もあります。各種代謝系に関与する大切な酵素は、一般的にそのような酵素です。

ためになる知識

アセチルコリンの阻害薬

アセチルコリンは、神経伝達物質として体内でとても重要な仕事をしています。特に、副交感神経の伝達物質として、なくてはならない物質です。これが受容体に結合しすぎると、副交感神経は必要以上に興奮して、瞳孔は閉じて外からの光を感じなくなります。そして胃腸運動が極度に亢進してもんどり打ち、気管支は収縮しすぎて呼吸ができなくなります。そのような状態が続けば死んでしまいます。そのため、この伝達物質が飛び交う場所にコリンエステラーゼが存在して、必要以上にあるアセチルコリンを分解しています。この酵素は図58に示しています。

ですから、副交感神経が異常興奮している病気のとき、コリンエステラーゼ阻害薬が処方されています。ただ、その薬が強力だと、必要以上に副交感神経を抑制してしまいます。ですから、競合阻害を起こす阻害薬が使用されています。これは、基質を増やせば、阻害がかからなくなるので使用しているのです。

でも、コリンエステラーゼを非競合阻害様式で阻害する物質もあります。農薬に使用されている有機リン剤、そして猛毒ガスのサリンです。あのときの地下鉄サリン事件はすさまじいものでした。サリンに暴露された人々が、目が見えない、息が吸えないと、コンクリートに爪の跡が残るくらいに苦しむ様子が、テレビでも放映されていました。これはまさしく、副交感神経の異常な興奮によるものです。

酵素反応の阻害により、こんなにひどいことも体内で起きることを、真剣に理解してください。

1）補酵素を必要とする酵素

この章の始めのところでも説明しましたが、酵素そのものはタンパク質ですが、活性を示すのにタンパク質以外に補助因子（cofactor）を必要とする酵素があります。その場合のタンパク質だけを指してアポ酵素とよび、補助因子をもったアポ酵素のことをホロ酵素とよんでいます。この補助因子の多くは、ビタミンが体内で変化した補酵素（coenzyme）とよばれるものです。この章の終わりに補酵素をまとめておきました。

ビタミンの欠乏症になれば、そのビタミンが関与する酵素反応が進まなくなるのは当たり前です。ここではビタミンの必要性を改めて理解してください。

2）構造変化を必要とする酵素

酵素が合成されるときには、酵素活性がなくてもそのあとにわずかに構造変化して、活性を示す酵素があります。酵素活性は、酵素の活性部位に基質が結合して現れるものです。基質は、結合できる構造が酵素側に用意されていなければ、活性がないのも当たり前だと思います。

①ペプチド鎖が切断されて活性を現す酵素

まずタンパク分解酵素を考えてください。肉を食べました。胃の中で肉の中のタンパク質に対して胃腺から消化酵素であるペプシンが分泌され、タンパク質を加水分解します。これは第1章でも説明しました。ペプシンは胃腺細胞が合成し、分泌するはずです。それを作ったときに、タンパク分解酵素としての活性をもっていたとしたら、作った途端に、作った細胞を構成するタンパク質をも分解してしまいます。でも、そんなバカなことはしていません。ペプシンはアミノ酸326個からなるタンパク質分解酵素ですが、作るときには、さらにアミノ酸44個からなるペプチド鎖がついて、活性部位に覆いかぶさっています。これをペプシノーゲンといい、ペプシンの前駆体です。

ですから、このように活性のないスタイルで合成されているわけです。胃内に分泌されると、胃液に接触して余分のペプチド鎖が切り取られて、活性部位が現れ、タンパク質を分解することができます。

②リン酸化されて活性を現す酵素

酵素タンパク質を構成するアミノ酸の中には、水酸基（-OH）をもつセリンやスレオニンがあります。この水酸基にリン酸がエステル結合することをタンパク質のリン酸化といいますが、このリン酸化により酵素活性が現れる酵素や、反対に活性が抑制される酵素があります。

このような酵素の存在は、非常に合目的だと思います。細胞内には活性のないスタイルの酵素が用意されています。これは寝ている状態だと考えて下さい。それに何らかの引き金が引かれることで、酵素にリン酸化が起こり、いっきにその代謝系が進みます。この章の核酸の中で、サイクリックAMP（p.55）の説明をしましたが、これがその引き金を引く物質なのです。

3）ほかの物質が結合することで活性が変化する酵素

先に酵素の阻害薬の説明をしました。結局これは、酵素と基質の複合体を形成させないから、生成物ができないし、十分な反応速度が得られないということでした。でも、その阻害薬は酵素を阻害する目的の薬物であったりします。ここで説明する酵素は、酵素自身が好んで酵素活性を抑制したり、活性化したりしてくれる物質を回りに従わせている酵素です。これをアロステリック酵素といいます。

図60にあるような代謝、酵素aによって物質Aは物質Bへ、酵素bによって物質Bは物質Cへという過程を経て、物質Eができるとします。この物質Eが、酵素aの活性部位以外の場所に付着すると、酵素a全体の構造が変化し、それに伴って活性部位の構造も変化します。あるときには、

その変化で基質との結合が妨害され、またあるときには、その変化で基質との結合がよりしやすくなります。このような変化を受けることをアロステリック効果といい、その効果をもつ酵素のことをアロステリック酵素とよんでいます。

つまり、図60であらためて説明すると、物質Eが欲しいために、酵素aがはたらいて、この代謝系が進みます。でも、物質Eが十分でき上がってしまうと、もういらなくなるわけです。そうなると、物質Eが酵素aに付着して、活性部位の構造を変化させ、物質Bを作らなくさせます。物質Bがなければ、物質Eはできるはずがありません。これを負のフィードバック機構といいます。

また反対に、物質Eが別な物質に変化して、物質Eがたりなくなると、その変化した物質が酵素aに付着して、活性部位をより広げ、酵素反応を促進させて物質Bをたくさん作るようになります。物質Bが十分にあれば、物質Eも十分に作られるようになります。これを正のフィードバック機構といいます。

このことからも、酵素が、いろいろな代謝系を制御していることがよくわかると思います。これをより具体的にするため、図61にアロステリック酵素のKm値の変化を示しました。アロステリック酵素の反応速度の変化は、図55（p.67）に示したように一般的な酵素の飽和曲線とは違って、S字曲線を描く性質があります。これは基質濃度がある程度までいかないと反応しませんが、ある濃度になるといっきに反応する性質をもっています。ですから反応速度の変化はS字曲線になります。

3本ある曲線の中央が、アロステリック酵素そのものの曲線だと思ってください。Km値を図61の中に示しました。このアロステリック酵素に阻害効果のある物質を存在させて曲線を描くと、右方向へシフトしてKm値はKm-Iとなり、Km値が大きくなりました。これは基質との親和性が小さくなることを意味し、反応がしにくくなるのです。これはさらにより基質濃度が高くならないと反応はしません。

反対に、反応促進効果のある物質を存在させて曲線を描くと、左方向へシフトしてKm値はKm-Eとなり、Km値が小さくなりました。これ

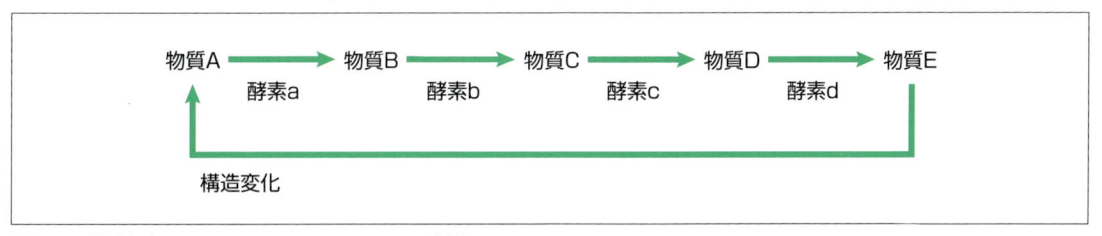

図60　代謝系におけるアロステリック効果

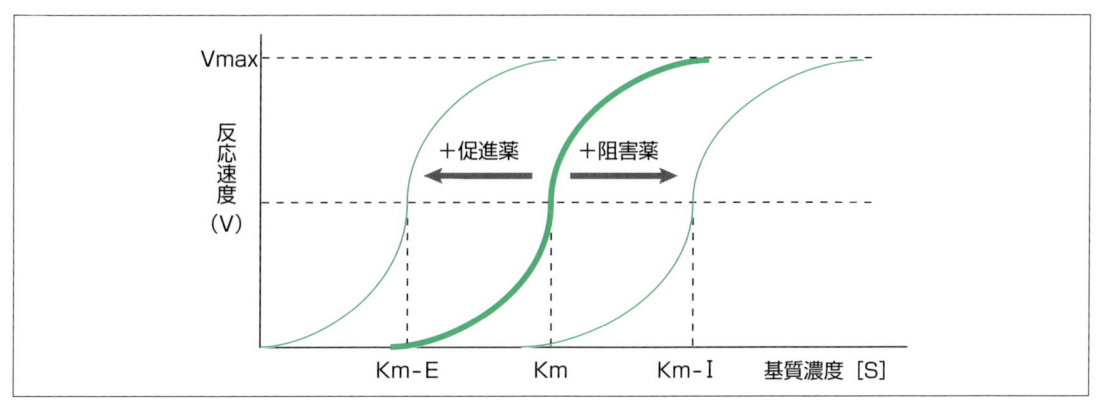

図61　アロステリック酵素のKm値の変化

は基質との親和性が大きくなることを意味し、反応がしやすくなるのです。そして、これはほんの少しの基質があるだけでも反応するのです。

> **POINT** 代謝系を制御する酵素は、アロステリック酵素である。

3．アイソザイム

以前、アイソザイム（isozyme）という言葉ができたときには、正確にはアイソエンザイム（isoenzyme）といっていました。これは同じ（iso）酵素（enzyme）という意味です。同じ酵素なら同じではないのかと思ってしまいますが、これにはきちんとした定義があります。同じ基質に作用しても（基質特異性が同じでも）、構造が異なる酵素同士をアイソザイムといいます。構造の違いといっても、狭義のアイソザイムの定義では、タンパク質構造、つまりそれを発現させるDNAレベルでは異なるということです。

これではあまりにも定義が狭すぎるので現在では、タンパク質構造が同じでも、その性質が違えばアイソザイムということにしようということになっています。例えば、同じ基質に作用しても、Km値が違うとか、阻害薬の受け方が違うとか、電気泳動法（p.47）での動き方（易動度）が違うとか、このような性質の違いがあれば、アイソザイムとよんでいます。

1）アイソザイムの存在

酵素は細胞の中でいろいろな代謝に関与しています。その酵素は、その細胞が合成しています。例えば、心臓の細胞、肝臓の細胞は、それぞれ固有の酵素を合成しています。ですから、酵素の構造もその臓器に合った酵素を合成しているのです（表20）。

糖質の代謝の項でも詳しく説明しますが、乳酸脱水素酵素（乳酸デヒドロゲナーゼ）は、グルコースの代表的な代謝系である解糖系になくてはならない酵素です。これはピルビン酸と乳酸との間で水素の授受に関与する酵素です。この酵素がよくはたらくと、酸素がなくともグルコースからATP産生ができるのです。酸素があると、エネルギー代謝といって、たくさんのATP産生ができるようになります。

肝臓や骨格筋と心臓の酸素の補給状態を考えてみてください。肝臓や骨格筋はたくさんの仕事をしていますから、ATPの消費が激しいのですが、酸素の補給は心臓に比べれば十分ではありません。心臓は、肺から酸素を十分に含んだ血液が入ってきます。そして、乳酸脱水素酵素はピルビン酸で阻害がかかるようになっています。でも、肝臓や骨格筋は酸素不足になりやすいので、酸素がなくてもATPを作れる系統に入って欲しいのですが、よくしたもので、肝臓や骨格筋の乳酸脱水素酵素は、ピルビン酸で阻害がかかりにくいようになっています。このように、同じ基質に作用しても、酵素の性質が違います。これをアイソザイムといっています。

> **POINT** アイソザイム分析で、酵素の由来臓器がわかる。

2）アイソザイム分析の必要性

では、なぜアイソザイムを分析するのでしょ

表20　代表的なアイソザイムの局在

酵素	略名	アイソザイムの局在
乳酸脱水素酵素	LD	1〜5型、各組織で5種類の分布が異なる
アルカリホスファターゼ	ALP	肝臓、骨、小腸、胎盤
アミラーゼ	AMY	唾液腺、膵臓
クレアチンキナーゼ	CK	骨格筋、心筋、脳
酸性ホスファターゼ	AcP	前立腺、その他の組織
アスパラギン酸アミノトランスフェラーゼ	AST	細胞の細胞質、ミトコンドリア

うか。何度も説明していますが、ほとんどの代謝は細胞の中で行われています。つまり、ほとんどの酵素は細胞の中ではたらいてるということです。例えば、細胞が必要以上に死んだとします。この場合は死亡とはいわず、壊死といいます。壊死すれば細胞膜も壊れますから、細胞の中の物質は血液中に漏れ出してきます。これを逸脱といいます。壊死が起こると、本来は血液中には存在しない酵素が血液中へ逸脱してきます。これを逸脱酵素といいます。

ですから、血液を調べることで、細胞がどのくらい壊死しているのかということがわるのです。でも、その酵素がどの臓器から逸脱してきたかがわかりません。そこでアイソザイム分析が行われます。これは臓器によって酵素が異なり、臓器によってそれぞれのアイソザイムがあるからです（表20）。例えば、乳酸脱水素酵素の活性が基準値に比べて高かったとします。このことから、どこかの細胞が壊死しているということがわかります。でも、それだけでは医師は診断できません。そこで、アイソザイム分析が行われます。

乳酸脱水素酵素の1型アイソザイムが増加していれば、心臓を疑います。反対に5型が増えていれば、肝臓あるいは骨格筋を疑います。このように、ほかの検査とともに、アイソザイム分析の結果から、医師は病気診断を下しているのです。アイソザイム分析は、とても重要な分析方法だと理解してください。

> **POINT** アイソザイムとは、基質特異性が同じでも性質が異なる酵素である。

4．酵素の命名法と分類

一般に酵素は「基質の語根＋アーゼ（ase）」でよばれ、これはDuclauxにより1883年に提案されました。例えば、アミラム（デンプン（ラテン語））に作用するのでアミラーゼ、プロテイン（タンパク質）に作用するのでプロテアーゼ、という具合です。また、乳酸脱水素酵素のように、反応の種類を示す名前がつけられる場合もあります。

このような命名とは別に、現在では国際生化学連合の酵素委員会（Enzyme Commission）により、触媒とする反応の様式に基づいて酵素を分類し、基質の正確な化学名と触媒する反応の性質に基づいて、酵素を系統的に命名することになっています。例えば、α-アミラーゼの系統名は1,4-α-D-Glucan glucanohydrolaseとなります。でも、このような系統名は非常に扱いにくいので、一般的には以前のような慣用名も使用されています。その慣用名でよばれている代表的な酵素を**表21**にまとめました。

表21の中に酵素分類というのがあります。これは酵素委員会の酵素分類に基づき、各酵素に

表21 慣用名でよばれている代表的な酵素とその基質

酵素分類	酵素	基質
EC. 1. 酸化還元酵素	ウリカーゼ カタラーゼ	尿酸 過酸化水素
EC. 3. 加水分解酵素	アミラーゼ リパーゼ ペプシン トリプシン キモトリプシン ウレアーゼ アルギナーゼ グアナーゼ	デンプン トリグリセリド タンパク質 タンパク質 タンパク質 尿素 アルギニン グアニン
EC. 4. 脱離酵素	アルドラーゼ フマラーゼ	フルクトース-1,6-二リン酸 フマル酸

番号がつけられたもので、EC番号といわれるものです。

表22にあるように、酵素は大きく6種類に分類され、さらに詳細な反応機構から、各種酵素の頭にECに続いて4つの要素（EC.○.○.○.○）からなります。ECのあとの数字は、酵素反応を6種類に分類した数字です。その次の数字は、作用する部位によって分類されています。例えば、EC.3.2.1.1はアミラーゼです。これは糖質のグリコシド結合を加水分解する酵素ですから、EC.3.になります。ちなみに、消化酵素はすべてEC.3.になります。

そして、EC.3.1.はエステル結合、EC.3.2.はグリコシド結合、EC.3.3.はエーテル結合、EC.3.4.はペプチド結合、EC.3.5.はペプチド以外のC－N結合、EC.3.6.は酸無水物、となっています。ですから、アミラーゼはEC.3.2.1.1になります。残りの2つの数字は、順次分類された数字になります。

5．補酵素

先にも説明したように、体内で水溶性ビタミンが修飾（リン酸化）されたものを補酵素とい

表22　EC番号による酵素の分類

EC.1.	酸化還元酵素	2種の基質間の酸化還元反応	
		酸化酵素	oxidase
		還元酵素	reductase
		酸素添加酵素	oxygenase
		脱水素酵素	dehydrogenase
EC.2.	転位酵素	各種官能基の転位反応	
		転位酵素	transferase
		リン酸転位酵素	kinase
		加リン酸分解酵素	phosphorylase
EC.3.	加水分解酵素	脱水結合部位の加水分解反応	
		加水分解酵素	hydrolase
		グリコシド結合	glycosidase
		ペプチド結合	peptidase
		エステル結合	esterase
		リン酸エステル	phosphatase
EC.4.	脱離酵素	C-C結合等の切断やCO_2の遊離反応	
		脱離酵素	lyase
		脱炭酸酵素	decarboxylase
EC.5.	異性体化酵素	基質を異性体に変化させる反応	
		異性体化酵素	isomerase
EC.6.	合成酵素	ATPを用いての2分子の化合物の結合反応	
		合成酵素	synthase

表23　ビタミンB群の生体内での作用

ビタミン名（化学名）	補酵素名	関与する酵素反応
B_1（チアミン）	TPP	ピルビン酸脱炭酸酵素
B_2（リボフラビン）	FAD、FMN	脱水素酵素
ニコチン酸	NAD、NADP	脱水素酵素
B_6（ピリドキシン）	PLP	アミノ酸代謝酵素
パントテン酸	CoA	脂肪酸代謝
ビオチン		カルボキシル基転位反応
葉酸	THF	炭素（C_1）転位反応
B_{12}（シアノコバラミン）		メチル化反応

います。補酵素を必要とする酵素は、補酵素がないと何もはたらくことができないので、これは大切な物質です。

1）エネルギー代謝における水溶性ビタミン

次の章のエネルギー代謝で、必要な物質が水溶性ビタミンだと思ってください。今まで何度となく説明していますが、私たちが生きていられるのは、ATPを産生しているからです。これは栄養素である糖質、脂質、タンパク質を燃やして作られるエネルギーを、ATPという高エネルギー化合物として獲得しているから、生きていられるともいえます。このATPを産生する際、つまり、ATPを産生する化学反応には、いろいろな物質が必要になります。

詳しくは次の章で説明しますが、ATPを産生する途中で水素を奪う反応があります。これは当然、酵素という触媒のもとに行われますが、その酵素が水素を奪ったとしても、その水素を置いておく場所が必要です。この場所なくして、水素を奪うことはできません。その場所を、酵素を手助けするという意味で補酵素とよんでいますが、水溶性ビタミンは、生体内で化学的に修飾を受けて補酵素になっているといえるのです。

ここでいう化学的修飾とは、リン酸化のことです。リン酸、もしくはリン酸化合物が、水溶性ビタミンに結合することで、体内でいろいろな仕事を行っているのです。**表23**に主な水溶性ビタミン（ビタミンB群）が生体内で変化する補酵素、行っている仕事をまとめてみました。補酵素の名前は、次の章でたくさん出てきますので、ここでは略名だけにしておきます。

> **POINT** 水溶性ビタミンは、リン酸化されて補酵素となる。

2）還元作用の強いビタミンC

ビタミンCの化学名は、アスコルビン酸（ascorbic acid）です。これは壊血病（scorbutus）を予防するものとして発見されました。a-と言う接頭語はギリシャ語で否定の意味を表します。ですから、壊血病をなくすという意味で、アスコルビン酸と命名されました。

生体は酸素を取り込み、栄養素を燃やしてエネルギーを得ています。この酸素もいうなればクセモノで、生体内のいろいろな物質を酸化させしてしまうのです。ここでは簡単に考えましょう。体内の物質が酸化されると老化が進みます。

例えば、脂質が酸化されると過酸化脂質になり、そうすると皮膚はカサカサになります。このような酸化を受けないように、自らが率先して酸化される物質が体内には必要です。つまり、自分が酸化される分、相手を還元することで、これは抗酸化剤（antioxidant）とよばれています。ビタミンCはすべての酸化作用を防いでくれる、トランプでいえばジョーカーのようなものです。特定物質の酸化を防止する抗酸化剤もありますが、ビタミンCは、まずほとんどの物質の酸化作用を防御してくれています。

①食物としてのビタミンC

抗酸化作用があるということは、酸化されてほしくない物質より先に、自分が酸化されるということです。そして酸化攻撃してくる相手をビタミンCが還元するということです。ビタミンCは野菜をはじめ、いろいろな食材に含まれています。ただ、ビタミンCは加熱によってかなり壊れてしまいますが、ジャガイモの中のビタミンCは、デンプンで覆われているためかなり丈夫で、長時間ゆででも壊れません。ですから、ビタミンCを補給するにはジャガイモを食べるのがいいかもれません。

話は変わりますが、鉄は、なかなか体内に入ってきてはくれません。この章のミネラルのと

ころでも少し説明しましたが、鉄には二価の鉄イオン（Fe^{2+}）と三価の鉄イオン（Fe^{3+}）とが存在します。体内に入ってきた鉄は、小腸に行くころには、ほとんどがFe^{3+}になってしまいます。でも、小腸から吸収できる鉄は、Fe^{2+}だけです。

そこで、ビタミンCの登場です。血のしたたるようなステーキを食べるときに、ジャガイモから作られているポテトフライも一緒に食べることによって、小腸でビタミンCがFe^{3+}をFe^{2+}に還元してくれます。つまりこの食べ合わせで、鉄の吸収率が高くなるのです。

②結合組織を作るビタミンC

生体内のタンパク質の約30％は、コラーゲンという結合組織を構成するタンパク質です。結合組織が完成されていないと、形がくずれてしまいます。コラーゲンというタンパク質は、一般的なタンパク質と異なり、珍しいアミノ酸をたくさん含んでいます。先に説明したアミノ酸の種類の項にも入れていないアミノ酸です。プロリン、リジンは普通のタンパク質にも存在しますが、コラーゲンの中には、それに水酸基（ヒドロキシル基、−OH）がついたヒドロキシプロリン、ヒドロキシリジンが含まれています。当然、酵素反応でこれらのアミノ酸にヒドロキシル基がつくわけですが、そのときにアスコルビン酸が必要になるのです。アスコルビン酸がなければ、不十分なコラーゲンになり、不十分な結合組織になります。

例えば、血管を考えてみてください。ちょっとどこかにぶつけただけでも、不十分な血管であれば、血管がやぶれ、内出血してしまいます。これが壊血病です。

> **POINT**　ビタミンCは、体内での酸化防止剤である。

第3章
エネルギー代謝

　第2章では、いろいろな物質が出てきました。それをすぐ覚えることは並大抵のことではありません。「そういう物質も体内にはあるのか」の程度で、まずは結構です。第3章では、それらの物質が体内でいろいろな物質に変化していくこと、体内での化学反応と理解してください。これは酵素という触媒のもとに進む反応で、これを物質代謝とよんでいます。

　第1章でも説明したように、「ヒトはなぜ生きていられるのか」の答えは、「体内で栄養素を燃焼してエネルギーを作り、それで生きていられる」ということでした。これも物質代謝の1つですが、エネルギー（ATP）産生に関与する代謝を、特にエネルギー代謝とよんでいます。

Ⅰ. エネルギー獲得の概略 ……………………………………………… 80
Ⅱ. ATPを得るしくみ ……………………………………………… 81
Ⅲ. エネルギーの使い道 ……………………………………………… 88

I エネルギー獲得の概略

　少し哲学的な話をします。私たちは食生活を営むためにはたらき、またはたらくために食事をします。でも、1日中何もしなくてもおなかはすきます。なぜおなかがすくのでしょう。そうです、食べた物が体内からなくなったからです。食べた物がエネルギーになり、なくなってしまったからです。これは生きていくことにエネルギーを使っているからだといえます。

　そのエネルギーの源が、五大栄養素の中の三大熱量素（三大エネルギー源）である糖質・脂質・タンパク質であり、これらを呼吸で取り入れた酸素のもとで燃焼させてエネルギーを得ています。

　実際に、酸素のもとで燃やしてみます。糖質はグルコース（$CH_2OH[CH(OH)]_4CHO$）、脂質は代表的な脂肪酸としてパルミチン酸（$CH_3(CH_2)_{14}COOH$）、タンパク質は代表的なアミノ酸としてアラニン（$CH_3CH(NH_2)COOH$）を例にとります。

〔例〕

$CH_2OH[CH(OH)]_4CHO + 6O_2$
$\rightarrow 6CO_2 + 6H_2O$

$CH_3(CH_2)_{14}COOH + 23O_2 \rightarrow 16CO_2 + 16H_2O$

$CH_3CH(NH_2)COOH + 3O_2$
$\rightarrow 3CO_2 + 2H_2O + NH_3$

　これより、どれも酸素と反応する化学反応であることがわかります。この酸素は、鼻からなにげなく吸い込んだ酸素であり、そしてでき上がった二酸化炭素は、気に止めることなく肺から捨てている二酸化炭素なのです。

> **POINT** 栄養素を酸素で酸化させて、エネルギーを獲得する。

ためになる知識

お酒の燃焼

　お酒の主成分であるエタノール（C_2H_5OH）も体内で燃えてエネルギーを出します。

$$C_2H_5OH + 3O_2 \rightarrow 2CO_2 + 3H_2O$$

　お酒を飲んでしっかりご飯まで食べると、たくさんのエネルギーができることになります。でも、毎日使うエネルギーはほぼ一緒です。余ったエネルギーは脂質合成のほうに回りますので、質量保存の法則にのっとり、体重増加へとつながります。

II ATPを得るしくみ

　図1に三大エネルギー源からATPを得るしくみを図式化しました。

　食べるときは糖質・脂質・タンパク質ですが、ATPを作る場所は細胞の中です。まずは消化管での消化から始まります。消化については、第1章の「II消化の意義そして吸収方法」(p.10)で説明しました。

　そして、グルコースを始めとする脂肪酸やアミノ酸が細胞内に入ってきたので、それらの細胞内濃度は高くなります。すると、それらの異化反応、すなわち分解反応が進みます。それぞれの分解経路は、それぞれの代謝の項で説明します。まずはその3つの栄養素が、ともにアセチルCoAになるということが、ATPを産生することには重要です。

1．ピルビン酸からアセチルCoA

　その前に、ピルビン酸とアセチルCoAについて説明します。グルコースからアセチルCoAになるには、ピルビン酸を経由しています。そのピルビン酸になるまでに1分子のグルコースから2分子のATPが作られます。詳しくは第4章のほうで説明しますが、この代謝系は細胞質で行われており、解糖系とよばれています。酸素がなくても、つまり嫌気的条件下でもATPが作られるのです。でも、酸素が存在すると、つまり好気的条件下だと、ピルビン酸は細胞質からミトコンドリアに移行し、アセチルCoAへと変化します。

　この反応に関与する酵素は複雑で、3つの酵素からなる複合酵素、ピルビン酸脱水素酵素によって行われています。図2に示すように、ピルビン酸からNADHという形で水素を取り、またCO_2を取り（脱炭酸反応）、CoAを結合させます。この脱炭酸反応のときに、チアミンピロリン酸（TPP）というビタミンB_1から作られる補酵素も必要なのです。グルコースからエネルギーを得るときには、必ずビタミンB_1を消費してしまうのです。ですから、ビタミンB_1欠乏症になりやすいのです。

> **POINT** 糖質を過剰に燃焼させると、ビタミンB_1欠乏症になる。

2．TCA回路

　酸素があれば、ピルビン酸の代謝はミトコンドリアの中で行われます。もう少し詳しく説明すると、ミトコンドリアの中のマトリックス(p.159 図2)という空間に運ばれます。糖質・脂質・タンパク質から作られたアセチルCoAは、そのマトリックスのTCA回路とよばれる代謝系に組み込まれていきます。TCAはトリカルボン酸（tricarbonic acid、カルボキシル基（－COOH）を3つもつ化合物）のことで、具体的にはクエン酸のことです。これはクエン酸から始まる回路なので、クエン酸回路ともよばれています。

　このTCA回路は酵素のもとに、主に8個の化合物へと代謝されていきます。この化学反応のすべてに酵素が関与しています。

　図3に各物質を構成する炭素の数も示しました。炭素2個のアセチルCoAは、炭素4個のオキザロ酢酸と結合して、炭素6個のクエン酸になります。次に、脱炭酸反応とよばれていますが、二酸化炭素が出て炭素5個の2-オキソグルタール酸となり、さらにもう一度、脱炭酸反応が起きて炭素4個のスクシニルCoAとなり、以

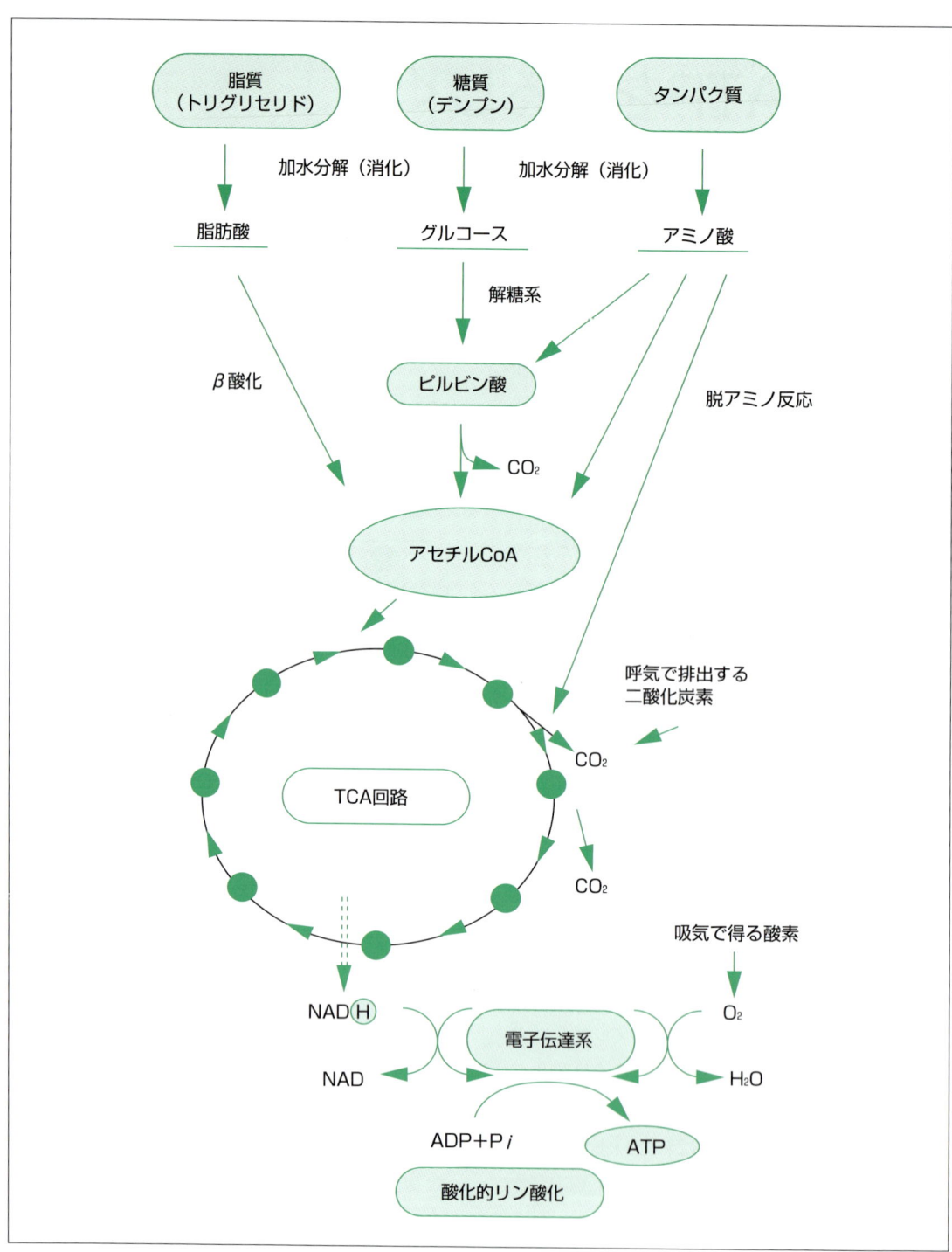

図1　三大エネルギー源よりATPを得るしくみ

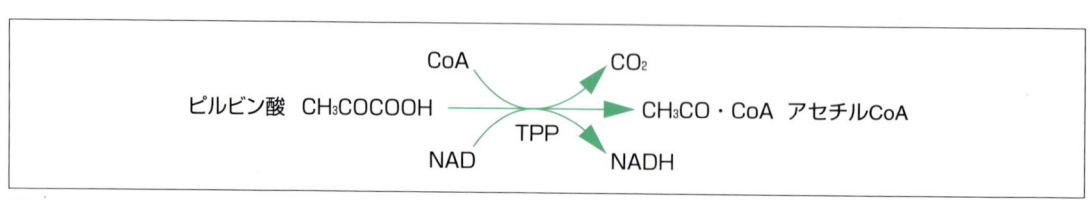

図2　ピルビン酸の酸化

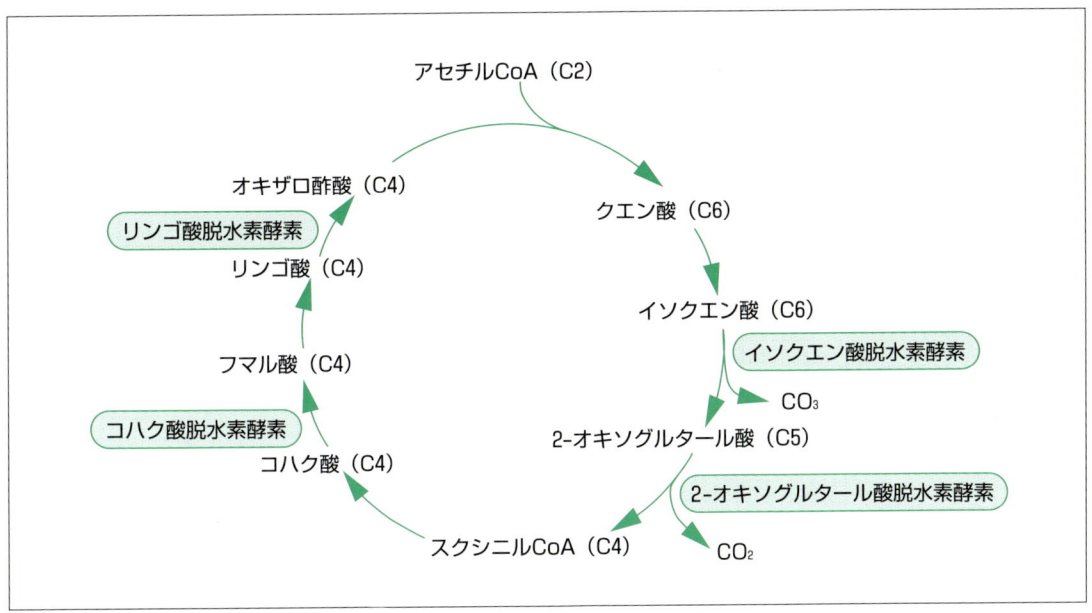

```
                    アセチルCoA（C2）
                         │
     オキザロ酢酸（C4）    ↓
  ┌─リンゴ酸脱水素酵素    クエン酸（C6）
          リンゴ酸（C4）          │
                                  ↓
          フマル酸（C4）    イソクエン酸（C6）
                            ┌─イソクエン酸脱水素酵素
  ┌─コハク酸脱水素酵素          ↓ CO₃
          コハク酸（C4）  2-オキソグルタール酸（C5）
                            ┌─2-オキソグルタール酸脱水素酵素
           スクシニルCoA（C4）  ↓ CO₂
```

図3　TCA回路の各物質の炭素数の変化

ためになる知識

TCA回路が回る意義

　酸素がミトコンドリアの中にあって、初めてこのTCA回路は回ります。アセチルCoAがドンドン消費されていき、そしてこの回路が回るのも、おのおのの酵素があってのことです。特に大切な酵素を図3に示しましたが、それには共通点があります。これはみな脱水素酵素で、基質から水素を奪う酵素です。でも、奪ってもそれを置いておく場所が必要です。それが補酵素とよばれる物質です。これは「Ⅵ酵素」の項（p.72）で説明しました。
　水溶性ビタミンが体内でリン酸化されたものが、補酵素です。脱水素酵素の多くはNADを補酵素としています。そしてTCA回路のコハク酸脱水素酵素以外はNADを補酵素として要求しており、コハク酸脱水素酵素はFADを必要としています。これらの酵素は水素を2つ取ります。
　NADの場合は、その水素をもらって、NADH＋H$^+$という書き方をしますが、一般的にはNADHとしか書きません。本書でもそう書くことにします。それに対して、FADは水素を2つもらってFADH$_2$と書くのが一般的ですので、そのように理解してください。
　このように、この水素をもらった補酵素を作ることが、TCA回路の大切な意義なのです。さらにいうと、TCA回路の中でもATPが作られるのですが、ここでは説明しません。ここでは、NADHとFADH$_2$をたくさん作るために、TCA回路が回ると理解してください。グルコース、脂肪酸、アミノ酸のもっていた水素をNADHやFADH$_2$として回収する代謝系、それがTCA回路なのです。

POINT TCA回路は、NADH（ニコチンアミドアデニンジヌクレオチド）を作る。

降は化合物の炭素数は同じ4個です。
　また、アセチルCoAが入ってきてオキザロ酢酸と結合して、グルグルとこの回路が回ります。これがTCA回路です。結局、アセチルCoAを構成する炭素は、脱炭酸反応で、いつのまにか二酸化炭素となり、私たちはそれを呼気として排出しています。

POINT 呼気中の二酸化炭素は、TCA回路で作られる。

3. NADHの中の水素のゆくえ

TCA回路はミトコンドリアのマトリックスで行われていますが、でき上がったNADH（ニコチンアミドアデニンジヌクレオチド）は、ミトコンドリアの内膜（p.159図2）のほうへ運ばれて、NADHの中の水素は、いろいろな物質に授受されていきます。この過程を電子伝達系とよんでいます。そのことは図1の中にも簡単に示しておきました。それをもう少し詳しくしたのが図4です。本当はもっと構成成分はあるのですが、それもここでははぶきます。

NADHの中のHは、フラビン酵素（Fp）、そしてコエンザイムQ（ユビキノン、CoQ）へと授受されます。そのあと、水素原子から水素イオンが飛び出して、残りの電子だけが、数あるチトクロム（Cyt）に渡されていきます。ですから、この代謝系の名前が電子伝達系といわれるようになったのです。最終的にこの電子は、酸素（$1/2\ O_2$）に渡されて、途中に飛び出した水素イオンと結合して水になります。代謝されて出てきた水ということで、これを代謝水とよんでいます。

この章の最初にあったグルコース（$C_6H_{12}O_6$）の燃焼を思い出して下さい。

$$C_6H_{12}O_6 + 6O_2 \rightarrow 6CO_2 + 6H_2O$$

グルコースは体内（細胞内）で燃やしても、TCA回路の中で二酸化炭素になり、電子伝達系では水ができるのです。グルコースは、燃えかすのない綺麗なエネルギー源なのです。

> **POINT** 電子伝達系で、栄養素が燃えて出てきた水素を水にする。

4. ATPの産生

ようやくATPが作られるところまでできました。電子伝達系は酸化還元反応です。酸化還元反応は電位差のもとに反応します。図5に電子伝達系を構成する物質の相対的エネルギーレベルを示しました。水は高きより低きに流れるを、そのまま表しています。でも、その高さが問題です。高ければ滝のようにゴーゴー流れるし、低ければチョロチョロとしか流れません。

図5にも示しましたが、NADHとCoQとのエネルギーレベルの差は0.42Vあります。同様にCytbとCytaの間で0.29V、CytaとO₂の間で0.53Vあります。ちなみに、0.2Vという電気エネルギーを熱エネルギーに換算すると、約9キロカロリー（kcal）になります。

第1章や核酸の項でも説明しましたが、ATPは高エネルギー化合物であり、リン酸がはずれてADPになるとき、約7.3kcalのエネルギーを放出します。つまり、7.3kcal以上のエネルギーをADPとリン酸に与えたとすると、ATPができ上がるわけです。したがって、1分子のNADHが酸化されると（水素がとられると）、3分子のATPが作られることになります。それを図4にも示しました。

でも、TCA回路で作られたFADH₂の水素は、直接、フラビン酵素（Fp）に入りますので、Fp

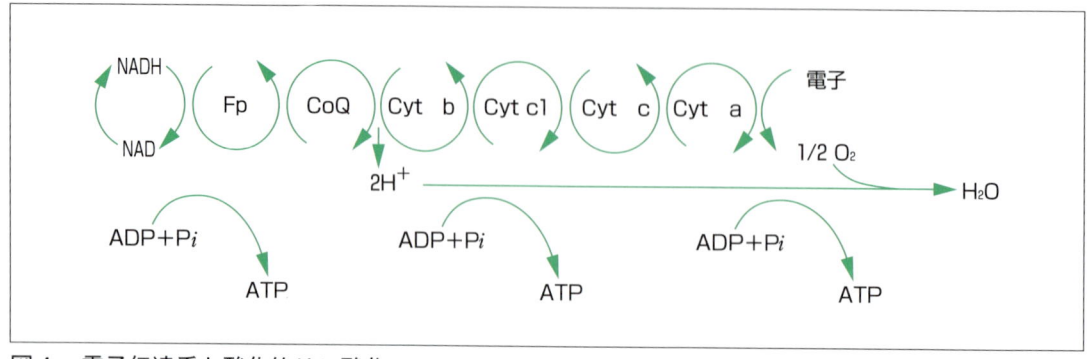

図4　電子伝達系と酸化的リン酸化

とCoQの電位差は小さくなります。ですから、FADH₂を出発とすると、ATPは2分子ということになります。このように、電子伝達系が動いて、それに連動してATPが作られることを<u>酸化的リン酸化</u>とよんでいます。

でも考えてみてください。アセチルCoAから始まった一連の代謝系は、最後に酸素があったから進んだ話なのです。もし、酸素がなかったら、電子伝達系は動かない。動かなければ、NADHの必要性はなくなるから、TCA回路も回らない。そうなるとアセチルCoAも必要なくなるので、図1にあるように、ピルビン酸がたまって、乳酸という別な物質に変化してしまうことになります。

そして、それ以上に大切なことは、電子伝達系が動かなければ、酸化的リン酸化が起こらないということです。つまり、ATPが作れない、動けない、その結果死んでしまうのです。ですから、酸素は大切なのです。

このように、ミトコンドリアも酸素を取り入れ、二酸化炭素を排出しているのです。つまり、ミトコンドリアも呼吸をしているのです。肺での呼吸を<u>外呼吸</u>というのに対して、ミトコンドリアでの呼吸を<u>内呼吸</u>といいます。また、電子

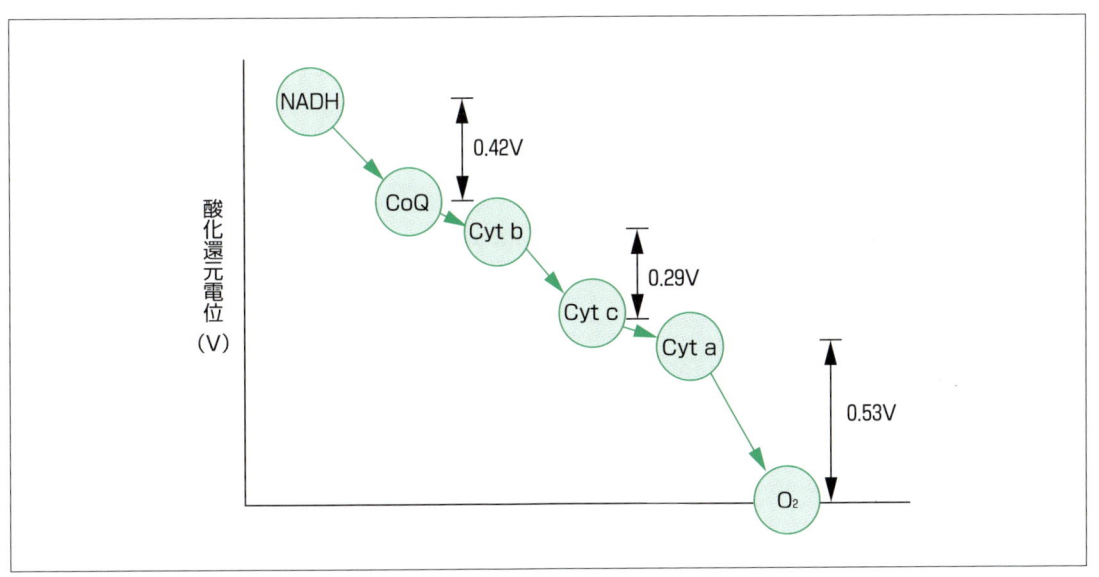

図5　電子伝達系の相対的エネルギーレベル

縦軸：酸化還元電位（V）

NADH → CoQ （0.42V） → Cyt b → Cyt c （0.29V） → Cyt a → O₂ （0.53V）

ためになる知識

絶食時のエネルギー代謝

食事をしていれば、糖質、脂質、タンパク質が体内に入ってきます。では、食事をしなければ、どのようにしてATPを産生するのでしょうか。詳しくは次の章の物質代謝で説明するので、ここでは簡単にまとめておきます。

先より生体は栄養素からなっていると説明してきました。つまり、生体を構成している成分をエネルギー源にしているのです。それにはまず、血糖を維持しなければなりません。肝臓で貯蔵していたグリコーゲンを分解したり、筋肉から放出されるアミノ酸からグルコースを作り、それを血液中に放出することで血糖は維持されます。絶食時には、まずこの糖質をエネルギー源にします。たりなくなれば次いで、生体を構成している脂質、タンパク質を消費することになります。そうなると身体はやせてしまいます。脳は、エネルギー源として、糖質が消費されると、肝臓で脂肪酸から生成されるケトン体を使用するようになります。脳は、脂肪酸をエネルギー源としては使用することができないのです。

伝達系と酸化的リン酸化の代謝系をあわせて、呼吸鎖とよんでいます。この呼吸鎖に関連する酵素が、ミトコンドリアの内膜につまっているのです。そしてここで、その内膜で生きるためのATPが産生されているのです。

> **POINT** NADH 1分子から、ATP 3分子が作られる。

5．作られたエネルギーの量

1）ATPのできる数

三大エネルギー源を酸素のもとに燃やせば、ATPができることは理解できたと思います。では、どのくらいのATPができ上がるのでしょうか。簡単にまとめておきます。**表1**に出発の物質を示しました。

NADH 1分子から3分子、$FADH_2$ 1分子から2分子のATPが作られるのは、呼吸鎖のところで理解できると思います。TCA回路を1回転すると、4つある脱水素酵素から3分子のNADHと1分子の$FADH_2$ができます。そうすると、たし算して11にしかなりません。TCA回路の項で「はぶきます」といったところです。これは説明すると長くなりますので、TCA回路を1回転するだけで、その中で1分子のATPができるのだと思ってください。

結局、アセチルCoA出発で、12分子のATPが作られるということになります。ピルビン酸からアセチルCoAになるところで1分子のNADHができていますので、ピルビン酸出発では合計15分子できるということになります。

グルコースや脂肪酸からのATP数については、それぞれの代謝の項で説明します。ここでは、そのくらいの数ができるのだと思ってください。

2）作られたカロリーの量

熱エネルギーの単位は、栄養学では一般的に、カロリー（cal）を使用しています。水1gの温度を14.5℃から15.5℃まで1℃上昇させるのに必要なエネルギーです。でも国際的には、その単位にジュール（J）が用いられています。換算（1cal＝4.18J）すればよいのですが、日本ではまだcalが使用されています。

表1に示したのは1分子あたりに産生するATP分子の数です。今度は、実際に栄養素を燃やして、出てくる熱エネルギーを算出すると、**表2**のようになります。試験管内の数値は、ボンベの熱量計というのがあって、それで測定した値です。生体内というのは、各栄養素を1g摂取したときに、体内で産生される値を算出したもので、アトウォーター係数といわれています。食品に含まれるエネルギーを算出する際に、この値が使用されていました。その食品中の糖質、脂質、タンパク質を分析し、その係数を掛けて合計したものが、その食品のもつカロリーです。

現在では、国連食糧農業機関（FAO）が公表したエネルギー換算係数を用いて、正確に食品の含有エネルギーを求めていますが、概算として算出するにはこのアトウォーター係数は便利です。

表1　各物質1分子から作られるATP分子数

1分子	産生ATP分子数
NADH	3
$FADH_2$	2
アセチルCoA	12
ピルビン酸	15
グルコース	38（肝臓） 36（肝臓以外）
パルチミン酸（脂肪酸）	129
アラニン（アミノ酸）	15

表2　栄養素1gから得られるカロリー数

	熱量（kcal/g）	
	試験管内	生体内
糖質	4.1	4
脂質	9.4	9
タンパク質	5.6	4

ためになる知識

脂質の燃焼

　同じ1gでも、脂質は糖質の2倍以上のエネルギーを産生します。そのために、脂質の燃焼では、たくさんの酸素を使います。この章の1番はじめの燃焼の化学反応式をもう一度見てください。グルコースでは6分子の酸素を使いましたが、代表的な脂肪酸であるパルミチン酸は23分子の酸素を使います。ダイエットをするときには、過激な運動（無酸素運動）より、呼吸が十分できるゆっくりとした有酸素運動がいいといわれますが、納得できる話です。

> **POINT** 脂質は多量の酸素を消費して、多量のエネルギーを産生する。

III エネルギーの使い道

　生命維持のためのATP産生については理解できたと思います。では、その作られたエネルギーはどうように使われているのでしょうか。本当の発想は逆なのかも知れませんが、「エネルギーを使うために、栄養素を摂取してエネルギーを作っている」、というのが正しいのかも知れません。大きく分けると、その使い道は4つあります。何もしていなくても消費されているエネルギー、活動するためのエネルギー、食べるという行為のためのエネルギー、そして成人では使いたくないエネルギーですが、体重増加のためのエネルギーです。でも、この体重増加のエネルギーは、小児が成長するためには不可欠なエネルギーです。

　図6にその概略を示しました。食品には栄養素として、エネルギーをもっているということは、前項で説明しました。図6は、1日に摂取した食品のもつエネルギーを総エネルギーとして見たものです。体内に吸収されるエネルギーは消化されたものだけですから、線維素のように消化されない分は、腸内細菌も使用するし、糞便中にもエネルギー（F）は捨てられます。また、尿素を代表とするエネルギー（E）をもった老廃物を尿中に排泄していますので、その分を差し引くと、代謝に使うことのできるエネルギーはさらに減ります。

　でも、小児であれば、成長のために体重増加としてエネルギー（D）を使用します。その体重増加分を差し引いたのが、体内で実際に消費されるエネルギーです。その消費エネルギーには、基礎代謝（A）、活動代謝（B）、そして特異動的作用（C）の3つがあります。

1．基礎代謝

　身体は、何もしないでじっとしていても、必ず一定のエネルギーを消費しています。早朝の空腹時に、寝るのではなく、静かにベッドに横たわった状態で測定したエネルギー代謝量を、基礎代謝量といいます。つまり、生命維持のために必要最低限の代謝エネルギーです。結局これは、各臓器がはたらくためのエネルギー、そ

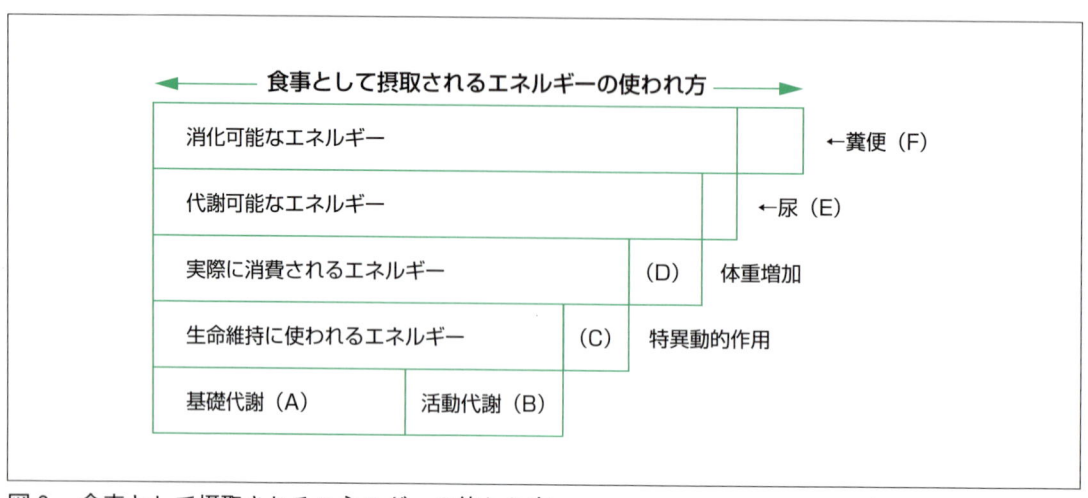

図6　食事として摂取されるエネルギーの使われ方

して体温維持のためのエネルギーです。

基礎代謝に影響を及ぼす因子として、まず年齢があります。図7にあるように、乳幼児はドンドン成長するため、すべての臓器が活発にはたらきます。ですから、体重当たりの基礎代謝量をみると、乳幼児で非常に高く、それが加齢に伴って減少していきます。

また、体温維持のためにエネルギーを消費していますが、身体から放散される熱の割合は、そのヒトの体表面積に比例します。この体表面積は体重にほぼ比例します。ということは、太ったヒトは熱放散が多いことになり、その分エネルギーを消費するので、汗かきのヒトが多いようです。

> **POINT** 必要最低限の生命維持に消費されるエネルギーが、基礎代謝量である。

さらに、基礎代謝は体温とも密接な関係があり、体温が1℃上昇したら、基礎代謝量は13%増加するといわれています。風邪をひいて熱を出して体温が40℃にまでなるようなら、基礎代謝量は50%以上も増加することになります。寝ていても普通よりエネルギーを消費してしまいます。だからこそ、病気の時でも食事はちゃんと取らなければなりません。

おまけにもう1つ説明しておきます。温泉に長くつかっていると心地よい疲れではありますが、疲れると思います。これは温泉につかることで体温が上昇し、そのために基礎代謝量が増加して、必要以上にエネルギーを消費するからなのです。温泉につかる時間もほどほどにしたほうがいいようです。

> **POINT** 体重50kgで、20歳の女性の基礎代謝量は1日約1,200 kcalである。

2．活動代謝

筋運動とは、実際に身体を動かすということです。筋肉を動かすのもATPのチカラによります。悔しいことにATPは保存が効きません。使うときに作っているのです。例えば、鉄棒にぶら下がっていても、最後は力つきて落ちてしまうと思うのですが、それは、ATP合成が間に合わなくなったからなのです。

この活動代謝量は、ヒトそれぞれで異なります。軽い仕事をするヒト、重い仕事をするヒトとまちまちです。便宜上、これは生活活動指数として4段階、Ⅰ（軽い）、Ⅱ（中等度）、Ⅲ（やや重い）、Ⅳ（重い）で分けており、そのヒトの基礎代謝量のおのおの35%、50%、75%、100%ほどを基準にしています。ちなみに中等度では、1日睡眠8時間、座る時間7～8時間、

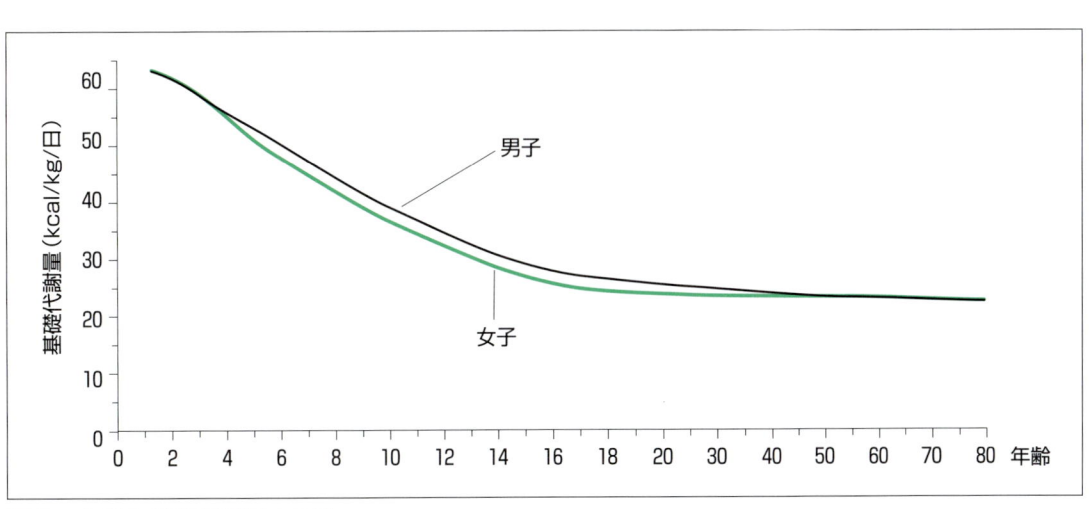

図7　年齢と基礎代謝量の変化

立つ時間6～7時間、歩く時間2時間ほどの行動を行います。

3．特異動的作用

特異動的作用という言葉は耳慣れないと思います。これは英語のSDA（specific dynamic action）をそのまま和訳したものです。本来は、活動代謝量に含まれるものですが、食生活が異なる場合を考えると、別な消費エネルギーと考えたほうがわかりやすいと思います。

簡単にいうと、食事をしなければ使わないエネルギーで、食事をすれば使ってしまうエネルギーです。つまり、消化器官の活動に伴って消費するエネルギーで、具体的には、消化液の合成と分泌、栄養素の消化管吸収、肝臓などにおける代謝の増大により、ATPを消費してしまうことです。

ですから、SDAのことを食事誘発性熱産生（DIT：diet induced thermogenesis）という言い方をするときもあります。このエネルギーは、摂取した栄養素の種類によっても異なりますが、糖質や脂質では摂取した総エネルギーの約5％であるのに対し、タンパク質では約30％も消費してしまいます。総合的には、摂取した総エネルギーの約10％をこの特異動的作用に消費しています。

> **POINT** 食事行為に使われるエネルギーを、特異動的作用という。

ためになる知識

消費エネルギーをATP量に換算

体重50 kgの成人女性の1日の消費エネルギーは約2,100 kcalです。1 molのATPは約7 kcalを供給してくれます。これはATPに換算すると300 molになります。ATPの分子量を約500とすると、mol＝質量／分子量ですので、ATPの重量にすると150 kgが必要になると計算されます。脳だけでも、1日に約30 kgのATPを使用する計算になります。当然、ATPから変化したADPは、ATPへと再合成されますが、これは体重の約3倍ものATPを1日に消費していることになります。驚いていただければ嬉しいです。

> **POINT** 作られたATPを消費して、体内の代謝が行われている。

第4章
物質代謝

　第3章のエネルギー代謝を通して、体内で行われている代謝（化学反応）が、なぜ必要なのかが、少しでもおわかりいただけたかと思います。この章では、第2章で説明した生体を構成している物質が、どのように変化しているのか、また、それはどのような目的で変化しているのかを理解できるように説明します。代謝系を構成する物質名のひとつひとつを覚えて欲しいなどとは思っていません。なぜそのように変化するのかを理解してください。「ヒトはなぜ生きていられるのか」、それを分子レベルで納得していただければと思います。

Ⅰ. 糖質代謝 ……………………………………… 92
Ⅱ. 脂質代謝 ……………………………………… 106
Ⅲ. タンパク質代謝 ……………………………… 118

I 糖質代謝

　私たちは主食としてご飯を食べます。現在では、それはソバであったり、ウドンであったり、スパゲッティ、ラーメン、古くはすいとん、新しくはタコス、それらすべての主成分はデンプンです。これはエネルギー源であるグルコースをふんだんに含んだ食物です。たとえ生化学や栄養学を知らなくても、私たちはそれらを口にして生きているのです。

　当然、デンプンのような高分子化合物（脱水化合物）は体内に入れません。体外である消化管の中で加水分解を受けて、最終的にグルコースにまで消化（加水分解）されてから、体内に入ってきます。体内、つまりそれは血中に入ってくることです。そしてそれは、インスリンによって体内のすべての細胞内に振り分けられます。細胞の中で行われるグルコースの変化の概略を図1に示しました。アセチルCoAからの代謝は、前の章のエネルギー代謝で説明しました。

　何度も繰り返しますが、糖質はATPを獲得するのに最もよいエネルギー源です。そのために食事をして高血糖になっている状態を、正常化へと戻すべく、インスリンの作用のもと、体内のすべての細胞にグルコースを振り分けます。また、食事ができなくて低血糖になった場合には、主に肝臓でグルコースを産生し、血中に放出してそれ以下の低血糖にならないようにしています。まずは、その概略を図2に示しました。

　血糖は早朝空腹時では60〜90mg/dℓに維持されています。ということは、血中グルコース濃度がいつもこの濃度に維持されていないと、健康は維持できないということを意味しています。そのために、例えば、食事もせずに血糖値が低下すると、膵臓からグルカゴンというホルモンが分泌され、血中を介して肝細胞にあるグルカゴン受容体に結合します。それからの反応も図2に示しました。

　グルカゴンが受容体に結合することで、アデニル酸シクラーゼが活性化され、ATPよりサイクリックAMP（cAMP）が瞬時に作られます。このサイクリックAMPがいろいろな酵素を順次活性化（リン酸化）し、最終的に活性のないホスホリラーゼを活性化（リン酸化）します（p.72）。

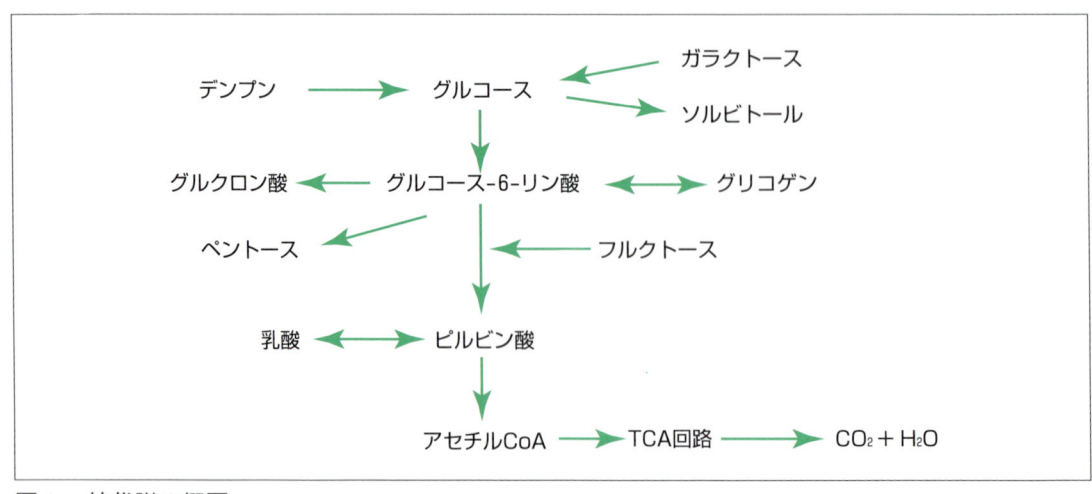

図1　糖代謝の概要

このサイクリックAMPの作用は、あまりにも強力なので、それを制御する目的で、細胞内にサイクリックAMPの作用をなくす酵素、ホスホジエステラーゼも備わっています。これもホメオスターシスの1つです。

詳しくはあとで説明しますが、活性化されたホスホリラーゼが肝臓に所蔵されていたグリコゲンを分解してグルコースを切り出し、血中に放出します。これが結果的に低下した血糖を上昇させています。

反対に、食事をして血糖が上昇したときは、膵臓からインスリンが分泌され、それが肝臓も含めて末梢細胞の受容体に結合することで、血中のグルコースが細胞の中にしまわれます。その結果、細胞内のグルコース濃度が高くなり、グルコースの異化反応が促進します。多くは解糖系に入りますが、余剰のグルコースは、いざというときに備えてグリコゲンとして貯蔵されます。またインスリンは、グルコースの異化反応をも促進するホルモンなので、血中にグルコースを放出させる系統を抑制します。血糖を上昇させるサイクリックAMPの作用をなくすため、インスリン作用の1つとして、ホスホジエステラーゼ活性を活性化しているのです。このような分子レベルでもホメオスターシスを理解してください。

> **POINT** 血糖を維持するためには、いろいろな酵素がリン酸化される。

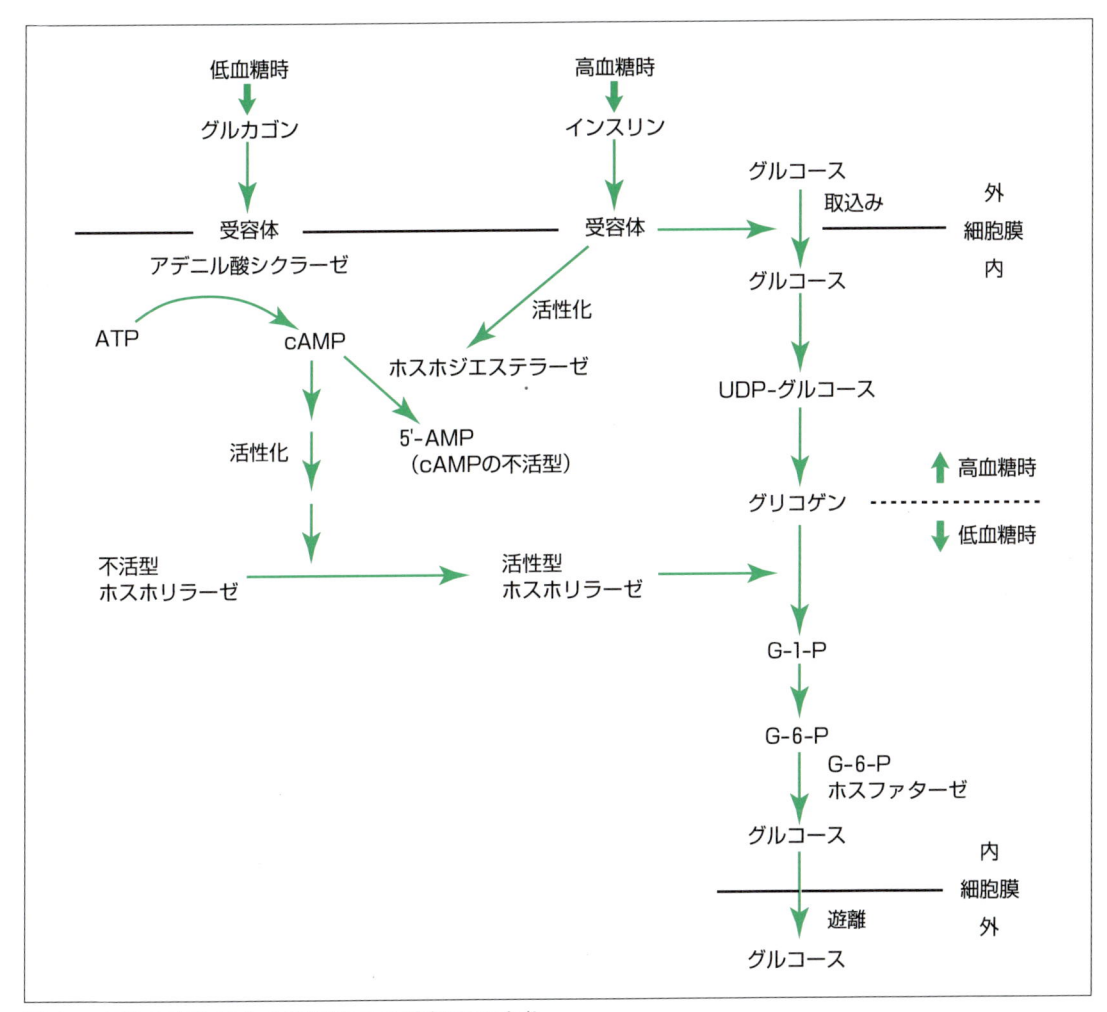

図2 血糖の変化による肝細胞での糖代謝の変化

1．解糖系と糖新生

1）解糖系とは

　生化学で糖代謝といえば解糖系です。何がどうあっても解糖系です。これは素晴らしい代謝系です。私たちは酸素のもとにエネルギーを得ていますが、解糖系は酸素がなくてもエネルギーを作ることができるのです。食事をして高血糖になることで、身体のあらゆる細胞は、血中からグルコースを受け取ります。細胞の中では、解糖系に関与するいろいろな酵素が、グルコースが入ってくるのを今か今かと待ち受けています。そしてグルコースが入ってくると、これを原料に、酸素がなくてもあっという間にATPを作っているのです。

　解糖系とは、読んで字のごとくで、糖を分解する代謝のことをいいます。ここでの「糖」とは、グルコースを意味します。炭素数は6個ですが、それを炭素数3個の物質（乳酸）2分子にする代謝系を解糖系といいます。図3にその全容を物質名で示しました。本当は構造式で示したほうが理解しやすいのですが、構造式が大嫌いなヒトがあまりにも多いので、まずはそのようなものだと思ってもらえたらと思います。

　ただ、わかっていただきたいのは、それぞれの物質は確固たる構造をもっていて、なかなかほかの物質への反応はしづらいということです。

　でも、それぞれの物質の名前を見てもわかるように、それぞれにリン酸がついており、リン酸エステルになっています。そうなることで、構造に柔軟性が出てきて、反応しやすくなるということくらいは理解しておいてください。

> **POINT** 解糖系は、無酸素でもエネルギーを作ることができる代謝系である。

2）解糖系での重要な反応

　図3に示した物質名と酵素名をすべて覚えて欲しいとはいいません。でも、次の5つの要点、つまり、以下の①から⑤の流れだけは理解してください。

①グルコースのリン酸化

　先に説明したように、グルコースはグルコースですから、水の中でもグルコースとして存在します。これはなかなか別な物質には変化しません。そこで、反応性に富むスタイルにするため、ATPを消費してまでグルコースをリン酸化します。これは1つだけではありません。あとにグルコースは半分になるのですが、その分かれた両方にリン酸がついてもらいたいので、始めにATPを2分子も消費してまで、反応に富むスタイルに変化させるのです。

②NADH（ニコチンアミドアデニンジヌクレオチド）の生成

　そして、アルドラーゼの作用により、ヘキソース（C_6）であるグルコースがトリオース（C_3）になります。炭素が3個からなる糖質は2つしかありませんでした。そうです、グリセルアルデヒドとジヒドロキシアセトンです。それにリン酸がエステル結合したものが、解糖系の中間代謝産物なのです。

　そのグリセルアルデヒド-3-リン酸から水素が取れて、NADHができ上がります。そのために、NADが絶えず細胞質の中になくてはなりません。NADはビタミンであるニコチン酸が、リン酸化された補酵素です。グルコース1分子を代謝させるために、NADも1分子消費することになります。

　たりなくなるのは目に見えていますが、それはよくしたもので、細胞質の中には、生成したNADHをNADに変換させる反応が備わっています。図3の一番下にあるピルビン酸から乳酸に変化するところの乳酸脱水素酵素が、うまくこれをこなしてくれています。

　大雑把な言い方をすれば、細胞質にNADが1分子あれば、解糖系がどんどん進むことを意味

```
                    グルコース
              ATP ┐│
                  ↓│  ヘキソキナーゼ
              ADP←┘↓
                グルコース-6-リン酸
                    ↓  イソメラーゼ
                フルクトース-6-リン酸
              ATP ┐│
                  ↓│  ホスホフルクトキナーゼ
              ADP←┘↓
                フルクトース-1,6-二リン酸
                    ↓  アルドラーゼ
        グリセルアルデヒド-3-リン酸 ←→ ジヒドロキシアセトンリン酸
  NAD            ┐│
                 ↓│   グリセルアルデヒド-3-リン酸脱水素酵素
       NADH ←───┘↓
                グリセリン酸-1,3-二リン酸
              2 ADP┐│
                   ↓│  グリセリン酸キナーゼ
              2 ATP←┘↓
                グリセリン酸-3-リン酸
                    ↓
                グリセリン酸-2-リン酸
                    ↓  エノラーゼ
                ホスホエノールピルビン酸
              2 ADP┐│
                   ↓│  ピルビン酸キナーゼ
              2 ATP←┘↓
  NAD              ピルビン酸
   ↑             ┐↓
  NADH ←────────┘↓
         乳酸 ←──────  
              乳酸脱水素酵素
```

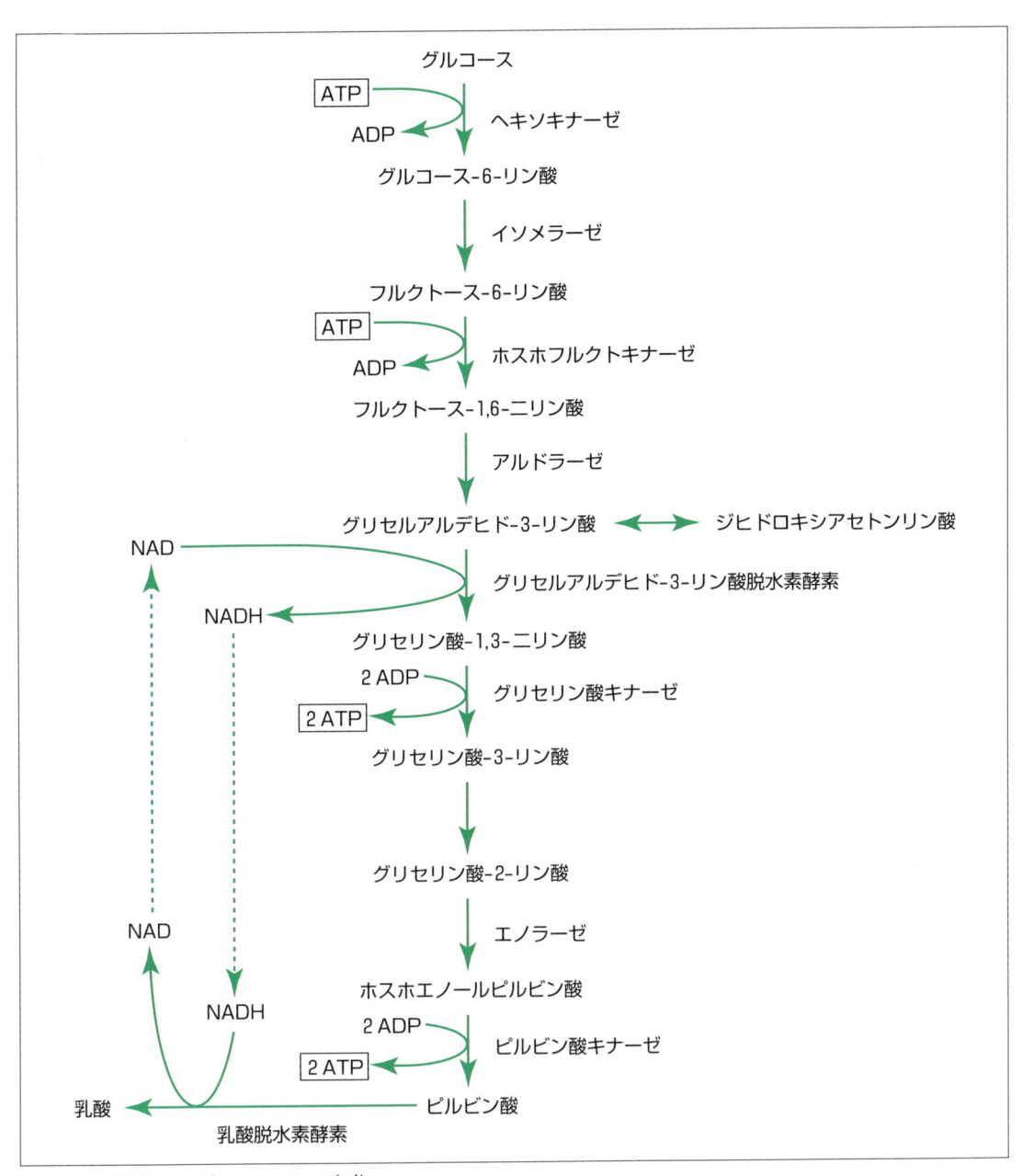

図3　解糖系でのグルコースの変化

しているのです。結局、このNAD ⇄ NADHの変換は円滑に動くので、グルコースが細胞に入ってくれば、解糖系は酸素がない状態でも、つまり嫌気的条件下でも進む代謝系なのです。バイ菌たちは、この無酸素状態でも、この解糖系だけで生き延びています。

> **POINT** 酸素がなくても解糖系でのNAD ⇄ NADHが円滑に進んで、グルコースからATPが作られる。

③高エネルギー化合物の生成

図3では詳しく示していませんが、グリセルアルデヒド-3-リン酸にリン酸が入りこんでグリセリン酸-1,3-二リン酸に、また、グリセリン酸-2-リン酸からエノラーゼによりホスホエノールピルビン酸になっています。この両生成物のリン酸の結合様式ですが、普通のリン酸結合と違って、そこが切れるとエネルギーを放出する高エネルギーリン酸結合とよばれている結合にな

第4章　物質代謝

Ⅰ 糖質代謝

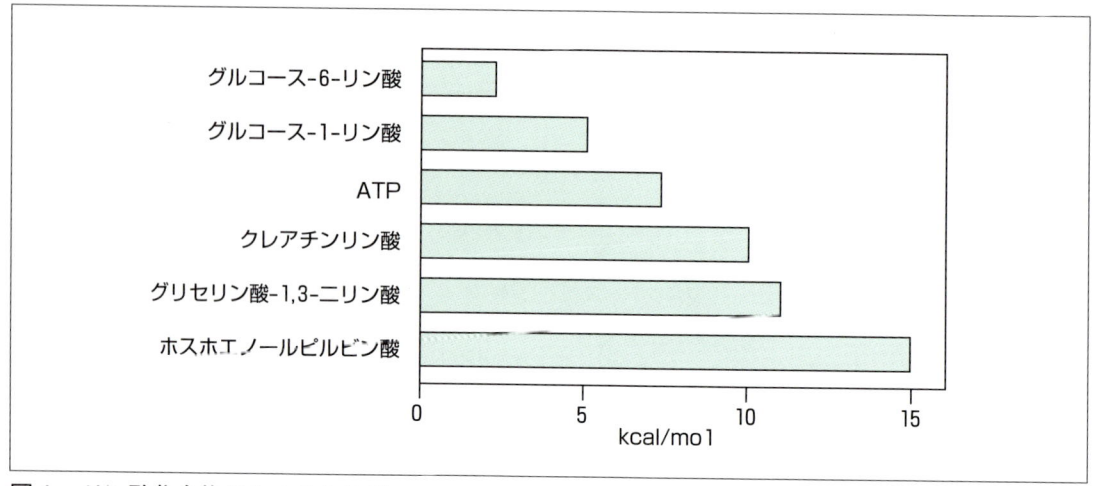

図4　リン酸化合物がもつエネルギー

っています。これがどのくらいのエネルギーをもつのかをほかの高エネルギーリン酸化合物とともに図4に示しました。

ATPが約7kcalのエネルギーをもつことは、前の章で説明しました。先に話したグリセリン酸-1,3-二リン酸とホスホエノールピルビン酸のもつエネルギーを見てください。ともにATPより高いエネルギーをもっています。

つまり、そのエネルギーをADP＋Piに渡すことができたら、ATPができ上がることになります。事実、それはできるのです。これを基質レベルのリン酸化といいます。これは基質が変化することで、ATPが産生されることを意味しています。ミトコンドリア内でたくさんのATPが産生される酸化的リン酸化と対にして覚えてください。グルコース1分子は、アルドラーゼにより半分に分かれました。つまり、2分子のグリセルアルデヒド-3-リン酸が、あとの反応を進めています。

ですから、ATPも2分子でき上がるので、合計4分子のATPになります。でも、解糖系の始めに2分子のATPを消費しているので、解糖系では最終的には2分子のATPが生成されることになります。

POINT　解糖系では、1分子のグルコースから2分子のATPが生成する。

④細胞質のNADHの使われ方

グリセルアルデヒド-3-リン酸からグリセリン酸-1,3-二リン酸になるとき、NADHが生成されます。図3で示すように、そのNADHは乳酸に変化する際に消費されます。それはそれで事実です。ただし条件がつきます。その条件とは、酸素がない嫌気的条件の場合です。解糖系は嫌気的条件下でもエネルギーが産生される代謝系ですから、それはそれでいいのですが、もし、酸素が細胞内に存在していたらどうなるでしょうか。

そこで、前の章での話につながります。ピルビン酸はミトコンドリアに入っていき、アセチルCoA、そしてTCA回路へと代謝されていきます。TCA回路で作られたNADHは電子伝達系を走り、それに伴ってATPが作られるとういう話は、前の章で出てきました。

酸素が細胞内に十分あることを想像してください。解糖系は細胞質で行われています。そして、解糖系が進めば、ピルビン酸は乳酸にならないわけですから、細胞質でNADHはNADに変換されなくなります。つまり、細胞質にNADHがたくさん貯まることになるのです。もし、このNADHがミトコンドリアに入ることができれば3分子のATPになることができますが、NADHはミトコンドリアの膜を通過できず、そのままでは入れないのです。

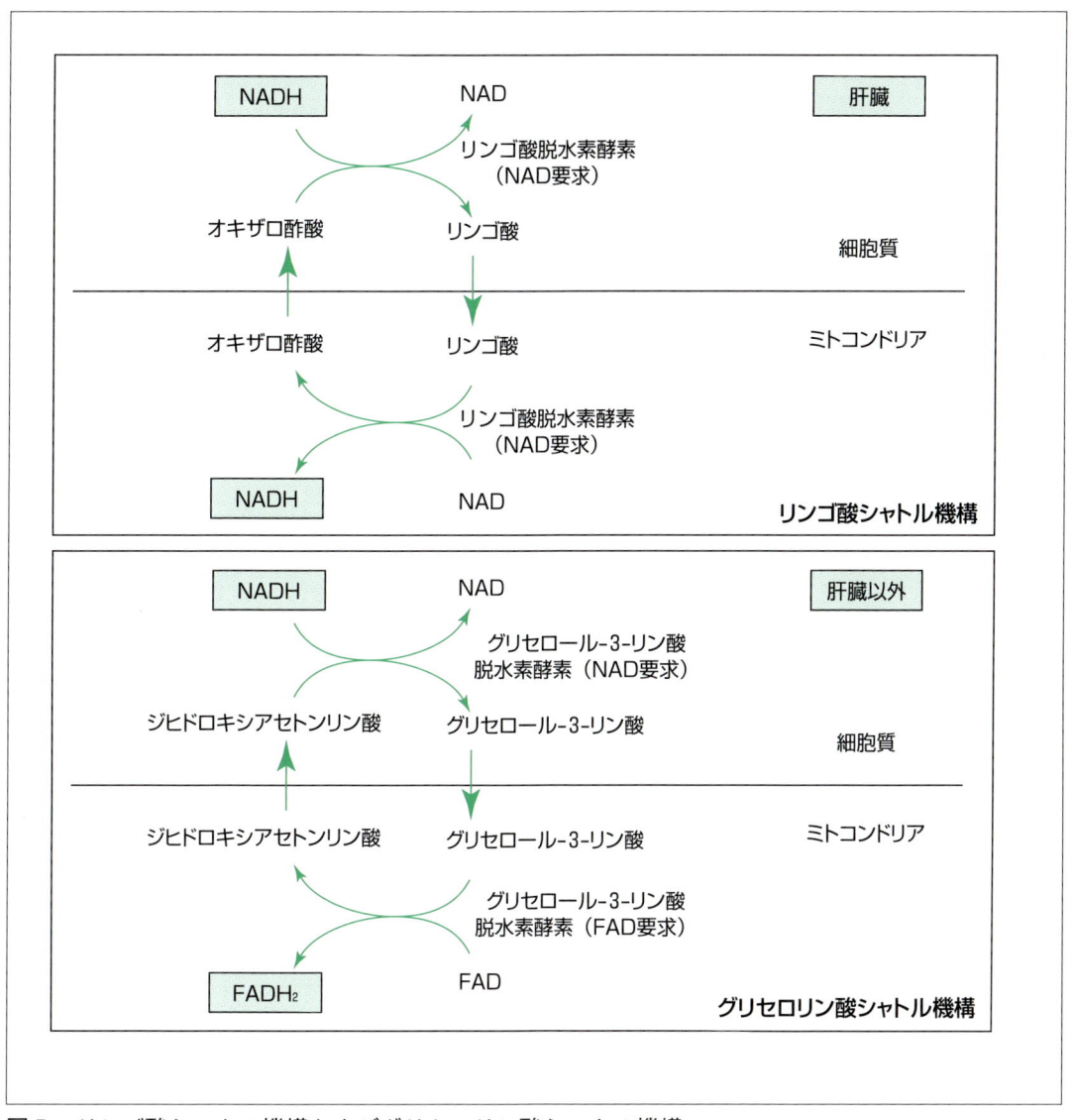

図5 リンゴ酸シャトル機構およびグリセロリン酸シャトル機構

> **POINT** NADHは、ミトコンドリアの膜を通過できない。

⑤NADHのシャトル機構

　細胞は無駄なことはしません。どうにかそのNADHをミトコンドリアの中に押し込めています。NADHのHをミトコンドリアの膜を通過できる別な物質に預け、そしてミトコンドリアの中に入っています。その機構はちょっと複雑ですが、でき上がるATPの数を理解するためには必要です。

　またこれには条件があり、細胞質にもミトコンドリアの中でも、同じ物質（基質）に作用する酵素が必要だというものです。その酵素を捜してみたところ、肝臓とそれ以外の臓器では同じ酵素ではなかったのです。肝臓ではリンゴ酸脱水素酵素、それ以外の臓器ではグリセロール－3－リン酸脱水素酵素というものでした。これを図5に示しました。

　肝臓では、リンゴ酸シャトル機構といって、細胞質で作られたNADHのHをリンゴ酸脱水素酵素によってオキザロ酢酸に渡してリンゴ酸に変換させます。都合のいいことに、オキザロ酢酸もリンゴ酸もミトコンドリアの膜を通過でき

I 糖質代謝　97

ます。そのあと、アスパラギン酸も関与してくるのですが、複雑になりますのでそれは説明しません。

そして、ミトコンドリアに入ったリンゴ酸の中のHは、リンゴ酸脱水素酵素によりNADHへと変換します。これで、細胞質のNADHがミトコンドリアの中に入ることができました。グルコース1分子を出発とすると、細胞質に2分子のNADHができています。ですから、それがミトコンドリアに入れば、6分子のATPを作ることができます。

そして肝臓以外の臓器では、グリセロール-3-リン酸脱水素酵素のもとに、細胞質のNADHのHをジヒドロキシアセトンリン酸に渡し、グリセロール-3-リン酸とします。この両物質もミトコンドリアの膜を通過できます。でも、細胞質のこの酵素はNADを要求する酵素であり、ミトコンドリアに存在するこの酵素は、FADを要求する酵素なのです。

ですから、グリセロール-3-リン酸がもって

ためになる知識

アルコール発酵

解糖系とは、どんな生物も生命維持のために行っている代謝系だといえます。ヒトを代表とする動物もそうですが、酸素がなくてもピルビン酸を乳酸に変えることで、グルコースを消費してエネルギーを得ています。

でも、酵母はちょっと違います。酵母とは、約5〜10μ（ミクロン）の大きさで、細胞壁で覆われた内側には、核やミトコンドリアの姿が確認できる、真核単細胞生物のことをいいます。酵母には多種多様な種類があり、お酒を造るのも酵母菌です。このお酒とはエタノールのことです。酵母菌が生きるためにグルコースを消費し、

図6のように、ピルビン酸から脱炭酸反応の後に、NADHをNADに変換する代謝系としてエタノールを産生しているのです。でも、エタノールだけでは美味しくありません。その代謝過程のすべてを含んだ反応溶液が美味しいのです。それを発見したヒトは素晴らしい。きっと今ではノーベル賞ものでしょう。

> **POINT** どんな生物も解糖系を行っているが、代謝産物が違う。

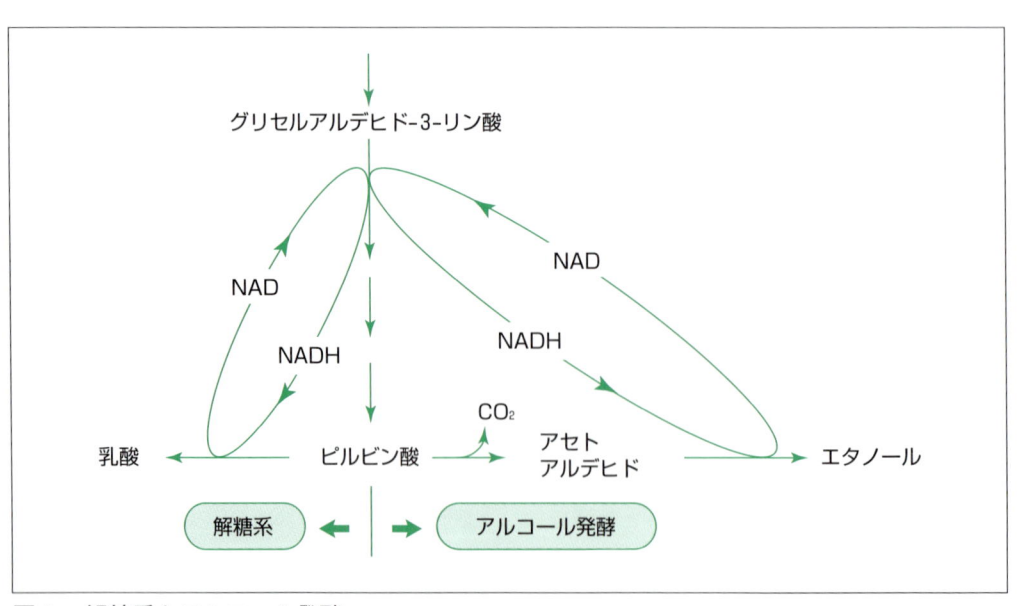

図6　解糖系とアルコール発酵

きたHをFADに渡すことで、でき上がりはFADH$_2$ということになります。FADH$_2$は電子伝達系の途中から入るので、1分子のFADH$_2$からは2分子のATPにしかなりません。同様に、細胞質の2分子のNADHは肝臓以外の臓器では、4分子のATPが作られることになります。そこで、前の章にあった作られるATPの分子数（p.86）を思い出してください。これはグルコース1分子を出発として肝臓、肝臓以外で、おのおの38分子、36分子でした。

解糖系だけで2ATPと2分子のピルビン酸ができました。ピルビン酸1分子からは15ATP、つまり、グルコース1分子からは、合計32分子できることになります。そして、細胞質のNADHをミトコンドリアに移行させてからのATPの数とあわせると、肝臓で38ATP、肝臓以外で36ATPになるわけです。

3）糖新生

今まで説明してきたことは、食事をして高血糖になり、それを正常に戻すために、細胞内にグルコースをしまい込んだ結果の代謝系の説明でした。それでは反対に、食事ができずにおなかがすいた状態では、どのような糖代謝が行われるのでしょうか。

前にも説明したと思いますが、私たちの血糖は60〜90mg/dlに維持されています。それはそれが普通だからで、高くても異常、低くても異常なのです。血糖が低くなりそうになったら、肝臓は、最低でも60mg/dl以上にしようと頑張ります。肝臓は、グルコース以外の物質からグルコースを作り出し、血中に放出します。グルコースはいろいろな物質から作られますが、グルコースが壊された物質からグルコースを作り直すというのが、本来の糖新生です。解糖系では糖が壊されました。つまり、解糖系の逆行が糖新生だと思っていただいて結構です。

ただこれも山あり谷ありで、そのままの道のりをたどることはできません。図7にその代謝系を示しましたが、解糖系と見比べるため、下から上に向かって代謝系を示しました。

出発はピルビン酸です。ここは解糖系で酸素がある場合とない場合の分岐点です。図4（p.96）で示しましたが、ホスホエノールピルビン酸（PEP）のもつエネルギーはとても大きく、ピルビン酸をいっきにホスホエノールピルビン酸に変化させることはできません。ですから、わざわざ遠回りしてミトコンドリアの中に入ってから、エネルギーレベルを上げて、再び細胞質に出てきて、解糖系の反対に反応を進めます。

ただ、解糖系でエネルギーを消費する場所が2か所ありました。ここはそのまま逆に行くことはできないので、別の酵素によって変化してから行くのです。解糖系では、ATPの中のリン酸をもらってリン酸化されていたわけですから、反対に、これは脱リン酸化すればいいわけです。リン酸エステルを加水分解する酵素、そうです、ホスファターゼがそこではたらくのです。

> **POINT** 糖新生は、グルコース異化産物からグルコースを作ることである。

4）コリ回路（図8）

グルコースを完全燃焼させると、水と二酸化炭素になります。でも、酸素が不十分なとき、つまり嫌気的条件下では、ピルビン酸からアセチルCoAには行かず、乳酸になり、溜まります。これが「疲れ」や「こり」といった現象を引き起こす物質なのです。ですから、エネルギーをたくさん消費する筋肉などでは、嫌気的条件下では生成した乳酸を血中に放り出します。

そして、糖新生が活発に行われる肝臓に戻って、グルコースが再生されます。それをまた血中に放り出して、筋肉はエネルギー源として使用します。このように、筋肉と肝臓が連携して糖代謝が行われる回路を、コリ回路とよび、エネルギーの無駄遣いを極力小さくしているのです。さらにこの回路は、グルコースの老廃物の再利用を行っていると考えてください。

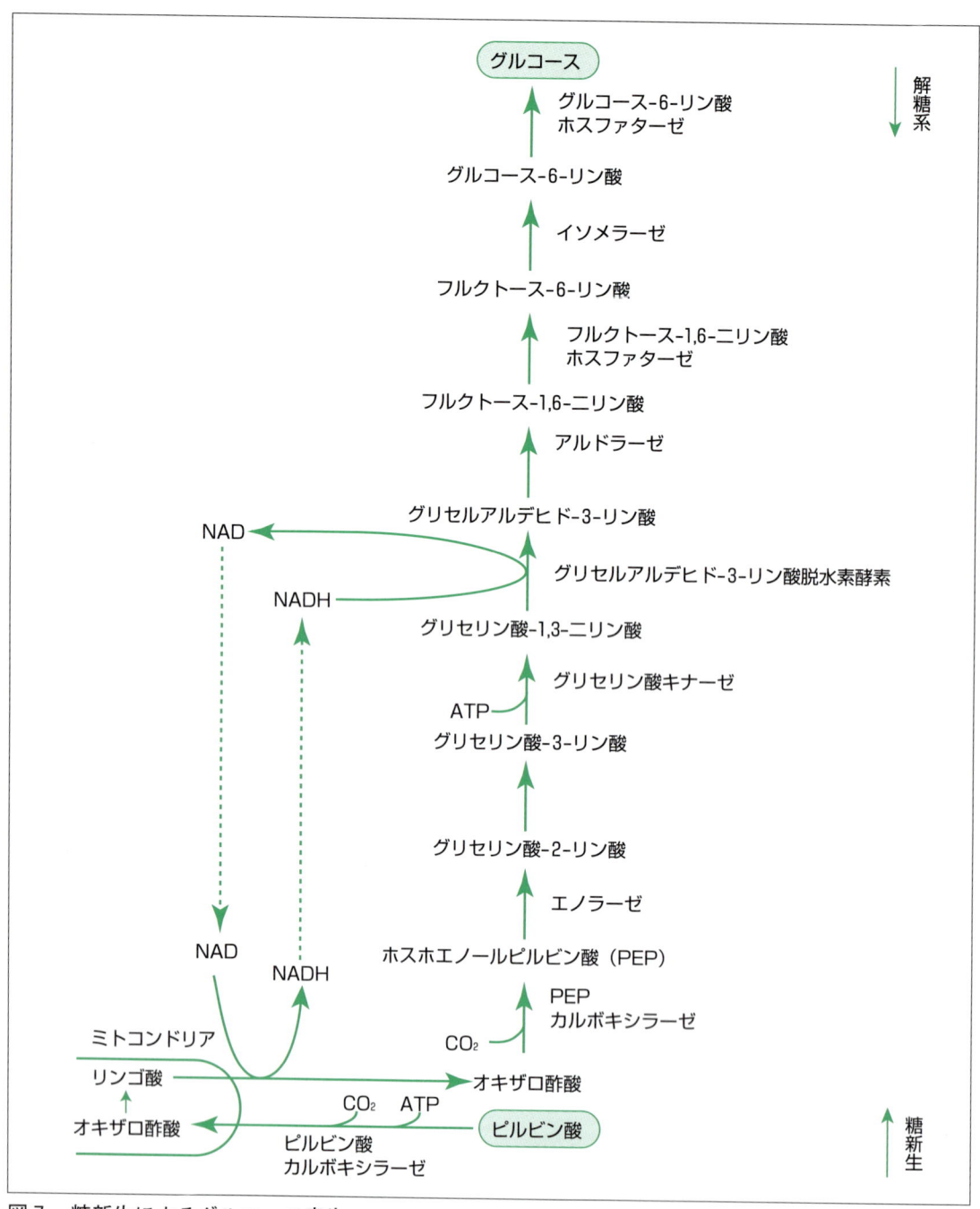

図7 糖新生によるグルコース産生

2．グリコゲン代謝

1）グリコゲンの必要性

前項で血糖が高くなったときと、低くなったときの代謝系を説明しました。でも、血糖はいつ低くなるかわかりません。急にATPが必要になることもあり、エネルギーをきわめて多量に消費する臓器である肝臓と骨格筋ではなおさらです。

ですから、食事により摂取したグルコースを、いざというときのためにグリコゲンとして貯蔵しているのです。グリコゲンはグルコースからなるホモ多糖です。グルコースが余ったときに

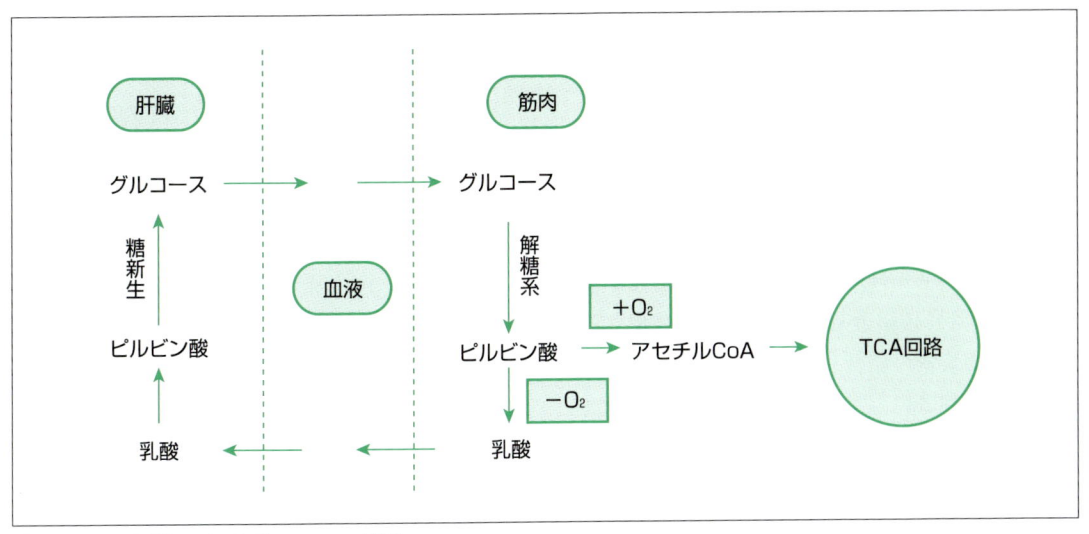

図8　コリ回路によるグルコース再生

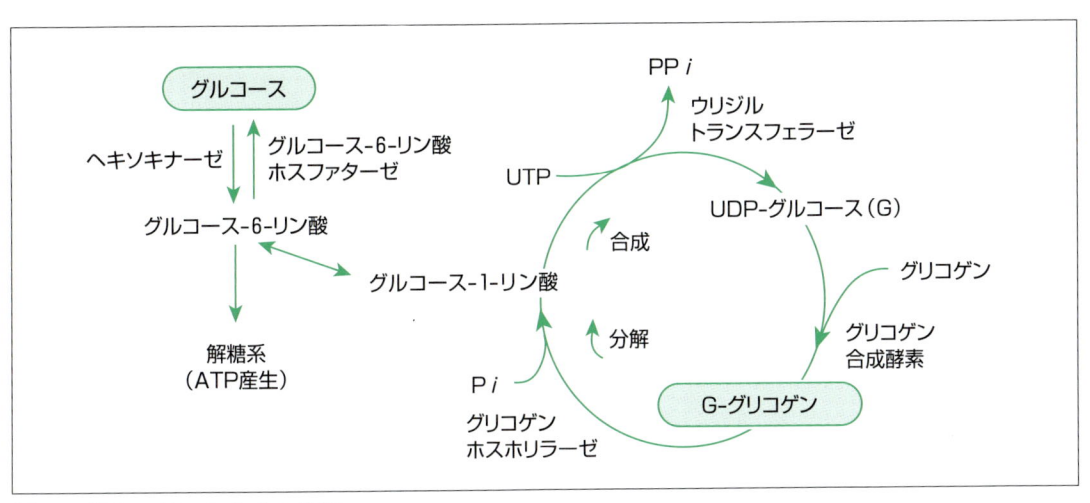

図9　グリコゲンの合成と分解

はグリコゲンとして貯蔵し、グルコースがたりなくなったときには、グリコゲンを分解してグルコースとしてはたらかせています。これをグリコゲン代謝とよびます。

> **POINT** グリコゲンは、肝臓と筋肉に貯蔵されている。

2）グリコゲン代謝での重要な反応

これは解糖系のときと同じです。図9の物質名と酵素名をすべて覚えて欲しいとはいいません。でも、以下の3つ（①～③）の要点だけは理解してください。

①UDP-グルコースの生成

これは解糖系のときにも、リン酸がグルコースにつき、リン酸エステルになることで、反応性が増すということを説明しました。それ以上にグルコースに限らず、糖質がほかの物質と反応するときに、別な構造になる必要があるのです。それはUDP（ウリジン二リン酸）がつくことです。UTPという高エネルギーリン酸化合物が、リン酸を1つ切り放して糖質に結合すると、糖質の構造がフニャフニャになり、反応しやすくなるのです。

I 糖質代謝　101

> **POINT** UDPが糖に結合することで、糖の反応性が富む。

②グリコゲン合成

フニャフニャになったグルコースはグリコゲンのもと（限界デキストリン、これ以上に加水分解できないグルコース重合体）の非還元末端（4位の炭素）に結合します。UDPはグルコースの1位の炭素に結合しています。それが切り取られると同時に、グリコゲンの非還元末端グルコースの4位の炭素とグルコシド結合します。これはα1-4グルコシド結合のことです。この連続で、グルコースが次から次へと結合して、グリコゲンができ上がります。

このグリコゲンは、グルコースを必要とする臓器、特に、肝臓と筋肉に、いざというときのために貯蔵されています。でも、貯蔵する目的が、肝臓と筋肉では少し違います。肝臓にあるグリコゲンは、血糖維持のために貯蔵されているのに対し、筋肉ではATP産生の目的で貯蔵しています。これについては、次のグリコゲン分解で説明します。

③グリコゲン分解

図9にあるように、グリコゲンを合成するときには、グルコースの構造を反応しやすいようにUDP-グルコースになってから、1つずつグルコースを付加していきました。その結合様式はα1-4グルコシド結合です。これはグルコースの水酸基（−OH）同士から水が取れる、酸素を介した脱水結合です。リン酸も水酸基をもっています。ホスホリラーゼという酵素のもとに、その脱水結合の部位にリン酸を結合させて切り放しているのです。

でき上がりは、1位の炭素にリン酸がエステル結合したグルコース-1-リン酸です。次に、異性体化が起きてグルコース-6-リン酸（G-6-P）になります。ここまでは肝臓と筋肉は同じです。

そのリン酸エステル結合を加水分解する酵素、**G-6-Pホスファターゼ**があれば、グルコースに変換され、血中へ出ていきます。でも、この酵素がないと、グルコースになれず、仕方がなく解糖系を下ります。そうなるとATP産生が促進されるのです。

肝臓には、この酵素はあっても筋肉にはありません。ですから、肝臓の中のグリコゲンは、血糖維持のために貯蔵され、筋肉のグリコゲンはエネルギー源として貯蔵されているのです。

> **POINT** 肝臓と筋肉に貯蔵されるグリコゲンの目的は違う。

3．ペントース・リン酸経路

細胞の中ではいろいろな代謝が行われていますが、それは目的なくしては行われません。必要だからこそ、いろいろと変化しているのです。ここで説明するペントース・リン酸経路にも、大切な役割が2つあります。

1）核酸合成のためのペントース供給

ペントース・リン酸経路の代謝を**図10**に簡単に示しました。ここで大まかな流れを理解してください。グルコース出発ではまず、グルコース-6-リン酸から始まり、これは何度も出てきました。図10では、それから右にいくのは解糖系です。下に見ていくと、グルコースは炭素6個のヘキソースですが、代謝されて炭素5個のペントースになります。このペントースはリボースですが、核酸を合成するには不可欠な糖成分です。

これ以外にも核酸合成は行われていますが、何通りかの合成経路がないと、いざというとき、核酸が作れなくなってしまいます。このように、ペントース・リン酸経路も大切な代謝です。

2）脂質合成のためのNADPH供給

図10を見ると、脱水素酵素があります。一般的に脱水素酵素は、奪った水素を預かる場所、つまり、その補酵素は、NADやFADでした。で

も、ペントース・リン酸経路の中の脱水素酵素は、その補酵素にNADPを要求しています。水素をもらえば、NADPH（ニコチンアミドアデニンジヌクレオチドリン酸）になります。これが大切なのです。脂肪酸やコレステロール合成には還元反応、つまり水素が必要なのです。当然これは酵素反応ですが、その還元酵素がNADPHを要求しています。ですから、ペントース・リン酸経路が動いてNADPHが作られないと、脂肪酸やコレステロールが合成できなくなります。これも大切な代謝系と理解してください。

4．ガラクトース・グルコース変換系

体内にある単糖はグルコースだけではありません。ガラクトース、フルクトース、マンノースといろいろあります。それぞれが構成成分として大切な単糖ですが、簡単にいってしまうと、グルコースに変換されています。これには理由があるのです。それは、血中にガラクトースが増えると、自然と還元され、ガラクチトールという、白内障などを引き起こす有害物質になってしまうのです。ですから、肝臓で、一生懸命、ガラクトースをグルコースに変換しています。

牛乳の中にはラクトース（乳糖）という二糖類が含まれていますが、小腸から吸収されると

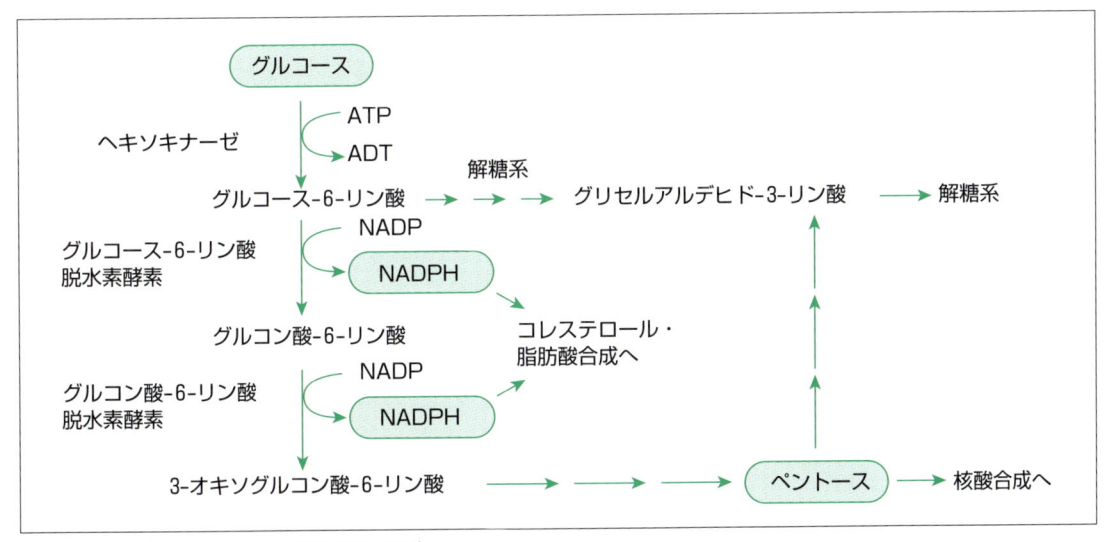

図10　ペントース・リン酸経路の概略

たのになる知識

NADPHと光合成

植物の話になりますが、植物は光合成によって生命現象を維持しています。植物細胞については、本書の最後（p.158）に少し説明しますが、光合成は葉緑体の中で行われています。光合成が行うことは、大きく分けると明反応と暗反応です。明反応では光エネルギーによって葉緑体のチラコイド膜上で水が酸素で酸化されることにより、NADPHとATPが産生されます。

次に、産生されたNADPHとATPを使って葉緑体のストロマで、二酸化炭素からグルコースが産生されます。この反応を炭酸同化反応といいますが、これが暗反応です。このように、NADPHは動物だけでなく、植物にも大切な物質なのです。

POINT ペントース・リン酸経路は、ペントースとNADPHを作る。

きには、ラクターゼによってガラクトースとグルコースに加水分解されます。このとき、かなりの量のガラクトースが入ってきますので、肝臓でそれをグルコースにしているのです。

まず、**図11**にあるガラクトースとグルコースの構造を見てください。4位の炭素に結合している水酸基が、上向きだったのを下向きにしただけです。でも、それでグルコースになるのです。

図12に示しましたが、変換の方法としては、エネルギーを使ってリン酸をつけます。そして、変化しやすい構造、つまりUDP-ガラクトースになることで、簡単にグルコースに変化（エピマー変換）します。変換したグルコースは、今まで説明したいろいろな代謝をたどります。

> **POINT** 必要以上に変換されたガラクトースは、グルコースに変換される。

5．グルクロン酸経路

これまでにいろいろな糖代謝がでてきました。最後にもう1つ大切な代謝系を説明します。体内では毎日、老廃物ができていて、それを体外に捨てなければなりません。でも、それが水に溶けない難溶性物質だったとすると、細胞の中から血中に出ていくことが困難で、細胞内に貯まり、中毒になってしまいます。その毒は消さなければなりません。それが解毒です。解毒とは、難溶性物質を水溶性物質に変えることだと思ってください。水に溶けやすければ血中に出て行きやすくなるし、尿にも胆汁中にも出やすくなります。

難溶性物質に水溶性物質を結合させれば、でき上がった物質を全体的にみると水溶性になります。このことを抱合といい、その結合させる水溶性物質がグルクロン酸であれば、グルクロン酸抱合といいます。そのために、肝臓でグルコースからグルクロン酸を合成していますが、その代謝系をグルクロン酸経路とよんでいます。

その経路の概略を**図13**に示しました。大切なことは、構造変化するときは、UDPが結合することを理解することで、それだけでいいです。

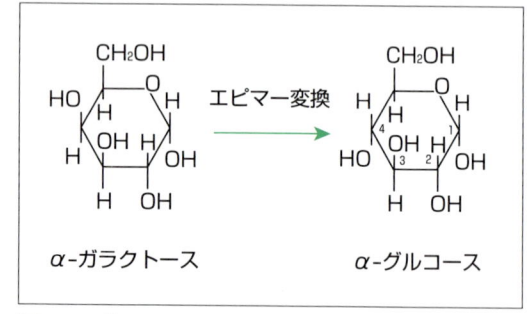

図11 ガラクトースとグルコースの構造

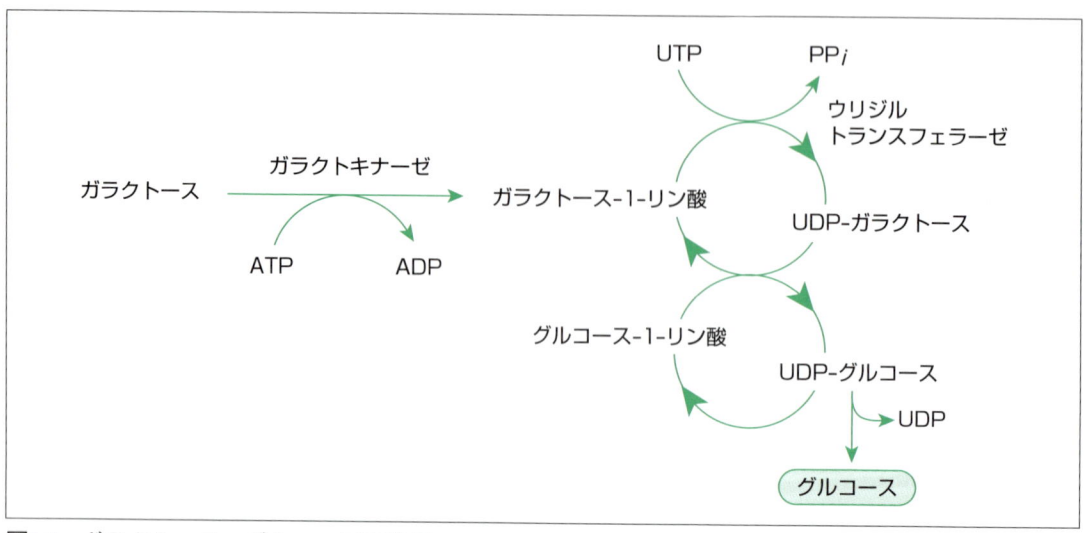

図12 ガラクトース・グルコース変換系

そして、解毒作用にグルクロン酸が必要なのだということも理解してください。ちなみに、抱合する物質としてグルクロン酸以外に、タウリン、グリシン、グルタチオン、硫酸などもあります。

そして、毎日作られて抱合されなければならない物質の代表として、ビリルビンがあります。赤血球は毎日、合成・分解されていますが、壊れればヘモグロビンが出てきます。そしてきわめて難溶性物質であるビリルビンができてしまいます。これが貯まった状態を黄疸といいます。これはほかのヒトがみてもわかるほど黄色い肌になってしまうのですが、このときに肝臓でグルクロン酸抱合して、胆汁中に排泄しているのです。

> **POINT** 難溶性物質を水溶性にするため、抱合が行われる。

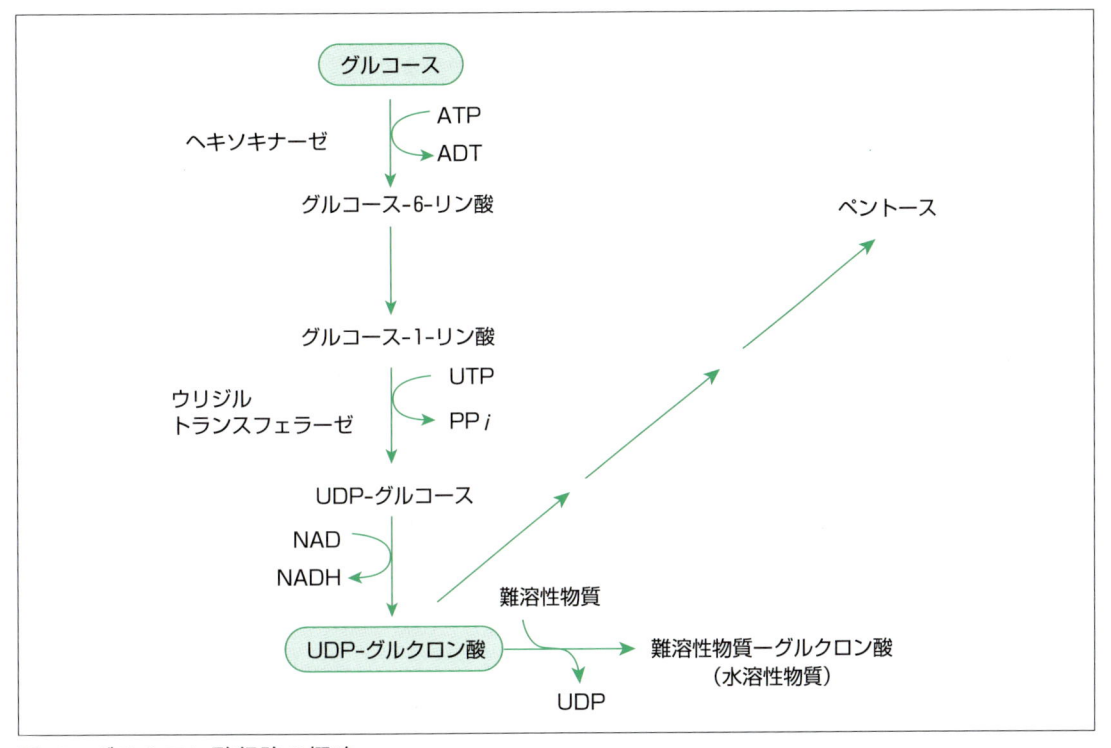

図13　グルクロン酸経路の概略

ためになる知識

栄養ドリンク剤

数多くの栄養ドリンク剤が市販されていますが、その中にはビタミンB類を始め、グルクロン酸、タウリンなどが含まれています。これは肉体疲労時の栄養補給として一時的には効くと思います。疲れにはいろいろな疲れがありますが、まずはATPが円滑に作られていなければ疲れるといえるでしょう。エネルギー代謝の項でも説明しましたが、ATPを産生するには多くの補酵素が必要でした。ビタミンB類が補給され、また難溶性物質を排泄することで疲れは取れます。

第4章　物質代謝

I 糖質代謝

II 脂質代謝

糖質の代謝と同じように、さまざまな細胞の中で脂質の代謝が行われています。脂質は肝臓で合成され、血中を介して身体中の細胞に送り込まれます。ですからここでは、脂質を輸送するところから説明したいと思います。

1. 血中の脂質

摂取した脂質の消化吸収については、第1章で詳しく説明しました。本来は水と油がなじむはずはありません。消化管の中は水だらけです。そして、脂質を消化する酵素は水の中です。食べた油とそれを消化する酵素をなじませるためにも、肝臓から胆汁酸という界面活性作用のある物質の手助けが必要でした。

そして、それから小腸細胞に入ってきました。まずはそれを血液を介して肝臓に運ばなければなりません。でも、油をそのまま血中に放り出すことはできないので、カイロミクロン（CM）というリポタンパク質になって、門脈ではなく、リンパ管を経由してから肝臓に運ばれました。でも、リポタンパク質はカイロミクロンだけではありません。

肝臓は、食べて入ってきた脂質とは別に、末梢のほうでも必要な脂質を合成して、全身に配っています。当然それは血中を介してであり、脂質のままでは血中に放り出せません。脂質が水に溶けないことは何度も話しています。ですからいろいろなリポタンパク質として肝臓から出て行きます（図14）。水に溶けやすい高分子のタンパク質に脂質が付着することで脂質も水になじんだ状態となり、どうにか運ぶことができます。このタンパク質をアポタンパク質（アポリポタンパク質）といい、それに対して脂質と結合したアポタンパク質をリポタンパク質といいました。

小腸で吸収された脂質を肝臓まで運ぶリポタンパク質は、目で見えるほどの粒子のカイロミクロンでした。リポタンパク質の粒子の大きさは、油を抱き抱えていることもあって、油の量によって比重の違うものがあります。表1にあるように、アポタンパク質の種類によって運ぶ

表1 血清リポタンパク質の種類と作用

種類	サイズ (nm)	比重	構成成分（％）				アポタンパク質の種類	おもな機能
			タンパク質	TG	Cho	PL		
CM	75～1200	～0.95	2	84～95	7	7～8	B, C, E	食事性脂質を肝臓へ運搬
VLDL	30～70	0.95～1.006	4～11	44～60	16～23	18～23	B, C, E	肝臓で合成されたTGを末梢へ運搬
IDL	23～35	1.006～1.019	15～20	15～30	25～40	20～25	B	VLDLからLDLへ移行する中間体
LDL	22	1.019～1.063	23～28	8～11	42～56	25～27	B	肝臓で合成されたChoを末梢へ運搬
HDL	7.5～10	1.063～1.21	21～48	4～9	20～48	22～28	A	肝臓で合成されたPLを末梢へ運搬・末梢Choを肝臓へ運搬

TG：トリグリセリド、Cho：コレステロール、PL：リン脂質

脂質の種類も少し違っています。

　ここでは細かいことは説明しません。脂質は血中で行う仕事をもっていないので、血中のリポタンパク質中の脂質は、運ばれている最中の油だと思ってください。それは、それなりの目的があって運ばれているのです。表1にその目的（機能）も示しておきました。

> **POINT** 脂質は、アポタンパク質によって血中を運ばれている。

1）トリグリセリド（TG）とコレステロールの運搬

　肝臓で合成されたトリグリセリドをふんだんに、コレステロールやリン脂質を少し含んだリポタンパク質を、超低比重リポタンパク質（VLDL：very low density lipoprotein）といいます。このVLDLが肝臓から血中に出ていき、VLDLはトリグリセリドを運搬します。でも、血中にはトリグリセリドを加水分解するリポプロテインリパーゼ（LPL：lipoprotein lipase）が存在していて、VLDL中のトリグリセリドを削っていきます。分解されて出てきた脂肪酸やグリセロールは末梢の細胞に取り込まれて、エネルギー源などになります。これが連続的に行われるので、VLDL中のトリグリセリドは減少していきます。その分、とても軽かった比重が少しずつ重くなっていきます。

　そして、中間比重リポタンパク質（IDL：intermediate density lipoprotein）を経て、血中で低比重リポタンパク質（LDL：low density lipoprotein）に変化します。これに含まれる脂質はコレステロールが多くなっています。つまり、LDLはコレステロールを末梢に運搬する役割をもっています（図14）。

> **POINT** LDLは血中で、VLDLから作られる。

2）末梢から肝臓へのコレステロールの運搬

　肝臓ではVLDLだけではなく、トリグリセリドをあまり含まず、主にリン脂質を含む高比重リポタンパク質（HDL：high density lipoprotein）も合成されています（図14）。当然、末梢にリン脂質を運搬する役割をもっていますが、それ以上に大切な仕事がHDLにはあります。

　一般的に、コレステロールは動脈硬化を引き

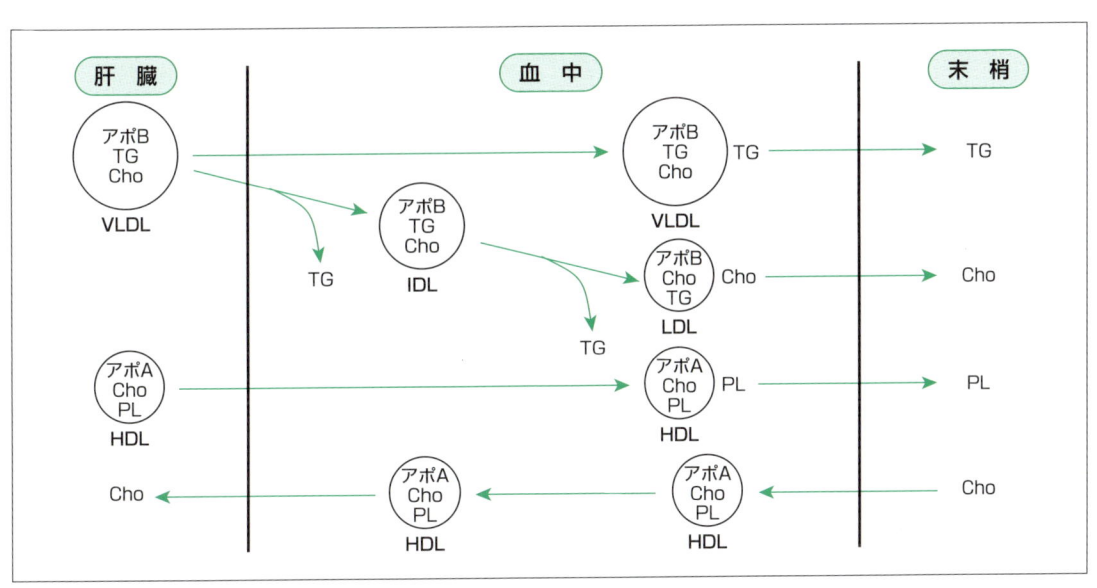

図14　肝臓で合成された脂質のゆくえ

起こすため、悪者扱いされています。末梢にコレステロールが詰まってしまえば、本当に悪者です。HDLはそのコレステロールを引き抜き、肝臓で処理するため、末梢のコレステロールを運んでくれているのです。

ですから、血中の総コレステロールは多くないほうがいいのですが、HDLに含まれるコレステロールは多いほうがいいのです。HDL-コレステロールが多いということは、末梢のコレステロールを掃除してくれていると思ってください。

> **POINT** HDLは、古いコレステロールを掃除してくれている。

2．脂質代謝の概要

血中を介して脂質を受け取った末梢の細胞は、脂質の異化反応を始めますが、代表的なその脂質代謝を図15にまとめました。脂質の意義として、まずエネルギー源がありますが、これはアセチルCoAを介してTCA回路に入ってATP産生に関与しています。アセチルCoAを出発物質にしてコレステロールや脂肪酸が合成されていま

す。そして、コレステロールは、性ホルモンや副腎皮質ホルモン、ビタミンDの合成に必要です。さらに、脂肪酸は、トリグリセリドやリン脂質の合成に必要です。

脂質（トリグリセリド）は異常時のエネルギー源として大切な物質ですから、余剰に入ってきた脂質は皮下組織に蓄えられることになります。

3．エネルギーを産むβ酸化

1）β酸化の言葉の意味

まず、β酸化のβとは、脂肪酸のβ位の炭素を意味しています。図16にもあらためて示しましたが、これは以前のよび方で、現在では3位の炭素になります。でも、慣用的に現在でもβ酸化といっています。これはβ位の炭素が酸化されて、β位とα位の所で解裂し、炭素2個の物質がアセチルCoAになる代謝系の名前です。ですから、随時2個ずつの炭素がアセチルCoAとなって切断されていくのですが、炭素16個からなるパルミチン酸からはアセチルCoAが8分子できることになります。

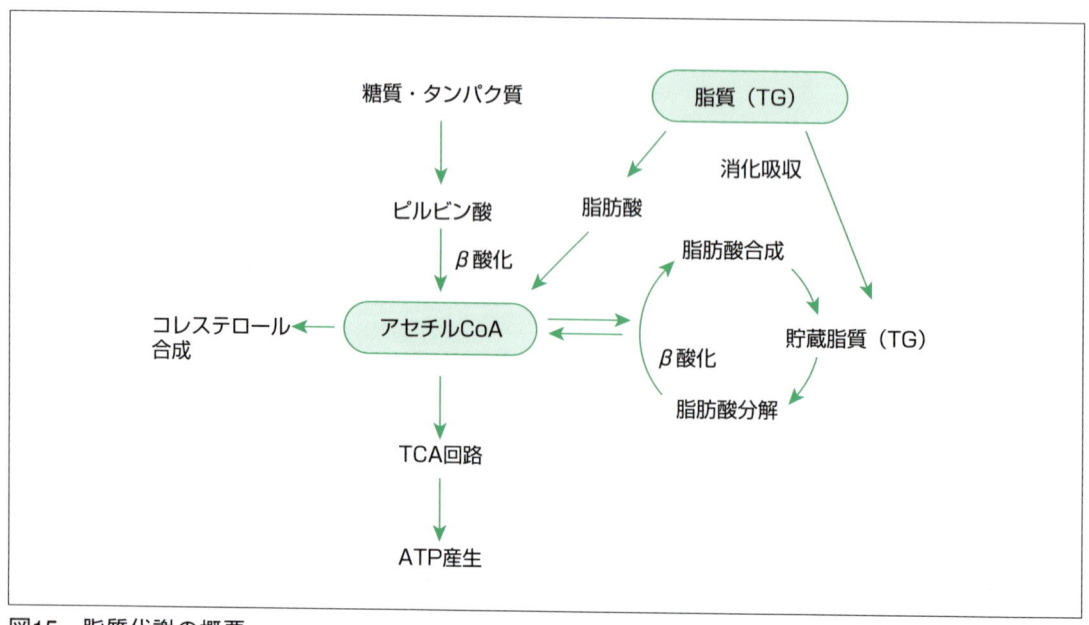

図15　脂質代謝の概要

これがTCA回路に入るわけですから、エネルギー代謝の始めのところでも説明しましたが、グルコースに比べて脂肪酸を燃焼させることによって、たくさんのATPが産生できます。

2）脂肪酸のミトコンドリアへ輸送する系

β酸化は細胞の中のミトコンドリアの中で行われています。ということは、脂肪酸をその中に入れなければなりませんが、残念なことに、脂肪酸はそのままではミトコンドリアの膜を通過できないのです。面倒ですが、形を変えてミトコンドリアの中に入ります。

カルニチンという、脂肪酸に似ていますが、ちょっと構造の変わった物質があります。このカルニチンは、ミトコンドリア膜を通過できるのです。図17にあるように、カルニチンはまず細胞質で変化します。脂肪酸の側鎖をアシル基（CnHmCo－）といいました。それにCoAがついてアシルCoAになります。エネルギーを使って構造変化しやすい活性化された脂肪酸と思ってください。

そのアシルCoAのアシル基がカルニチンについてアシルカルニチンになります。そして、ミトコンドリアの中に入ります。ミトコンドリアの中にもCoAがありますので、アシルカルニチンのアシル基をCoAに渡して、アシルCoAとなります。これで、脂肪酸がミトコンドリアの中に入ったことになります。図17の上のほうに示した系統がそれです。アシル基をはずしたカルニチンは、また細胞質に出て行き、アシル基を再び運んできます。

$$\underbrace{\underset{6}{CH_3}\cdots\underset{5}{CH_2}\cdot\underset{4}{CH_2}\cdot\underset{3}{CH_2}\cdot\underset{2}{CH_2}\cdot\underset{1}{CH_2}\cdot COOH}_{アシル基}$$

ω　ε　δ　γ　β　α

図16　β位の炭素の位置

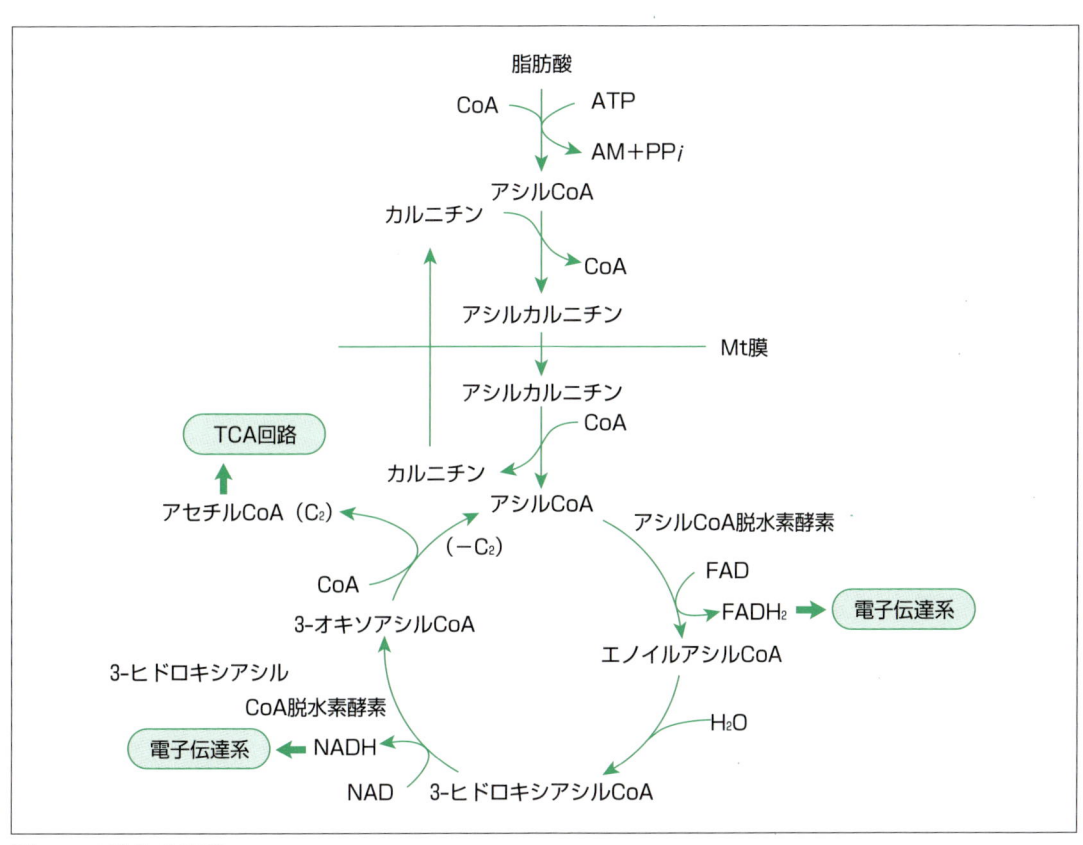

図17　β酸化の概要

> **POINT** カルニチンは、脂肪酸をミトコンドリアに運んでくれる。

3）炭素2個の切断

ミトコンドリアに入ったアシルCoAは、いろいろな脱水素酵素で酸化され、炭素2個をもつアセチルCoAになります。そのときに炭素が2個少ないアシルCoAもできるわけです。それはまた、図17にあるように、クルリと回転してアセチルCoAを切り出します。そうすると、炭素が2個少ないアシルCoAができました。そしてまた回ります。これを繰り返すと、脂肪酸は炭素数が偶数であれば、すべてアセチルCoAになります。これをβ酸化とよんでいます。

> **POINT** β酸化によって、脂肪酸の炭素が2個ずつのアセチルCoAになる。

4）脂肪酸からできるATPの数

ミトコンドリアの中でβ酸化が一回転すると、アセチルCoAが1分子できます。エネルギー代謝の項でも説明しましたが、これを出発点としてATPは12分子できました。また、β酸化一回転で、NADHおよびFADH$_2$が1分子ずつできま

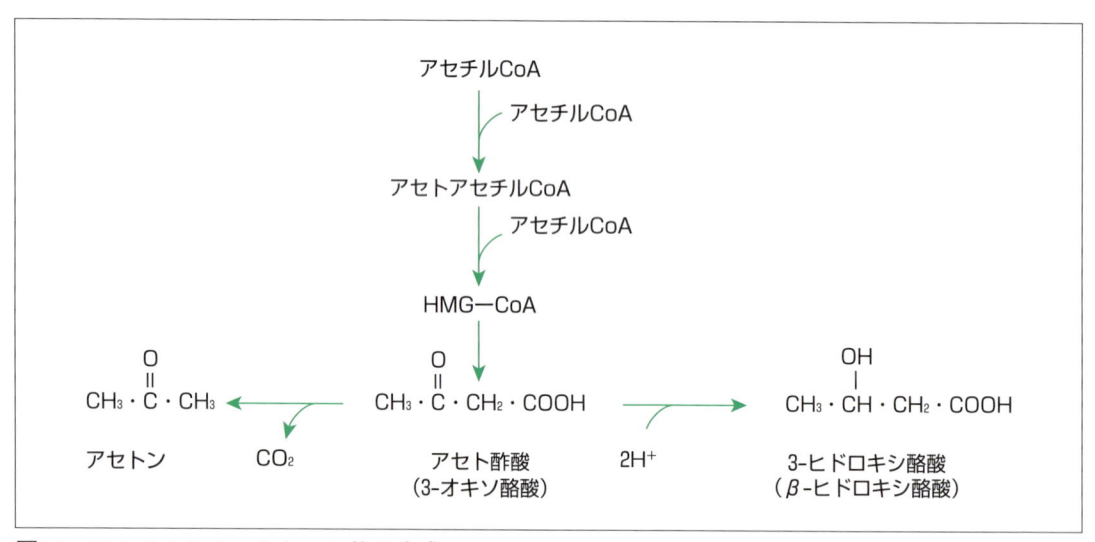

図18 アセチルCoAからケトン体の生成

ためになる知識

α酸化・ω酸化

β酸化はβ位の炭素が酸化される代謝でした。脂肪酸の代謝にはα酸化というものもあります。これはα位の炭素が酸化される代謝で、脂肪酸のカルボキシル基の炭素が、二酸化炭素としてはずれる反応です。ということは、炭素数奇数個の脂肪酸ができるということです。生体のほとんどの脂肪酸は偶数炭素鎖ですが、神経の軸索に巻きついて、絶縁体としてはたらいている脳のミエリンには、例外的に奇数炭素鎖脂肪酸が含まれています。その原料を作るためにもα酸化は必要であり、特にエネルギーを産生する目的で行っているわけではありません。

また、ω酸化というのもありますが、ω位の炭素が酸化されてカルボキシル基になる反応です。そうすると、1つの脂肪酸の中に2つのカルボキシル基が存在することになりますので、両方のカルボキシル基からβ酸化が行われることになります。どちらにしろ、α酸化やω酸化はマイナーな代謝系です。β酸化はとてもメジャーな代謝系です。

す。NADHおよびFADH$_2$が電子伝達系に渡されれば、それだけでATPが5分子でき上がります。ですから、炭素数の長い脂肪酸であれば、それだけATPが過剰に産生されることになります。でも、ATPはそれほどには必要なく、本来は、燃えかすがない、糖質を燃焼させるほうがよいのです。

> **POINT** 糖質より脂質の燃焼で得られるATP数は多い。

5）ケトン体の生成

このように、β酸化が進み過ぎるとアセチルCoAが余剰に産生されることがわかると思います。でも、私たちは1日にそれほどにはエネルギーを必要としていないので、アセチルCoAが余ってしまうのです。そうすると、図18に示すように、アセチルCoA同士が結びつき、ひいてはケトン体といわれるアセト酢酸・3-ヒドロキシ酪酸・アセトンができ上がってしまうのです。

この3つの名前に共通点はありませんが、図18にあるように、構造式をみると、兄弟だろうということがわかるかと思います。アセト酢酸は慣用名で、化学名は3-オキソ酪酸で、3位の炭素に酸素がつく酪酸という意味です。この物質から脱炭酸してしまうとアセトンができ、ま

た、水素基がつくと3-ヒドロキシ酪酸ができます。現在では、これを3-ヒドロキシ酪酸といいますが、かつてはβ位の炭素に水酸基がつくということで、β-ヒドロキシ酪酸といっていました。これは、アセト酢酸に水素が付加すればできてしまいます。

とにかく、これらの物質は酸性を示す物質で、でき過ぎると体液が酸性に傾き、アシドーシスという状態に陥り、重篤な状態になります。このことは総論の項の糖尿病で説明しました。本来なら糖質からエネルギーを作りたいのですが、細胞内にグルコースが入ってこないと、細胞はエネルギーを作るために脂質を燃焼してしまいます。そうです、脂肪酸を燃やし過ぎて、ケトン体ができ過ぎてしまうのです。糖尿病ではそれは怖い状態を引き起こします。

> **POINT** β酸化が亢進すると、過剰にケトン体が生成する。

6）多価不飽和脂肪酸の変化
　　　―アラキドン酸カスケード―

栄養学的な単語に必須脂肪酸というのがありましたが、これはビタミンFともよばれており、リノール酸（C18：2）、リノレン酸（C18：3）、アラキドン酸（C20：4）という多価不飽

ためになる知識

魚肉摂取で動脈硬化予防

血小板の中では必須脂肪酸からはTXAが合成されることを説明しました。そして、アラキドン酸（C20：4）から合成されるTXA$_2$には血小板凝集作用があることも説明しました。でも、エイコサペンタエン酸（C20：5，EPA）から合成されるTXA$_3$には、血小板凝集作用がほとんどないのです。考えてみてください。血小板が凝集しやすかったら、血栓を生じて動脈硬化を誘発する可能性が高くなってしまいます。事実、アラキドン酸は牛肉、豚肉に多く含まれており、そ

れらをよく摂取するヒトたちは、動脈硬化になる頻度が高いのです。その反対に、魚肉にはエイコサペンタエン酸が多く含まれています。魚をよく食べるヒトたちは、動脈硬化にはなりづらいのです。このように、食生活を変えるだけでも、そのような病気を予防することができます。

> **POINT** エイコサペンタエン酸の摂取で、動脈硬化を予防できる。

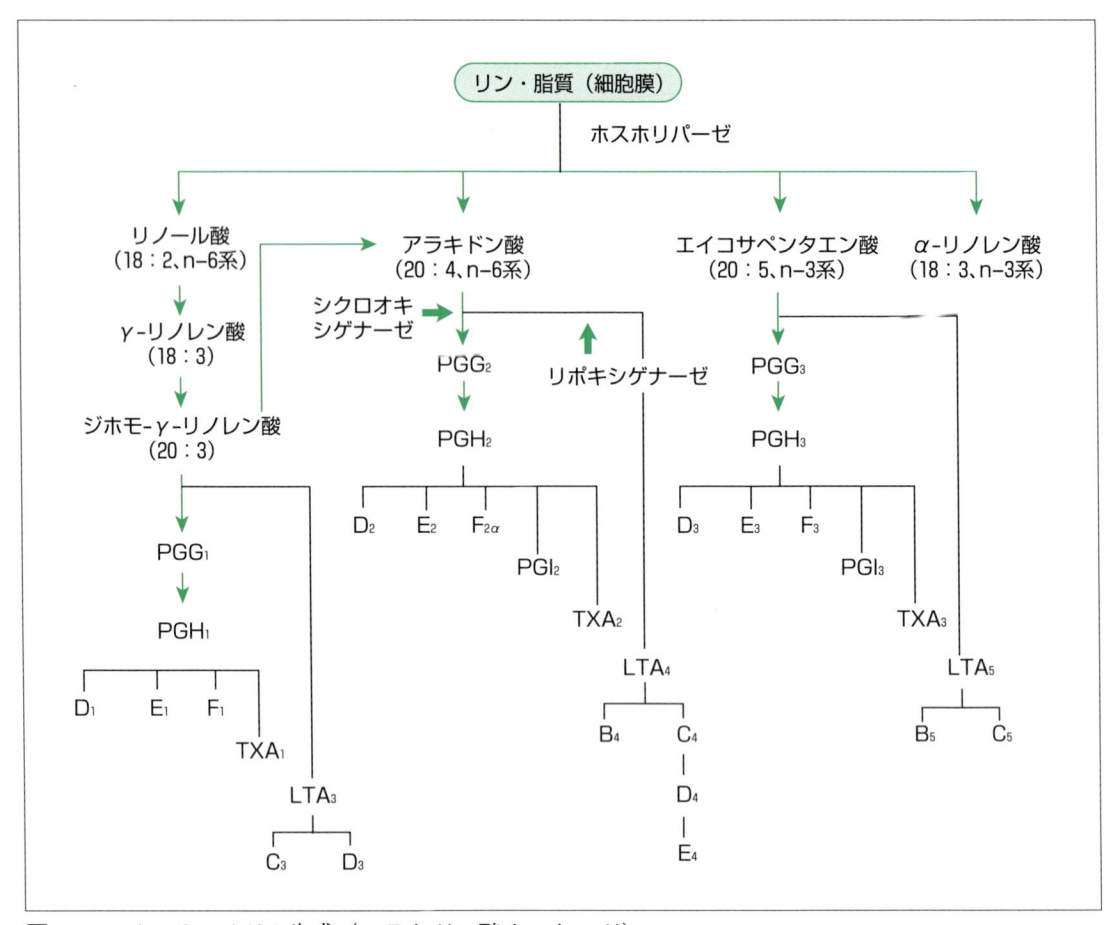

図19 エイコサノイドの生成（アラキドン酸カスケード）

和脂肪酸がそれです。これらはなぜ必要なのでしょうか。

　これらの脂肪酸は生体防御に必要な**エイコサノイド**の前駆体として、細胞膜を構成しているリン脂質の中にアシル基としてしまわれているのです。C18：2は体内で代謝を受けてC20：3、C18：3はC20：5へと変化します。アラキドン酸はそのままでC20：4です。これら3つを見ると、炭素数20で二重結合が3、4、5個の脂肪酸になっています。モノ、ジ、トリの順番で20はエイコサといいます。ノイド（-oid）は「〜のようなもの」という意味です。ですから、必須脂肪酸がエイコサノイドの前駆体というのが理解できると思います。

　そして、細胞に何らかの刺激が加わると、ホスホリパーゼという酵素が活性化されて、細胞膜を構成するリン脂質から、その3種の必須脂肪酸が細胞内へと遊離します。細胞内には、いろいろな酵素が待ちかまえていて、図19に示すように、シクロオキシゲナーゼにより**プロスタグランジン**（PG）合成の前の前駆体である、PGGやPGHが作られます。それから、各種PG合成酵素や**トロンボキサン**（TXA）合成酵素のもとに、各種PGそしてTXAが作られます。また、必須脂肪酸はリポキシゲナーゼの作用により、**ロイコトリエン**（LT）もでき上がります。これらPG、TXA、LTを総称してエイコサノイドといいます。

　そして、C20：3からはⅠ型（下付き数字が1）、C20：4からはⅡ型（下付き数字が2）、C20：5からはⅢ型（下付き数字が3）のエイコサノイドが作られます。ただ、ここで覚えていて欲しいのは、1つの細胞の中でこれらのエイコサノイドのすべてが作られるわけではあり

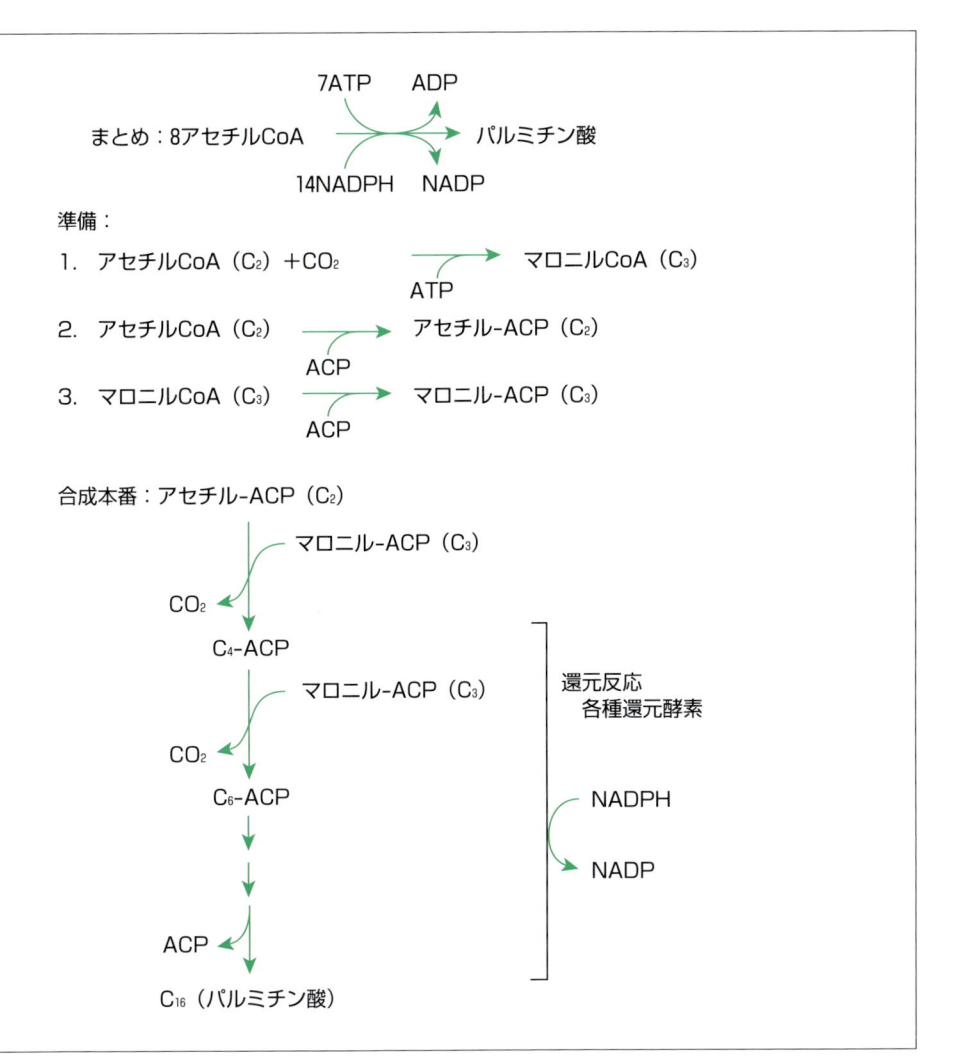

図20 脂肪酸合成の準備と本番

ません。それぞれの組織で各エイコサノイドの合成酵素の存在が違います。

例えば、血小板細胞の中ではTXA合成酵素しかありません。ですから、血小板に刺激が加わると、PGは作られず、TXAが合成されることになります。これらのエイコサノイドを簡単に理解するには、まずPGE$_2$は発痛促進物質、TXA$_2$は血小板凝集作用、LTは気管支収縮作用があるということを覚えていてください。

体内に存在する必須脂肪酸を見比べると、アラキドン酸がはるかに多く、図19に示すように白糸の滝のように変化しますので、これらの代謝系をアラキドン酸カスケードとよんでいます。

POINT 必須脂肪酸からエイコサノイドが合成される。

4．脂肪酸の合成

脂肪酸の分解（β酸化）があれば、その次は脂肪酸の合成です。糖代謝の始めに解糖系を説明しましたが、これはグルコースの分解でした。このときのグルコースの合成（糖新生）はどうだったでしょうか。例外はあっても、解糖系の逆行で、グルコースを合成していました。脂肪酸も考え方は同じです。β酸化は炭素を2個ずつ切断していました。

その反対に、合成は炭素を2個ずつ付加して

いきます。ただ、その付加させるしくみが、ちょっと複雑になっています。でも、炭素を3個くっつけたと同時に炭素を1個切り放す、そして結局は2個くっついた、と簡単に理解してください。それで結構です。

炭素2個はアセチルCoAのことです。炭素16個からなるパルミチン酸を合成するならば、アセチルCoAは8分子必要です。それを結合させるには、エネルギーも必要です。図20の上にまとめとして書きましたが、ここでは7分子のATPを消費します。

1）脂肪酸合成の準備

先に説明したように、炭素3個のものが結合して2個ずつ増えていくので、その炭素3個の物質を作らなければなりません。それがアセチルCoAにエネルギーを使って作った**マロニルCoA**という物質です。

そして、アセチルCoAにマロニルCoAをつけるのですが、ともに低分子化合物です。合成するのですから、しっかりとした土台の上に積み上げていかなければなりません。このとき、アシル輸送タンパク（ACP：<u>a</u>cyl <u>c</u>arrier <u>p</u>rotein）が、その土台になってくれます。そのために、アセチルCoAもマロニルCoAもACPに結合します。これで準備完了です。

2）脂肪酸合成に必要な還元反応

図20にあるように、順次、炭素が2個ずつ増えていきますが、炭素の数が増えただけでは、脂肪酸の炭化水素鎖になりません。炭素鎖になってしまいます。水素も付加していかなければ、アシル基にはなってくれません。そこで各種還元酵素をはたらかせて、水素を付加していきます。その水素はどこからくるのでしょうか。

糖代謝のペントース・リン酸経路（p.102）を思い出してください。その代謝系ではNADPHができました。このNADPHのHが必要なのです。脂肪酸合成に関与する還元酵素が、NADPHを要求しているのです。パルミチン酸を合成するときにも14分子のNADPHが必要になります。そして、最後にACPが切り放されて、脂肪酸ができるのです。

> **POINT** 脂肪酸合成には、ペントース・リン酸経路で作られたNADPHが必要である。

5．トリグリセリドおよびリン脂質の合成

トリグリセリドもリン脂質の多くもグリセロールが基本骨格になっています。ですから、グ

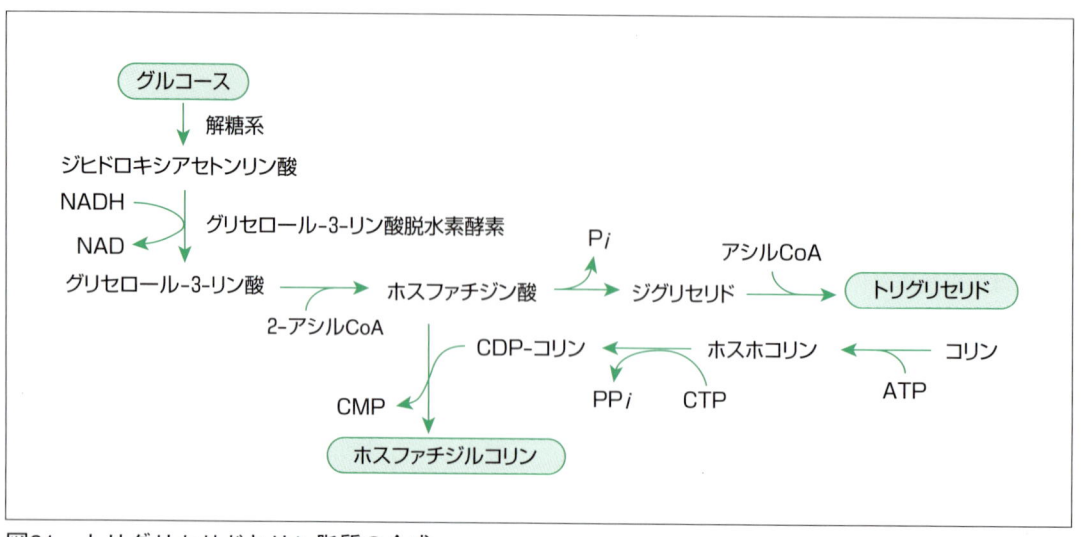

図21　トリグリセリドとリン脂質の合成

リセロールが活性化された構造、つまり、リン酸が結合したものから、トリグリセリドもリン脂質の合成が始まります。

1）トリグリセリドの合成

グリセロールが出発点と説明しましたが、グリセロールを作らなくても、グルコースが分解（解糖系）したものからトリグリセリドは合成されています。ということは、必要以上に摂取したグルコースからトリグリセリドが合成されるわけです。

図21に簡単にその概略を示しました。解糖系から得られたジヒドロキシアセトンリン酸が還元されると、リン酸化されたグリセロールになります。それに2分子の脂肪酸が結合するわけですが、結合するときには、脂肪酸はアシルCoAというかたちになっています。脂肪酸も反応性に富む構造になっていなければなりません。そのためにCoAが結合するのです。

そして、グリセロール-3-リン酸に2分子の脂肪酸が結合してでき上がった物質を**ホスファチジン酸**といい、リン脂質合成の出発点になります。このホスファチジン酸からリン酸がはずれて、もう1分子のアシルCoAが結合すれば、トリグリセリドのでき上がりです。

2）リン脂質の合成

先に説明しましたように、ホスファチジン酸がリン脂質の出発点になります。ここでは要点だけ説明します。リン脂質はホスファチジン酸に親水性の官能基が結合するのですが、それはコリンであったり、エタノールアミンであった

ためになる知識

アルコール性脂肪肝

お酒を飲み過ぎると脂肪肝になるとは、よく耳にする言葉です。脂肪肝は、お酒を止めるときれいに治ります。ですから、病気というよりも、お酒による生理的変動と考えたほうがいいかもしれません。

図22にアルコールの代謝を示しました。細胞の中の細胞質で、この代謝が行われ、アルコールを酸化するためにNADHが過剰に生成されてしまうことを理解してください。細胞質のNADHを、ミトコンドリアの中に入れると、ATP産生につながります。一般的にお酒を飲むのは夜になってからですから、それほどエネルギーは必要ではありません。となると、細胞質のNADHは、細胞質でNADに変換させなければなりません。当然、解糖系の最後の乳酸に代謝するところでもNADに変換されますが、それでは解糖系が進んでしまいます。ここではもうATPは必要ないのです。ほかに細胞質内でNADHをNADに変換する代謝系は、図21のグリセロール-3-リン酸のところになります。

結論をいえば、アルコールを代謝すればするほど、トリグリセリドが合成されるのです。これがアルコール性脂肪肝になるしくみです。ですから、アルコール摂取がなくなれば、トリグリセリド合成の系も抑制されるので、結局、治ることになるのです。

> **POINT** アルコールを代謝すると、トリグリセリド合成が促進される。

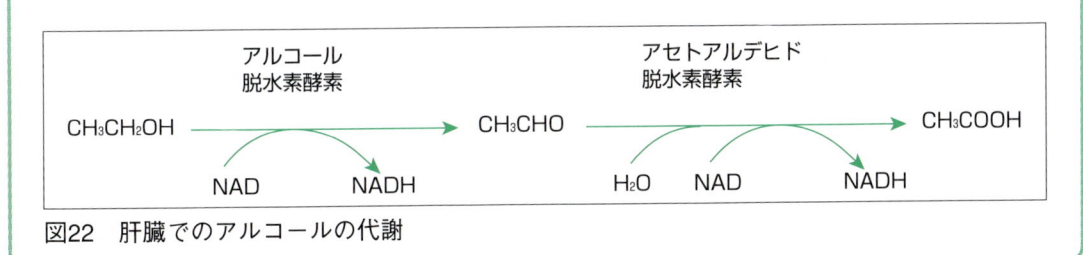

CH_3CH_2OH —（アルコール脱水素酵素, NAD→NADH）→ CH_3CHO —（アセトアルデヒド脱水素酵素, H_2O, NAD→NADH）→ CH_3COOH

図22　肝臓でのアルコールの代謝

り、セリンであったりします。これは第2章のリン脂質の項で出てきました。

これらの構造も変化させないと、反応が進みません。糖であれば、UDP（ウリジンニリン酸）が結合することで、その他の物質との反応が高まりました。リン脂質の場合は、UDPでは

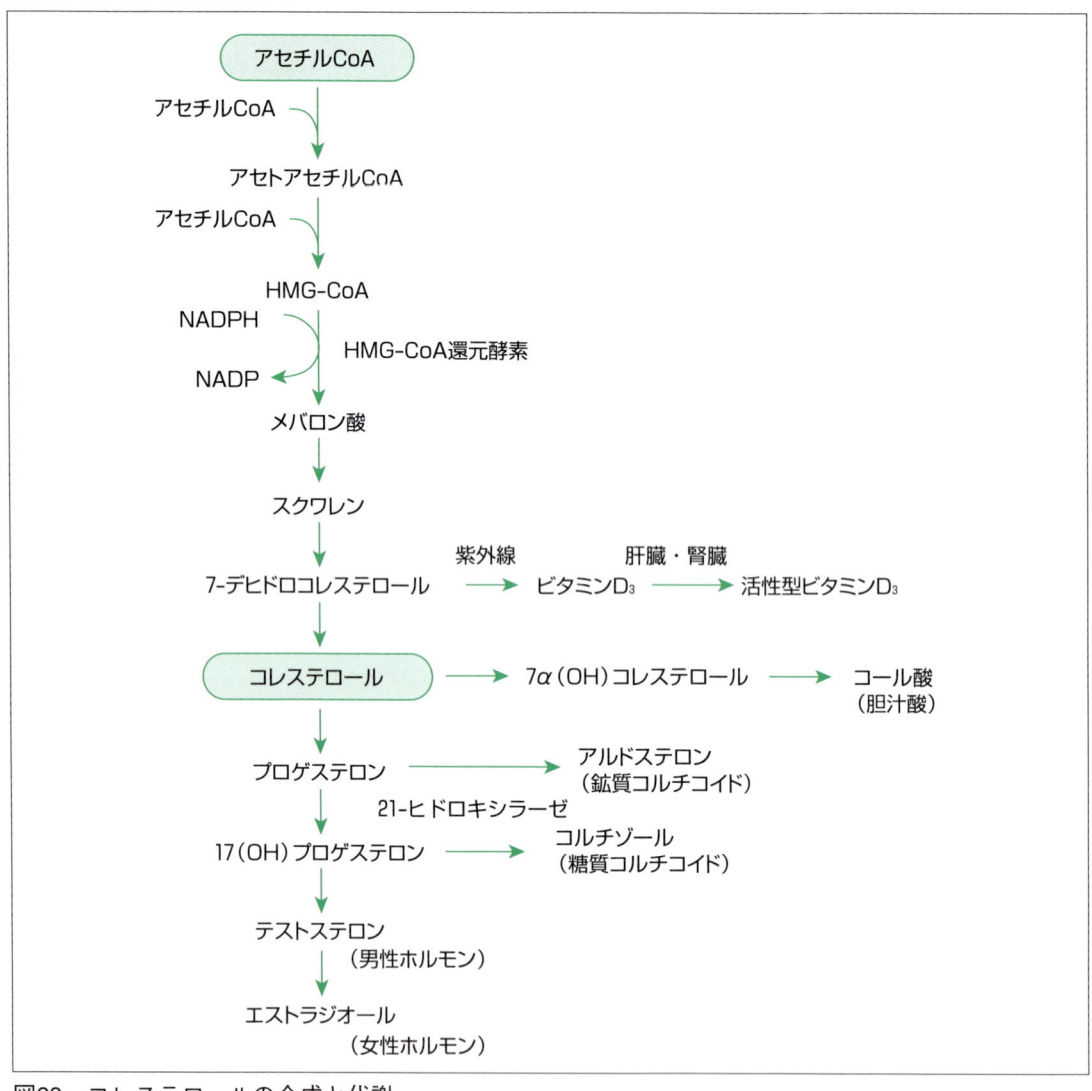

```
アセチルCoA
   │ アセチルCoA
   ↓
アセトアセチルCoA
   │ アセチルCoA
   ↓
HMG-CoA
   │ NADPH    HMG-CoA還元酵素
   │ → NADP
   ↓
メバロン酸
   ↓
スクワレン
   ↓                    紫外線         肝臓・腎臓
7-デヒドロコレステロール → ビタミンD₃ → 活性型ビタミンD₃
   ↓
コレステロール → 7α(OH)コレステロール → コール酸
   ↓                                        （胆汁酸）
プロゲステロン → アルドステロン
   │              （鉱質コルチコイド）
   │  21-ヒドロキシラーゼ
   ↓
17(OH)プロゲステロン → コルチゾール
   ↓                     （糖質コルチコイド）
テストステロン
   │ （男性ホルモン）
   ↓
エストラジオール
    （女性ホルモン）
```

図23　コレステロールの合成と代謝

ためになる知識

HMG-CoA

この変わった名前の物質、どこかで出てきました。そうです、ケトン体生成のときの中間物質です。HMG-CoAが過剰にあると、ケトン体が生成してしまいます。あまりよい物質ではありませんが、コレステロールを合成するには大切な物質です。この物質を作る酵素である、HMG-CoA還元酵素が、キーポイントとしてコレステロール合成が調節されています。高コレステロール血症のヒトにしてみれば、体内でコレステロールは作って欲しくないものです。現在は、この酵素を阻害する薬で、治療が行われています。

なく、CDP（シチジン二リン酸）が結合することで、反応するようになっています。図21にあるように、ホスファチジルコリンを合成するならば、コリンをまずリン酸化してから、CDPをつけ、CDP-コリンとなってから、ホスファチジン酸に結合させます。大切なことはそれだけです。

きもそうでしたが、図23にあるHMG-CoA（ヒドロキシメチルグルタリル-CoA）還元酵素は、NADPHがないとはたらかないのです。

> **POINT** コレステロールは、アセチルCoAが多数重合して作られる。

> **POINT** 反応性を高めるためには、糖はUDP、リン脂質はCDPが必要である。

6．コレステロールの合成

コレステロールは悪者扱いされますが、細胞膜の構成成分としてとても重要ですし、ホルモンの原料としても重要です。ですから、肝臓や脂肪組織では必要に応じて、コレステロールを合成しています。

1）コレステロールの合成

図23にあるように、出発点はアセチルCoAです。アセチルCoAが順次結合することで、ステロイド骨格が形成されていきます。第2章にその構造式を示しましたが、そのステロイド骨格は水素でほとんど飽和されています。アセチルCoAが結合するだけでは水素がたりないのですが、これは脂肪酸合成のときと同じで、還元反応による水素の補充が必要です。糖代謝のペントース・リン酸経路で作られたNADPHを、その還元酵素が要求しています。脂肪酸合成のと

2）コレステロールを原料とする物質

図23にも示しましたが、コレステロールから体内で合成されるものがあります。性ホルモンも副腎皮質ホルモンも、ビタミンDも出発点は少し違っても、コレステロールから作られています。そして、性ホルモンも副腎皮質ホルモンも、副腎皮質の中で、それぞれに関係する酵素で合成されています。ビタミンDについては、第6章の「Iホルモンの意義と種類」の項（p.147）でもう少し詳しく説明します。

また、肝臓ではコレステロールから脂質の消化吸収に不可欠な胆汁酸も合成されています。これは水と油をなじませてくれる物質です。この胆汁酸合成のためのコレステロールは、肝臓で合成された新品のコレステロールからというよりも、末梢末梢からHDLが運搬してきてくれた古くなったコレステロールだと思ってください。まさに廃物利用であり、古くなって捨てるときも、それなりの役割をもって捨てています。このように身体の中では、無駄なことはしていないのだとつくづく思います。

ためになる知識

副腎性器症候群

先に説明したように、副腎皮質では、男性であっても女性ホルモンを合成し、女性であっても男性ホルモンを合成しています。でも、副腎皮質は、当然酵素反応のもとに、主として副腎皮質ホルモンを合成しています。この合成には、図23にも示しましたが、21-ヒドロキシラーゼという酵素が必要です。この酵素が欠損しているヒトもいます。そうなると、副腎皮質ホルモンができないぶん、性ホルモンが過剰に合成されてしまいます。それを副腎性器症候群とよんでいます。この症候群では、女性の男性化、男性の女性化が現れます。

III タンパク質代謝

　糖質と脂質の代謝については説明してきました。代謝は細胞の中で行われています。糖質はグルコースとして、脂質は脂肪酸として主に細胞の中に入り、いろいろと変化していました。タンパク質は高分子です。すんなりとは細胞の中には入れません。タンパク質はアミノ酸という低分子化合物になってから血中から細胞の中に入り、そして代謝されていきます。ですから、この章では、タンパク質代謝と銘うっていますが、主にアミノ酸代謝について説明します。タンパク質の合成については、次の章で説明します。

　アミノ酸はエネルギー源としても大切ですが、生体を構成するいろいろな物質の原料にもなっています。また何といっても、タンパク質合成の原料ですから、なくてはならない栄養素だといえます。

1. 消化管でのタンパク質の消化

　摂取したタンパク質は、胃ではペプシン、小腸ではトリプシンやキモトリプシンというタンパク加水分解酵素（消化酵素）により、ズタズタに切断されていきます。タンパク質は、アミノ酸同士が脱水結合である**ペプチド結合**で連なっていますので、水を加えて切り離します。ズタズタに切るといっても、ちょっとは法則性があります。表3にこれらの消化酵素が切断する部位をまとめました。

　ちなみに、タンパク質が消化管で大まかに切断された産物を、**ペプトン**といいます。この大まかというのは、タンパク質の内側のペプチド結合を加水分解するということです。内側を切断するタンパク分解酵素をエンドプロテアーゼといいます。これによって大まかに切断されてペプトンになったあと、ペプチド鎖の外側のア

ためになる知識

窒素平衡

　成人で栄養状態がよいということは、体重変化がないということでもあり、食べた分だけの栄養を使ったということです。健康状態は、窒素に着目して見ることができます。体内に入ってくる窒素化合物の多くはタンパク質です。体外に出て行く窒素化合物は、主に尿素として尿中排泄されています。そこで、窒素の摂取量と排出量を測定します。その両方の量が等しい場合が、**窒素平衡**という健康な状態です。表2に簡単にその変化の場合をまとめてみました。結局、体内の窒素量は、タンパク質の分解と合成を意味しているのです。

表2　窒素の体内出納

	窒素量の変化	状　態
窒 素 平 衡	窒素摂取量＝窒素排出量	健康な成人
正の窒素出納	窒素摂取量＞窒素排出量	成長期の幼児、健康な妊婦 重い病気から回復中のヒト
負の窒素出納	窒素摂取量＜窒素排出量	低タンパク食、絶食時、がん末期 熱性疾患、大きな外科手術後

ミノ酸を1つずつ切断するタンパク分解酵素が待っています。これをエキソプロテアーゼといいます。

また、アミノ酸が2つ結合したジペプチドを加水分解する酵素を、ジペプチダーゼといいます。結局、タンパク質が小腸から吸収されるときには、アミノ酸はひとつひとつとなっています。

> **POINT** タンパク質は、アミノ酸にまで消化されて吸収される。

2．エネルギー源としてのアミノ酸

総論のところでも、エネルギー代謝のところでも、三大エネルギー源として、糖質・脂質・タンパク質があるといいました。タンパク質を構成するアミノ酸も、酸素のもとに燃焼して、ATP産生に関与しています。でも、アミノ酸は体内では、そのままでは燃えてくれません。結局、TCA回路に入っていくことで、ATPを産生しているのです。つまり、糖代謝に組み込まれたり、脂質代謝に組み込まれたりしているのです。糖に変換できるアミノ酸を糖原性アミノ酸、脂質に変換できるアミノ酸をケト原性アミノ酸といいます。

図24に、アミノ酸が変化してTCA回路に組み込まれていく概略を示しました。もう少し詳しくいうと、これはアミノ酸の中の炭素のゆくえを示したものです。炭素は燃えれば、二酸化炭素になりエネルギーが出てきます。

アミノ酸がその代謝系に入る入口となる物質は、ピルビン酸、アセチルCoA、そしてTCA回路を構成する物質です。

> **POINT** アミノ酸の中の炭素成分は、TCA回路に入り、ATPを産生する。

表3　タンパク分解酵素の基質特異性

種　類	作用部位
エンドプロテアーゼ 　ペプシン 　トリプシン 　キモトリプシン	 酸性アミノ酸、芳香族アミノ酸 塩基性アミノ酸 芳香族アミノ酸
エキソプロテアーゼ 　カルボキシペプチダーゼ 　アミノペプチダーゼ 　ジペプチダーゼ	 C末端アミノ酸から1つずつ N末端アミノ酸から1つずつ ジペプチド

ためになる知識

パパインとアクチニジン

パパイヤの実には、パパインというエンドプロテアーゼが含まれています。これはタンパク質を内側から分解していくものです。ですから、コンタクトレンズの洗浄液や、肉を軟らかくする加工処理などに広く用いられています。また、キウイフルーツもアクチニジンというプロテアーゼを含んでいますので、これらは胃もたれを防ぐための食後のデザートに最適ということになるといえます。

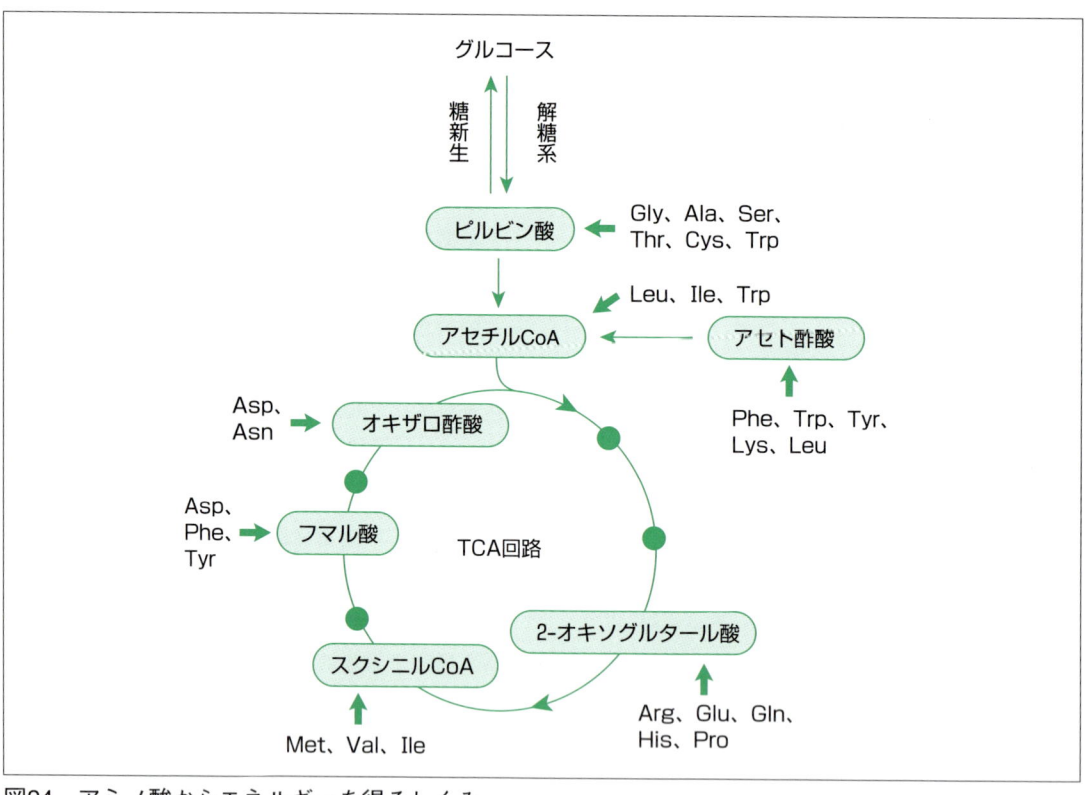

図24 アミノ酸からエネルギーを得るしくみ

ためになる知識

アミノ酸プール

　生体を構成するタンパク質は、絶えず分解され、合成されています。分解されればアミノ酸になるし、それを合成するにはアミノ酸が必要です。アミノ酸は、食べたタンパク質が消化管で消化されて吸収されたアミノ酸もあれば、グルコースや脂肪酸から作られたアミノ酸もあります。このように、タンパク質を合成する原料としても、絶えず一定量のアミノ酸が血中を流れています。これをアミノ酸プールとよんでいます。

　このアミノ酸は、さらに分解されて尿素になったり、別の物質になったりします。簡単な概略を図25に示しました。

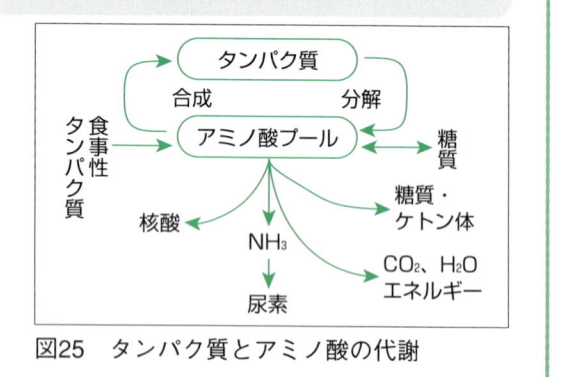

図25　タンパク質とアミノ酸の代謝

POINT アミノ酸プールとは、血中に存在しているアミノ酸をいう。

3．オルニチン回路（尿素回路）

　アミノ酸の中の炭素はエネルギー源となっていました。では、アミノ酸の中の窒素は、どのように変化するのでしょうか。アミノ酸の中の窒素は、アミノ基（$-NH_2$）として存在していました。それがアンモニア（NH_3）として出てしまいます。ここでは「出ます」ではなく、あえて「出てしまいます」と書きました。本当は、出てきて欲しくないのです。

なぜかというと、アンモニアは生体にとって有毒だからです。アンモニアは脳細胞を麻痺させて、昏睡状態にしてしまいます。でも、アミノ酸を燃焼したら、必ずアンモニアが出てしまいます。それをどうにかして無毒化するためにも、それを処理しなければなりません。そのときに、肝臓が頑張ってはたらいてくれています。

1）アンモニア処理の出発

アミノ酸が燃焼して出てきたアンモニアは、二酸化炭素と結合するところから始まります。そこでエネルギーを消費してしまうのですが、もったいない話です。捨てる物を作るのにエネルギーを使わなければならないほど、アンモニアが有毒であることを理解してください。図26の中では、ATPとしか書いていませんが、実際はATPを2分子も消費してカルバミルリン酸にしています。ここまでの代謝は、細胞の中のミトコンドリアで行われています。

> **POINT** アンモニアを処理することにも、エネルギーを消費する。

2）オルニチン回路（尿素回路）

でき上がったカルバミルリン酸は、細胞質でオルニチンと結合してシトルリンになり、あとは図26にあるように、クルクルと回ります。この回路をオルニチン回路、あるいは尿素回路とよんでいます。

図26を見てもわかるように、回路を回るためにはアスパラギン酸の供給が必要です。回れば回るほどアスパラギン酸がたりなくなります。でも、よくしたもので、そのあとにフマル酸が抜け出します。これはTCA回路の1つでした。TCA回路が回れば、オキザロ酢酸まで変換されます。オキザロ酢酸はあとで説明しますが、アミノ基転位反応という代謝を受けて、アスパラギン酸に変化しているのです。素晴らしいことだと思います。オルニチン回路を回すにはエネルギーがいる。そのエネルギーはTCA回路で産生される。その両方がクルクル回ることで、円滑に代謝が行われる。本当によくできた回路だと思います。

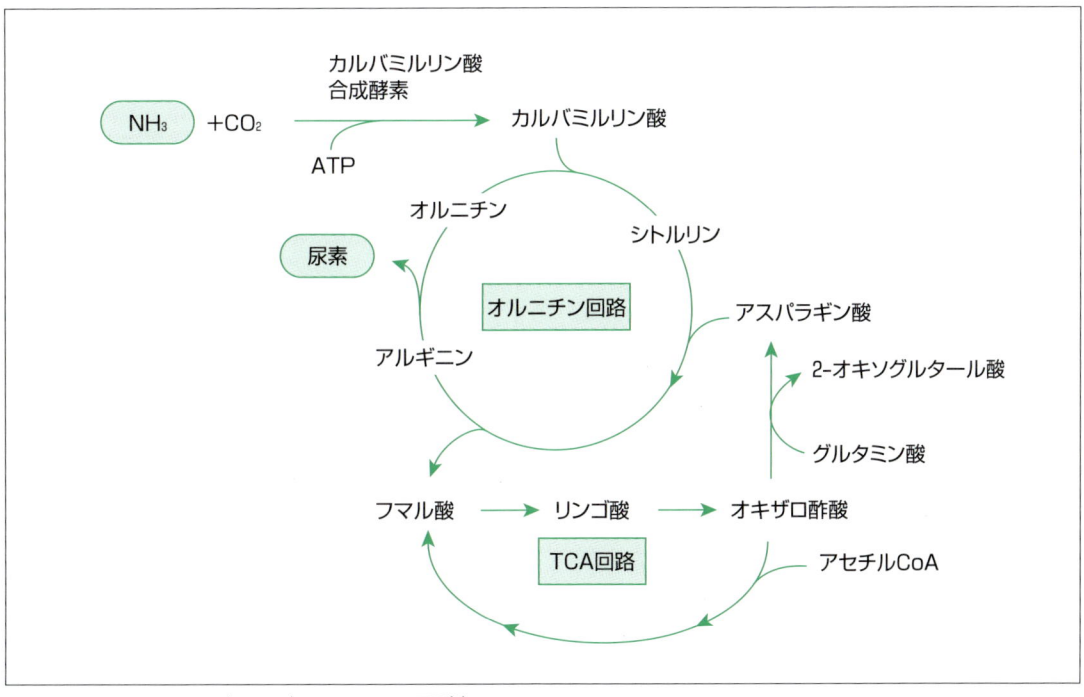

図26　アンモニアの処理（オルニチン回路）

3）尿素の切り出し

オルニチン回路を回ると、アルギニンに到達します。そこで、細胞質にあるアルギナーゼという加水分解酵素により、アルギニンの側鎖の先端が切り離されます。切り離された上の官能基をアミジン基といいますが、これはあとにも出てくる単語なので、ちょっと覚えておいてください。

このアミジン基が尿素となるのです。図27に示すように、アミジン基にアルギナーゼが作用します。もし、肝臓の機能が低下してしまうと、この回路も回りません。尿素が生成しない分、原料であるアンモニアが増加してしまいます。先にも説明しましたが、血中のアンモニアが上昇すると昏睡状態に陥りますが、肝機能の低下による昏睡を、肝性昏睡といいます。

> **POINT** アンモニアは、肝臓で尿素に変換されている。

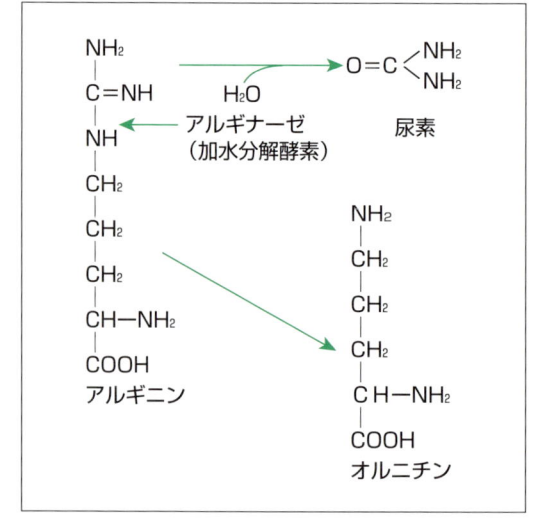

図27　アルギニンからの尿素の生成

ためになる知識

グルコース・アラニン回路

筋組織ではかなりエネルギーを消費しています。当然、アミノ酸からもATPを産生しています。では、どのアミノ酸が好都合かというと、アセチルCoAを代表としたアシルCoAに変化しやすいアミノ酸であるバリン、ロイシン、イソロイシンが使用されています。

筋組織でのアミノ酸利用はそれだけではありません。肝臓と連携してエネルギー原料の再利用を行っています。これをグルコース・アラニン回路といいます。筋肉のタンパク質の分解によって生じるアミノ酸は、グルコースの解糖系から得られるピルビン酸を利用して、あとに説明する酵素（p.123）によって、アラニンに変えられます。生じたアラニンは血流を介して肝臓に運ばれ、ピルビン酸に戻された後、糖新生でグルコースに変えられます。できたグルコースは再び血流を介して筋肉に運ばれ、ピルビン酸に戻ります。図28にその変化を示しました。本当に身体の中は無駄なことはしていないのだと思います。これはコリ回路（p.99）と似ていますね。

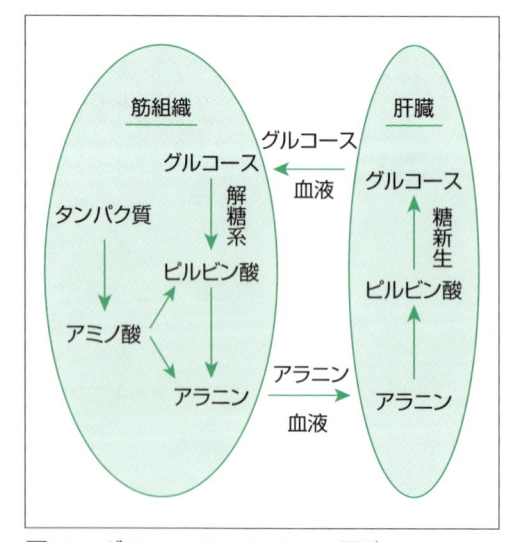

図28　グルコース・アラニン回路

> **POINT** 肝臓と筋肉は、エネルギー源のやりとりを行っている。

4．アミノ酸の重要な反応

　この章では、アミノ酸が燃焼するとアンモニアが生成されると説明してきました。でも、これは少し乱暴ないい方なのです。ここではもう少し詳しくアンモニアが生成する仕組みを説明します。

1）アミノ基転位反応

　生体では、アミノ酸のすべてからアンモニアが出てくるわけではありません。各種アミノ酸のアミノ基は、2-オキソグルタール酸に渡してグルタミン酸となっているのです。まずはグルタミン酸になる過程を説明します。この反応をアミノ基転位反応とよんでいます。代表的なアミノ基転位反応を図29に示しました。これはアスパラギン酸、そしてアラニンのアミノ基の転位反応です。

　当然、これはアミノトランスフェラーゼ（アミノ基転位酵素）という酵素反応のもとに行われています。臨床診断にも使用されているアスパラギン酸アミノトランスフェラーゼ（AST）とアラニンアミノトランスフェラーゼ（ALT）が、その代表的な酵素です。構造式も示しましたが、アミノ酸のアミノ基と2-オキソ酸（α-ケト酸）のオキソ基の交換が、アミノ基転位反応です。

　オキソ基を交換するためには、まずアミノ基を預かっておく場所が必要です。脱水素酵素の場合も、水素を置いておく場所が必要でした。それが補酵素です。アミノトランスフェラーゼは補酵素としてピリドキサルリン酸（PLP）が必要です。これはビタミンB_6（ピリドキシン）がリン酸化されたもので、この補酵素の存在のもとで、アミノ基が2-オキソグルタール酸のオキソ基と交換されて、グルタミン酸になるのです。

> **POINT** アミノ酸は、アミノ基転位反応で、2-オキソ酸に変化する。

2）酸化的脱アミノ反応

　アミノ基転位反応で、アミノ酸の中のアミノ基はグルタミン酸へと変換されました。そのあとに起きる変化として、酸化的脱アミノ反応というものがあります。図30に一般的な反応を示しました。左側のアミノ酸がグルタミン酸だと思ってください。ここでは水素が取られます。ですから「酸化的」なのです。そのときにはずれたアミノ基がアンモニアとなります。アミノ基が取られた残りは2-オキソ酸になります。そして、TCA回路の一員としてエネルギー代謝へ供給されます。

　このように、いろいろあるアミノ酸のアミノ基は、アンモニアと変化し、先に説明したオル

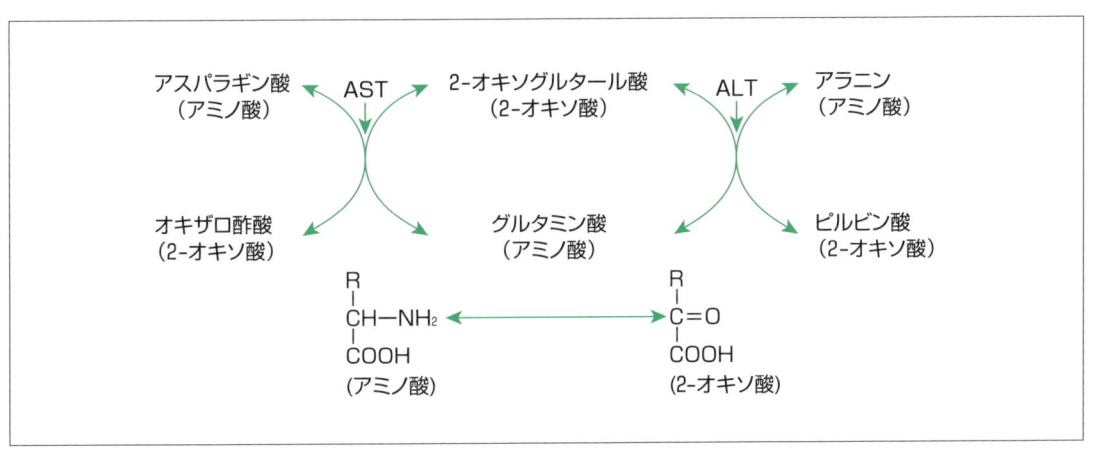

図29　アミノ基転位反応

ニチン回路で尿素となり、排泄されています。

> **POINT** アミノ酸は、酸化的脱アミノ反応によってアンモニアを出して、2-オキソ酸に変化する。

3）アミノ酸の脱炭酸反応

アミノ酸の大切な反応はこれだけではありません。アミノ酸は酸の性質と塩基の性質があると第2章で説明しました。カルボキシル基は酸、アミノ基は塩基の性質を示します。ですから、アミノ基が取られたので、その物質は酸の性質、つまり2-オキソ酸になったわけです。

反対に、脱炭酸してカルボキシル基が取られれば、塩基の性質を示すことになります。例えば、中性アミノ酸であれば、カルボキシル基が取られてアミノ基を1つもつ物質になりますので、モノアミンとよばれています。代表的なアミノ酸の脱炭酸反応を図31に示しました。グルタミン酸は酸性アミノ酸ですので、脱炭酸してもカルボキシル基がまだ1つあります。GABAとあるのはγ-アミノ酪酸（gamma-aminobutyric acid）のことで、これもアミノ酸の一種です（p.41）。これらの反応は、脱炭酸酵素によって行われますが、アミノトランスフェラーゼと同様に、補酵素にピリドキサルリン酸が必要です。ピリドキサルリン酸はアミノ酸の反応に必要だと思ってください。

> **POINT** アミノ酸は脱炭酸反応によって、モノアミンに変化する。

4）アミノ酸合成

今まで説明してきたのは、アミノ酸の分解系ばかりでした。でも、主点を変えるとアミノ酸の合成についても説明しています。生体内の化学反応の多くは可逆反応です。一方通行だけではなく、反応は行ったり来たりするのです。アミノ基転位反応を見てください。図29にあるように、ピルビン酸からアラニン、オキザロ酢酸からアスパラギン酸、2-オキソグルタール酸からグルタミン酸が合成されているのです。体内で合成できないアミノ酸もあるのですが、それが必須アミノ酸であり、食事から摂取しなければならないアミノ酸です。

5．各種アミノ酸の体内変化

20種あるアミノ酸の中で代表的な体内変化をした物質を図32に示しました。黒丸で示したのがアミノ酸です。ほんの一例ですが、図の中の物質名の下にカッコで入れたように、体内でなくてはならないものばかりです。それは体内情報伝達を担う伝達物質だったりします。

アミノ酸はタンパク質合成に必須の物質ですが、それだけではありません。前にも説明したように、アミノ酸は、アミノ基転位反応、酸化的脱アミノ反応、脱炭酸反応だけでなく、ほかのアミノ酸とも結合し、体内でいろいろな代謝を受け、重要な役割をもつ物質に変化しているのです。ここでは代表的なアミノ酸の変化を2

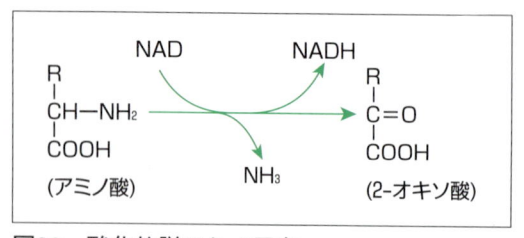

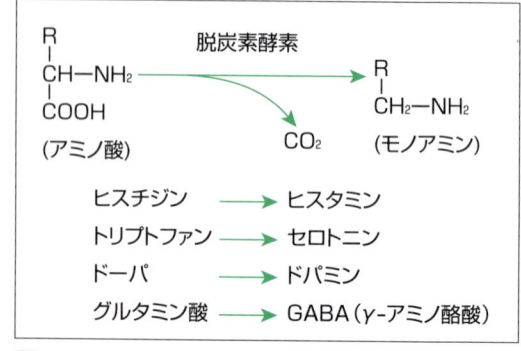

図30　酸化的脱アミノ反応

図31　アミノ酸の脱炭酸反応

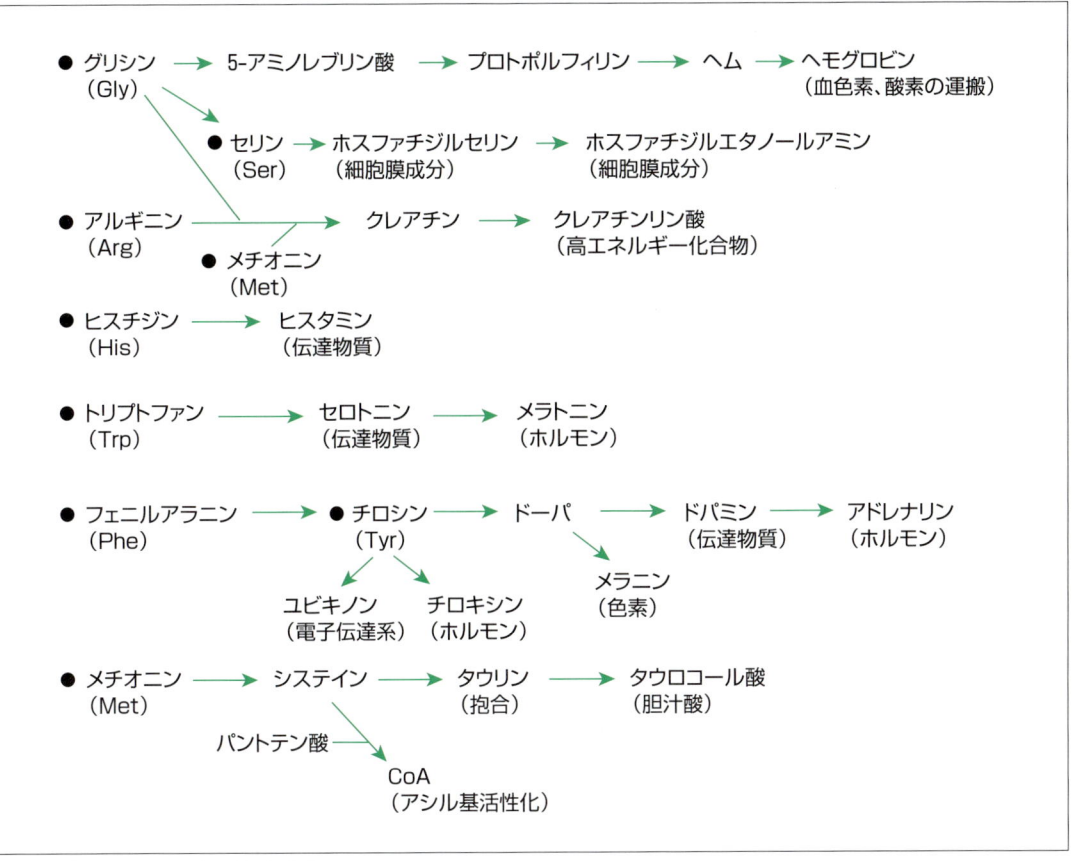

```
● グリシン ──→ 5-アミノレブリン酸 ──→ プロトポルフィリン ──→ ヘム ──→ ヘモグロビン
  (Gly)                                                              (血色素、酸素の運搬)
         ● セリン ──→ ホスファチジルセリン ──→ ホスファチジルエタノールアミン
           (Ser)     (細胞膜成分)            (細胞膜成分)

● アルギニン ──────────→ クレアチン ──→ クレアチンリン酸
  (Arg)       ● メチオニン                (高エネルギー化合物)
                (Met)

● ヒスチジン ──→ ヒスタミン
  (His)        (伝達物質)

● トリプトファン ──→ セロトニン ──→ メラトニン
  (Trp)            (伝達物質)     (ホルモン)

● フェニルアラニン ──→ ● チロシン ──→ ドーパ ──→ ドパミン ──→ アドレナリン
  (Phe)               (Tyr)                    (伝達物質)    (ホルモン)
                ユビキノン  チロキシン   メラニン
                (電子伝達系) (ホルモン)   (色素)

● メチオニン ──→ システイン ──→ タウリン ──→ タウロコール酸
  (Met)                        (抱合)       (胆汁酸)
          パントテン酸──→
                     CoA
                     (アシル基活性化)
```

図32　各種アミノ酸の体内変化

つ説明します。

1）ヘム合成

　私たちの細胞ひとつひとつが酸素を必要としており、そのために赤血球が酸素を運搬してくれています。それではどのように酸素を運搬しているのでしょうか。赤血球の中の代表的なタンパク質であるヘモグロビンの中のヘムが、酸素を運搬しています。赤血球が赤いのは、ヘムが赤いからです。

　このヘムを作るには、アミノ酸であるグリシンが出発点になっています。ヘムの構造は、第2章の「Ⅴミネラル」（p.61図53）に示しました。これは面白い形をしていますが、その中の窒素はグリシンに由来しています。

2）クレアチン合成

　何度も説明していますが、私たちはATPのエネルギーで生きています。でも、このATPは保存が効きません。筋細胞にはわずかではありますがATPがあり、そのATPを使って運動できるのは0.3秒といわれています。そうなると、エネルギーを多量に消費する組織では、別の形でエネルギーを保存しておかなければなりません。「Ⅰ糖質代謝」の項（p.96図4）で出てきたクレアチンリン酸が、それに役立っています。

　このクレアチンリン酸を作るためには、まず、クレアチンが必要です。クレアチンを作るには、アルギニン、グリシン、メチオニンが原料になっています。尿素合成の出発点はアルギニンのアミジン基でした。尿素生成のところで出てきた官能基です。このアミジン基にグリシンが結合し、さらにメチオニンの中のメチル基が結合してクレアチンができ上がります。これは最終的には肝臓で合成されますが、血中を介してエネルギーを多量に消費する筋組織や脳に運ばれ

表4　代表的なアミノ酸代謝異常症

病　名	障害酵素	尿中排泄物	症　状
高グリシン血症	グリシン開裂酵素	グリシン	精神身体発育阻害
チロシン症	ヒドロキシフェニルピルビン酸オキシダーゼ	チロシン	肝障害、腎障害
フェニルケトン尿症	フェニルアラニンヒドロキシラーゼ	フェニルケトン体	けいれん、知能障害
アルカプトン尿症	ホモゲンチジン酸ジオキシゲナーゼ	ホモゲンチジン酸	尿の黒変、関節炎
メープルシロップ尿症	分枝鎖ケト酸デヒドロゲナーゼ	分枝鎖アミノ酸	けいれん、脳障害
ホモシスチン尿症	シスタチオニンシンターゼ	ホモシスチン	けいれん、知能障害

ています。

> **POINT** アミノ酸は、体内のさまざまな大切な物質に変化する。

6．アミノ酸の代謝異常

　何度も説明しましたが、代謝は化学反応で、その触媒には酵素が必要です。もし、その酵素がなかったら、その代謝は進まないことになります。酵素はタンパク質で、その情報は遺伝子の中にあります。その特定のタンパク質に対する遺伝子に異常が生じたら、そのタンパク質である酵素が合成されないことになります。これでは代謝が進みません。図32にはアミノ酸の代謝のほんの一部ですが示しています。これらはすべて酵素反応です。その遺伝子に異常があれば、代謝される前のアミノ酸が蓄積し、さらに尿中に排泄されてしまいます。これをアミノ酸代謝異常症といいます。表4に代表的なアミノ酸代謝異常症を示しました。

> **POINT** アミノ酸代謝に関与する酵素の異常で、先天性疾患になる。

第5章
遺伝情報の伝達と発現

新しい細胞を作る。そのためには、核酸代謝とタンパク合成が必要です。つまり、成長するため、そして生体を維持するために毎日行われていることこそが、遺伝情報の伝達と発現といえるのです。

Ⅰ. 核酸代謝そしてタンパク合成 ……………………………………… 128
Ⅱ. タンパク合成のしくみ ……………………………………………… 132
Ⅲ. 核酸代謝─ヌクレオチドの合成と分解─ ………………………… 137

I 核酸代謝そしてタンパク合成

　生体の中で核酸が何をしているのかは、第2章の「Ⅳ核酸」で説明しました。この章の核酸代謝では、核酸が細胞の中でどのように変化しているのか、また、その目的は何なのかを説明します。

　まずは簡単に考えましょう。1つの細胞が同じ2つの細胞になるときは、2つとも同じ情報をもつ細胞にしなければなりません。ですから、同じ遺伝子を作ることが必要になります。これをDNAの複製といいます。そして、DNAに組み込まれている情報は、タンパク質構造そのものです。タンパク質はアミノ酸がペプチド結合で連なった高分子化合物です。そのアミノ酸の配列順番が、DNAの情報なのです。その情報をもとに、その細胞に必要なタンパク質を合成します。そして、新しい細胞ができ上がります。

1．細胞の分裂

　同じ遺伝子をもう1つ作ること、それがDNAの複製です。動物の本能は、2つあるといわれています。1つは自分という「個体」を維持するための食欲、そしてもう1つは、自分という「種」を維持するための性欲です。ヒトにはもう1つの本能として知欲がありますが、もし、ここに関係があるとすれば、生化学を知りたい、という気持ちかもしれません。話を戻しますが、動物の本能の両方に関与しているのが遺伝子です。自分を維持するのも、自分という種を維持するのも遺伝子です。それは、むずかしい言葉を使うと、自己複製能力があるということになります。

　細胞が2つに分裂する過程を簡単に説明しておきます。これは生物学の復習です。まずは目で見える過程を理解してからのほうが、DNAが複製されることの意味がわかるかもしれません。

> **POINT** DNAの複製とは、同じ遺伝子をもう1つ作ることである。

1）体細胞分裂

　細胞は、細胞分裂以外の方法で増えることはありません。増える前の元の細胞を母細胞、新しくできた細胞を娘細胞とよんでいます。そして、私たちの身体を構成する細胞の細胞分裂を体細胞分裂といい、生殖細胞が増える分裂を減数分裂といいます。これは生物学では必須の単語です。

　ここでの目的は、生命の維持を分子レベルで理解することにあるので、ヒトという種の維持に関係する生殖細胞のほうには触れずに、体細胞の分裂を説明します。図1に代表的な体細胞分裂の顕微鏡下の変化を示しました。分裂前の間期、そして、前期、中期、後期、終期へと向かって核内の染色体が2つに分裂して2つの細胞になる様子がわかります。これを模式化したものも図中に示しました。また、そのときの染色体の形の変化を図2に示しました。これはあとでもう少し詳しく説明します。

2）細胞周期

　1個の細胞が2個になる。この過程が細胞周期です。まず、核分裂によって核が2つに分かれ、その次に細胞質分裂が起きて2個の細胞になります。その過程は、5期に分けて考えられています。その5期とは、休止期（G_0期）、DNA合成準備期（G_1期）、DNA合成期（S期）、

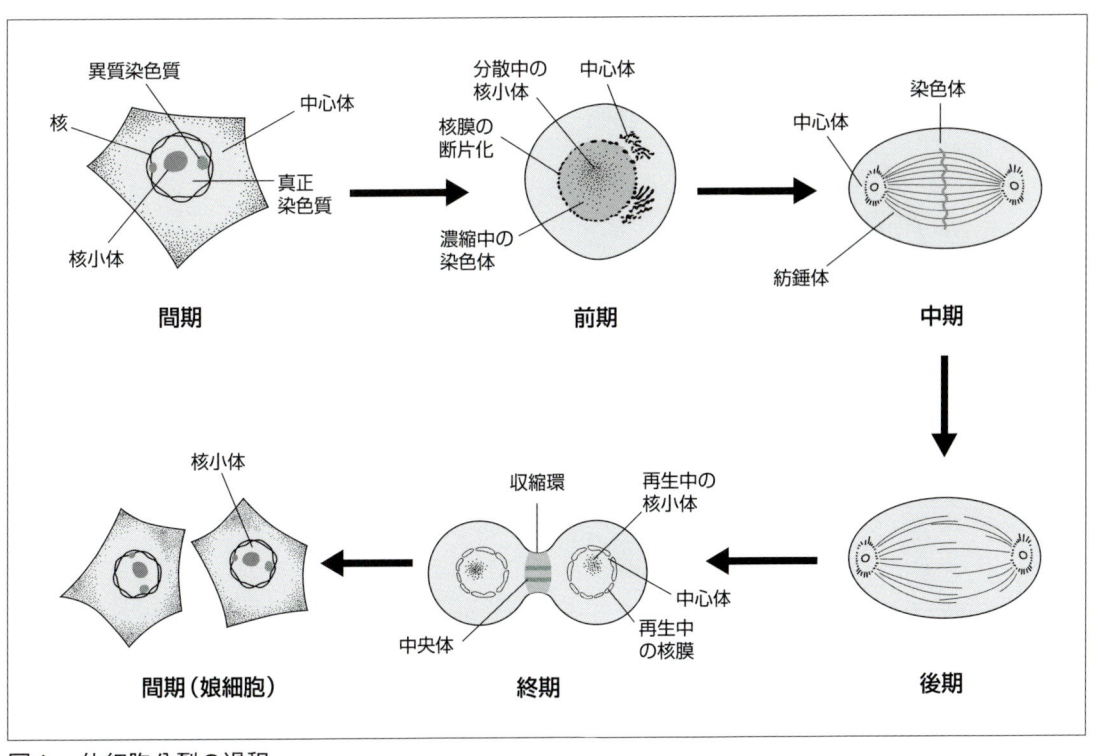

図1 体細胞分裂の過程
太田次郎、丸山工作編:高等学校 生物ⅠB、振興出版社啓林館、平成9年1月31日 文部省検定済、平成11年度用、p.32、33、34より引用

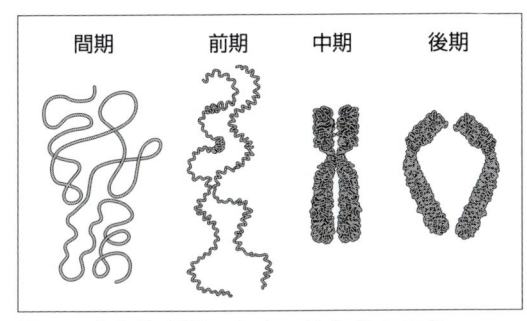

図2 体細胞分裂のときの染色体の変化
太田次郎、丸山工作編:高等学校 生物ⅠB、振興出版社啓林館、平成9年1月31日 文部省検定済、平成11年度用、p.32、33、34より引用

細胞分裂準備期（G_2期）、分裂期（M期）で、これを繰り返すことで細胞は増殖します。図4に示すように、この過程はクルクル回ります。

そして、顕微鏡で観察できる変化は、この中の分裂期（M期）です。この変化は目で見えるものですから、このM期をさらに前期・中期・後期・終期の4期に分けています。分裂する前の核の中には、染色体は見えません。でも、前期になると、染色糸が次第に太く短くなり、染

ためになる知識

染色体

染色体は核分裂のときに現れ、色素によく染まることからそうよばれています。図3に染色体の構造を示しましたが、折れ曲がった所を動原体といい、中心体に引っ張られている部位です。その本数は、ヒトでは46本ですが、その数や形が正常でない個体も生じることがあります。これは染色体異常とよばれるものですが、難しい病気を引き起こします。代表的なものにダウン症候群があり、21番目の染色体が1本多く、3本になっています。

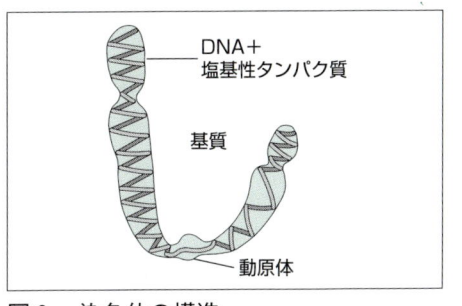

図3 染色体の構造

❶ 核酸代謝そしてタンパク合成

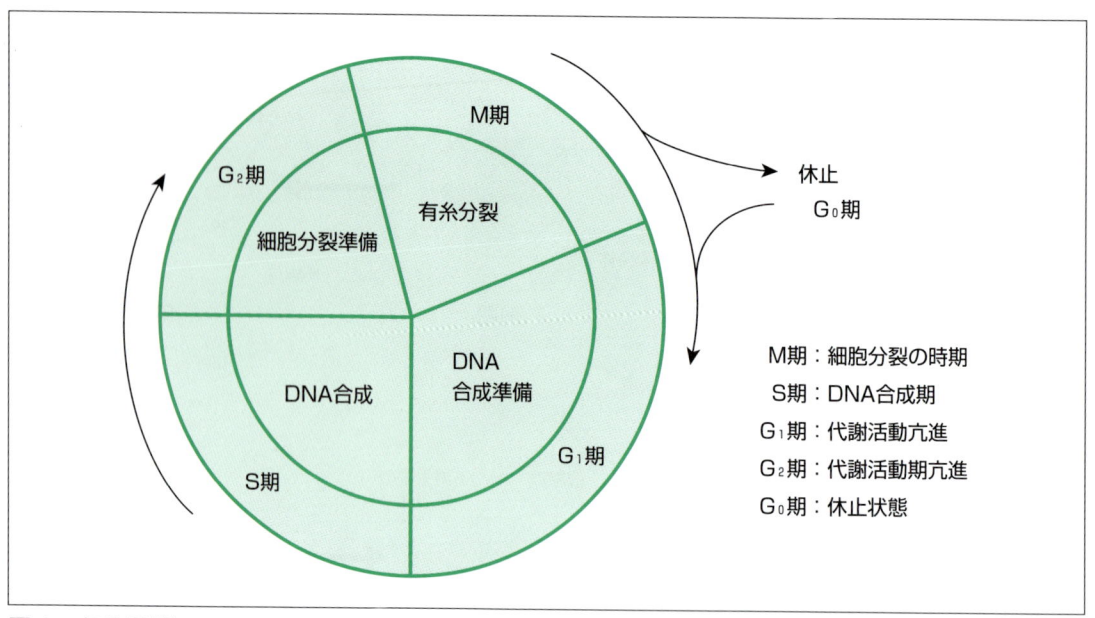

図4　細胞周期

色体が出現します。やがて核小体や核膜は消え、紡錘糸が形成されます。中期になると、各染色体の動原体の部分が、地球でいうと赤道面付近に並びはじめます。そして後期に、各染色体は二分して染色分体となり、各反対側の極に向かって移動しはじめます。終期になると、各極の染色分体は染色糸に戻り、核膜や核小体が現れ、娘核が完成します。

　そして、細胞質分裂、つまり、外からくびれるように細胞質が二分されると、2個の娘細胞となって、体細胞分裂は終わります。

POINT　細胞分裂をする前に、DNAが複製される。

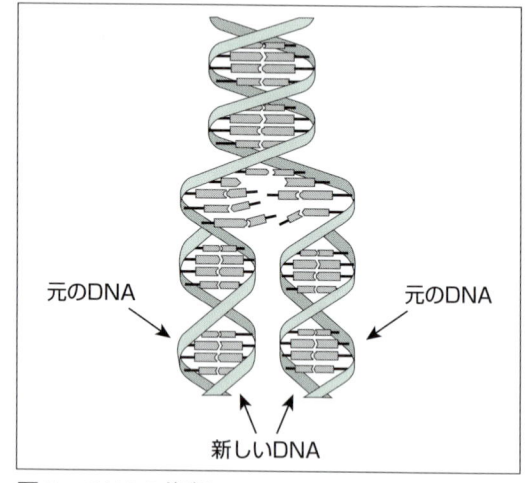

図5　DNAの複製

2．DNAの複製

　体細胞分裂のポイントは、各染色体が二分されることです。染色体が2つに分かれるのであれば、DNAも2つにならなければなりません。同じもう1つのDNAを作っているのです。これがDNAの複製です。このDNAの複製は、目で見える前の変化、つまり、細胞周期のS期に行われている反応なのです。

1）DNA複製のしくみ

　DNAの構造は、塩基が相補的に結合して、二重ラセン構造をとっていました。アデニン（A）にはチミン（T）、グアニン（G）にはシトシン（C）、おのおのが水素結合で塩基対をなしています。これがポイントです。図5に示すように、同じDNAがもう1本作られるとき、つまり、複製されるときに、二重ラセンのリボンがほどけながら、そこに新たなリボンが巻きついていきながら複製が起こります。本当はもっと複雑な

のですが、簡単に理解しておくならばこれで結構です。ただ、「そこに新たなリボンが巻きついていきながら」という手順だけは理解しておく必要があります。

エネルギーをもったデオキシアデノシン三リン酸（dATP）、デオキシグアノシン三リン酸（dGTP）、デオキシシチジン三リン酸（dCTP）、デオキシチミジン三リン酸（dTTP）が、DNAポリメラーゼという酵素のもとに5'-末端から3'-末端に向けて結合していきます。リボンが解けた1本のDNAの塩基をみつけては、Aに対してはT、Gに対してはCが連なっていきます。結局は同じ二重ラセン構造のDNAが2つでき上がることになります。

結局、常に元のDNAを残しながら、つまり、保存しながら新しいDNAを相補的に合成しています。このような複製方法を半保存的複製といいます。

2）DNAの修復

長期的に見た場合、遺伝子の変化は環境に適応するためには必要なことだと考えられます。これが進化です。でも、個体の生存といった短期的な時間内では、遺伝子の変化は個体の生存そのものを脅かす可能性があり、好ましいとはいえません。でも、紫外線、X線、いろいろな毒素のような物理的・化学的因子によって短時間でDNAが障害を受けるとき、私たちは各種手段によって元の構造に修正する機構を備えています。そうでなければ、細胞のがん化にもつながるし、正常な状態も維持できなくなります。

それがよくしたもので、修復ができないときにはアポトーシスとよばれる細胞の自殺が生じます。細胞の自殺は最後に生じることです。細胞にはDNAを修復するシステムがあるので、普通であれば、正常な同じ細胞が生まれます。

> **POINT** DNA複製では、AにはTが、GにはCが結合する。

ためになる知識

PCR (polymerase chain reaction)

研究レベルでも臨床検査レベルでも、PCRは一般的な検査方法になっています。ポリメラーゼという酵素名はすでに出てきました。これはポリマーを作る酵素です。これはどんどん結合させる酵素で、ここでは塩基をどんどん結合させます。DNAがほんの少しでもあって、それを増幅してDNAをたくさん作れば、そのDNAを同定することができます。このPCRは、DNAの増幅法のことをいいます。

今までは、いろいろなバイ菌の同定では、長時間の培養でその存在を調べていました。でも現在では、菌のDNAがわかっているので、試料の中の菌のDNAを増幅することで、短時間で菌の同定ができるようになっています。

II タンパク合成のしくみ

　遺伝子に含まれる情報は、タンパク質だけです。タンパク質の必要性については、第2章のタンパク質のはじめに説明しました。私たちはタンパク質から成っているといっても過言ではないのです。その情報がDNAの中に入っています。それを読みとることで、タンパク質が作られているのです。

　そのために、もう1つの核酸、RNAが必要になってきます。RNAには3つありました。DNAの情報を読みとるRNA（mRNA）、アミノ酸を運んでくるRNA（tRNA）、タンパクを作る場所になるRNA（rRNA）。これらのRNAなくしてタンパク質は合成できません。

　簡単な流れは図6に示しましたが、まずDNAの情報をmRNAに部分的にコピーし、その情報にしたがってtRNAがアミノ酸を運んできます。それをrRNAの上でアミノ酸を1つずつつなげていきます。これがタンパク合成です。DNAから直接、タンパク質を合成してもいいように疑問に思うかもしれませんが、これについては核酸の項（p.53）で少し説明しました。太古の昔にはRNAが遺伝子を作っていたと考えられています。

　それが遺伝情報の量が増加し複雑になると、RNAより安定している二本鎖のDNAに情報を保存するようになったので、RNAは仲介するようになったと考えられています。また、このように一段階増やすことによって、より複雑な調節が可能になりました。

> **POINT** DNAの情報からタンパク合成の間には、RNAが必要である。

1．転写―DNAからRNAへ―

　RNAには核酸の項で3種類あることを説明しました。まずはじめは、mRNA（メッセンジャーRNA）です。DNAは直接にはタンパク質を作らず、あいだにmRNAという別の核酸を介してタンパク質を作ります。これは図6の左の、「部分的コピー」とされるところになります。

1）mRNAの合成

　図7に示すように、mRNAは、DNAの塩基配列に従って、間違いなく読み取って作られていきます。でもこのとき、DNAの複製とちょっと

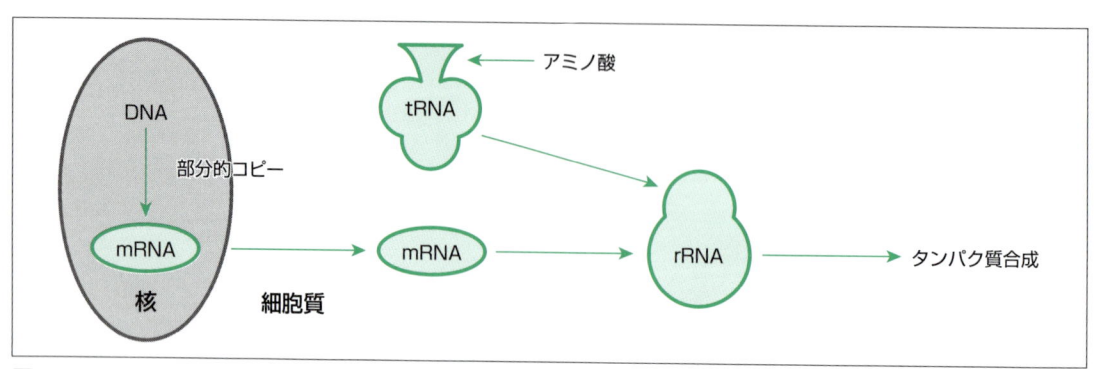

図6　DNAの情報からのタンパク質合成の経路
相原英孝、大森正英、尾庭きよ子、他：イラスト生化学入門　第3版、東京教学社、2005、p65、図5-3を引用一部改変

違う規則があります。DNAの塩基はATGCで、RNAの塩基はAUGCでできているので、DNAにある塩基のTの代わりにUを使わなければなりません。ですから、DNAではA－T、G－Cであったのが、RNAではA－U、G－Cの結合になります。あとは同じです。DNAの塩基に対して相補的にmRNAが作られていきます。そして、このmRNAを作ることを転写といいます。

当然のことですが、これも酵素反応で、RNAポリメラーゼという酵素がはたらきます。遺伝子DNAには、プロモーターとよばれるRNAポリメラーゼの結合する部位があります。そこから転写が始まります。材料はATP、UTP、GTP、CTPとよばれるエネルギーをもったヌクレオチドです。遺伝子DNAには、RNAポリメラーゼが開始地点を認識する特別な塩基の配列があります。

また、転写を終了するDNAの特別な塩基配列ももっています。転写の終了を示す塩基配列のところまでくると、RNAポリメラーゼはDNAからはずれ、完成したmRNAも、RNAポリメラーゼからはずれます。転写の際には、DNA複製と同様に方向性があり、5'-末端から3'-末端へとリボヌクレオチドをつないでいきます

> **POINT** DNAからmRNAを合成することを、転写という。

2）逆転写

転写とは、特定のタンパク質を作るためにDNAからmRNAを合成することでした。逆転写とはその反対です。これはRNAからDNAを作ることです。私たちの細胞では、すべての情報がDNAの中に入っていますから、逆転写は行っていません。では、何のために逆転写するので

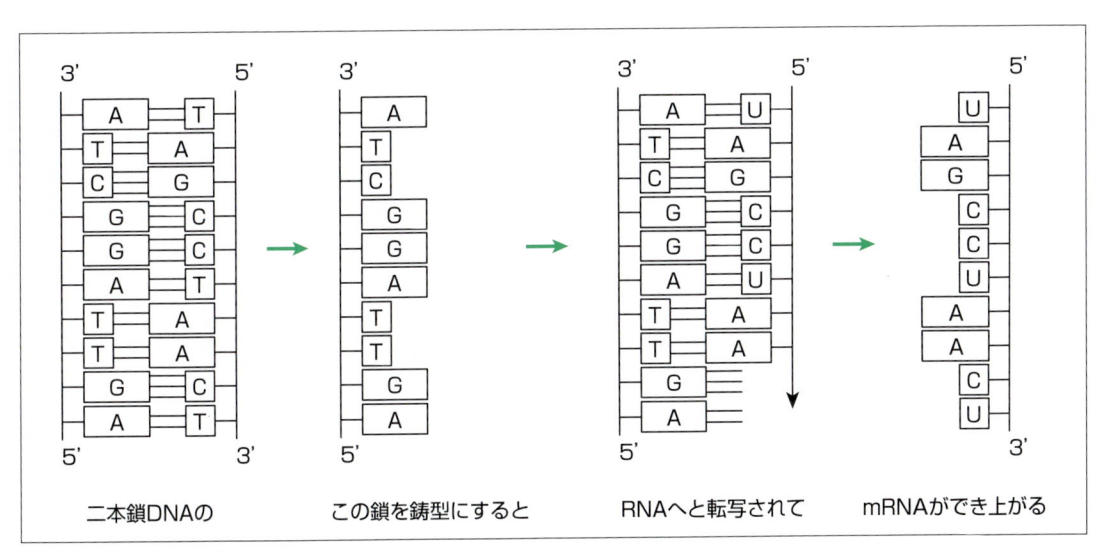

図7　mRNAの合成

（二本鎖DNAの → この鎖を鋳型にすると → RNAへと転写されて → mRNAができ上がる）

ためになる知識

部分的コピー？

DNAには細胞のすべての遺伝情報が含まれていますが、常にそのすべての情報を利用しているわけではないのです。図6の中には「部分的コピー」と示しました。つまり、必要な情報（ある種のタンパク質）だけを取り出してmRNAを作っています。ですから、ここでは部分的コピーという単語がぴったりだと思います。

ためになる知識

レトロウイルス

　レトロウイルスが遺伝子として持っているのはRNAです。そのRNAを、宿主である細胞の遺伝子（DNA）に潜り込ませる際に、逆転写酵素を用いてDNAを合成しています。このようなことができるのは、生物界の中でもレトロウイルスだけです。さらに、レトロウイルスは、非常に早く衣替えを行うことができ、例えば、自分を認識しそうな抗体に遭遇すると、直ちにその抗体に対する抗原部分を変化させてしまいます。このことがワクチン作成の妨げとなっています。

　ヒトにおけるエイズウイルスが、無害化に向かっていることは有名な話です。ウイルスにとって上手な寄生方法とは、宿主を殺さずにいつまでも自己の複製を作成させることです。殺してしまっては何の意味もないのです。このようなレトロウイルスの進化の速度はすさまじく、ヒトが1万年もかかって進化するような内容のことを、20年たらずで完了してしまうのです。

　ちなみに最近、レトロ（古い）という言葉がよく耳にしますが、レトロウイルスの「レトロ」の語源は、古いという意味ではありません。このレトロは、reverse transcriptase oncogenic (retro) virus（逆転写酵素を含む腫瘍原性ウイルス）に由来しています。

しょうか。ウイルスのためです。

　ウイルスは単体では生命は維持できません。生命をもっている細胞に宿ることで生きることのできる生物で、自分という種を記憶している遺伝子そのものがウイルスです。そのウイルスが生きるためには、生きている細胞が必要で、その中に入り込んで、自分という遺伝子を増やしていきます。

　宿主の細胞はDNAを遺伝子としている世界の生き物です。ウイルスがその世界で生きるには一度、自分のRNAをDNAへ変えないといけないのです。当然のことですが、逆転写も酵素反応のもとに行われます。逆転写酵素は、そのようなレトロウイルスで見つけられました。

2．翻訳
―RNAからタンパク質へ―

　DNAの情報をmRNAに移すことを転写といいました。そしてその次に、mRNAの情報からタンパク質を合成する過程を翻訳といい、細胞質で起こります。

1）mRNAとtRNA

　次のRNAはtRNA（トランスファーRNA）です。これはタンパク質の構成成分であるアミノ酸を運んでくるRNAのことですから、今度はmRNAの情報をtRNAに伝えなければなりません。うまい具合に読み取る暗号があるのです。核酸はとても長い塩基配列をもちますが、その中の3つの塩基で1つのアミノ酸を決定しているのです。表1にその暗号表を示しました。この暗号のことをコドンといいます。そして図8のように、このコドンと対になる塩基が並びます。「Ⅳ核酸」の項（p.58図52）を見てください。この3つの塩基をアンチコドンといいます。それを読み取って、図8のように決まったアミノ酸を運んできます。

2）リボソーム上でのタンパク合成

　さて、そのアミノ酸をどこに運ぶのでしょうか。ここで3つ目のRNAであるrRNA（リボソームRNA）が出てきます。これはタンパク質と重合してリボソームという細胞内顆粒を作っているのですが、このリボソーム上で、tRNAが運んできたアミノ酸を次々とペプチド結合することによって、タンパク質が作られるのです。少し詳しくいうと、アミノ酸はtRNAの上に結合してアミノアシルtRNAという形で、リボソーム上でつながっていきます。図9にそれを模

表1　mRNAのコドン

1番目の塩基	2番目の塩基				3番目の塩基
	U	C	A	G	
U	UUU ┐ Phe UUC ┘ UUA ┐ Leu UUG ┘	UCU ┐ UCC ├ Ser UCA ┤ UCG ┘	UAU ┐ Tyr UAC ┘ UAA ＊＊ UAG ＊＊	UGU ┐ Cys UGC ┘ UGA ＊＊ UGG　Trp	U C A G
C	CUU ┐ CUC ├ Leu CUA ┤ CUG ┘	CCU ┐ CCC ├ Pro CCA ┤ CCG ┘	CAU ┐ His CAC ┘ CAA ┐ Gln CAG ┘	CGU ┐ CGC ├ Arg CGA ┤ CGG ┘	U C A G
A	AUU ┐ AUC ├ Ile AUA ┘ AUG ＊ Met	ACU ┐ ACC ├ Thr ACA ┤ ACG ┘	AAU ┐ Asn AAC ┘ AAA ┐ Lys AAG ┘	AGU ┐ Ser AGC ┘ AGA ┐ Arg AGG ┘	U C A G
G	GUU ┐ GUC ├ Val GUA ┤ GUG ┘	GCU ┐ GCC ├ Ala GCA ┤ GCG ┘	GAU ┐ Asp GAC ┘ GAA ┐ Glu GAG ┘	GGU ┐ GGC ├ Gly GGA ┤ GGG ┘	U C A G

＊AUG（Met）：開始コドン　　＊＊UAA、UAG、UGA：終止コドン

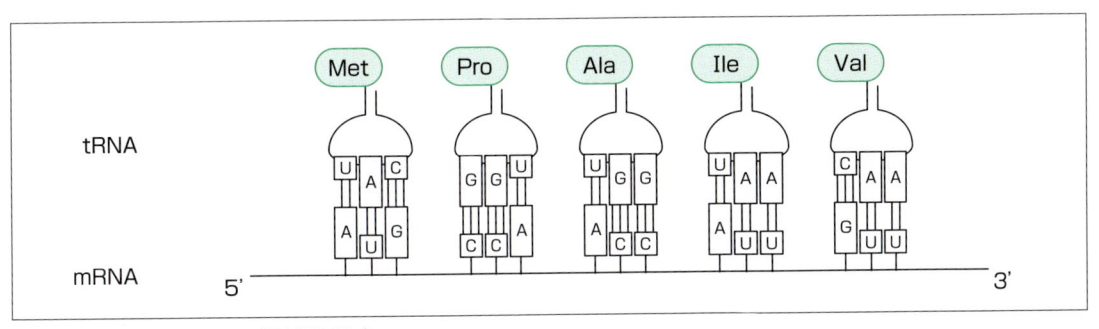

図8　mRNAとtRNAの相補的結合

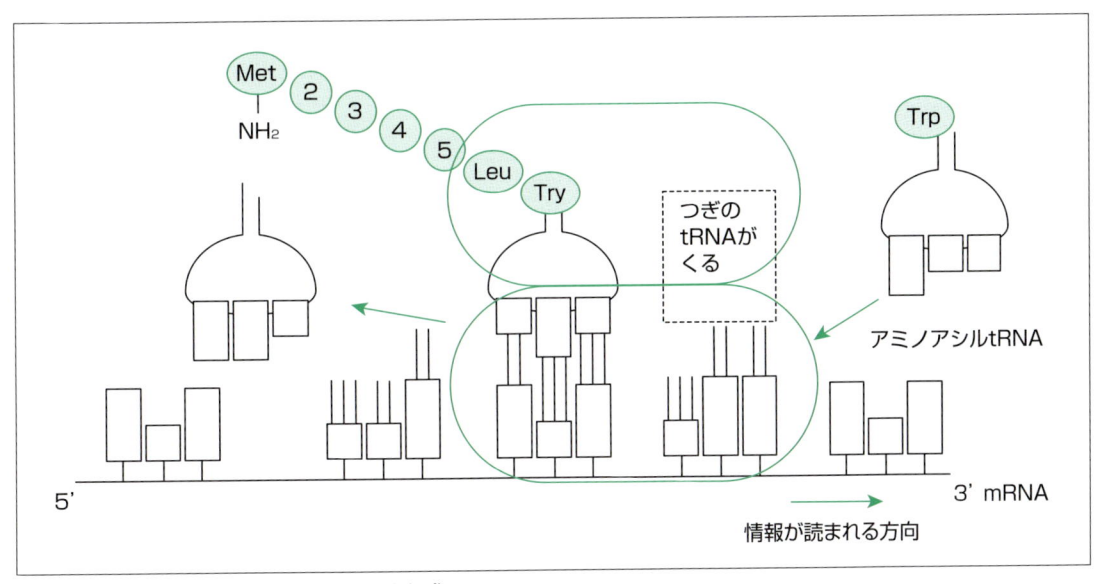

図9　リボソーム上でのタンパク質合成

II　タンパク合成のしくみ

式化しました。このように、mRNAの情報にしたがってタンパク質が合成される過程を翻訳といいます。

　この翻訳過程で大切なことは、タンパク質合成の始めと終わりです。その情報も暗号として用意されています。表1のも中に示しましたが、メチオニンに対応するコドンは1つしかありません。これが開始の合図となり、でき上がったばかりのタンパク質の端には、必ずメチオニンが現われます。そして、アミノ酸に対応しないコドンは3つあって、＊印をつけてありますが、これが読み取り終わりの合図です。

> **POINT** mRNAの情報からタンパク質を合成する過程を、翻訳という。

III 核酸代謝
―ヌクレオチドの合成と分解―

細胞は新しく作られた分だけ壊され、壊された分だけ作られています。当然、その遺伝子も新しく作られます。このことは、この章のはじめに説明したDNAの複製によって行われています。その核酸はヌクレオチドによってでき上がります。では、どのようにしてヌクレオチドは合成され、また分解されるのでしょうか。

1. ヌクレオチドの合成

モノヌクレオチドはペントースと塩基とリン酸から構成されています。まずは、モノヌクレオチドを作らなければ、ポリヌクレオチドはできません。ペントースは食物にも含まれているし、糖代謝で説明したペントース・リン酸経路でも作られます。リン酸もリンがあれば簡単に体内で合成できるのですが、残りの塩基がちょっとやっかいです。

1) de novo合成（デノボ合成）

①プリンヌクレオチド合成

積み木をひとつひとつ積み上げて作る過程を de novo合成といいます。ペントース・リン酸経路の産物に、リボース-5-リン酸（ホスホリボース）があります。これにピロリン酸という、リン酸が2分子結合した物質、これが結合してホスホリボシル二リン酸（PRPP）になります。そして、図10にあるように、PRPPが土台になって、いろいろな成分が寄せ集まっていきます。それはビタミンであるテトラヒドロ葉酸（THF）であったり、アミノ酸であったり、二酸化炭素（CO_2）も入っていきます。そしてでき上がったイノシン酸から、DNAやRNAに必要なアデニル酸やグアニル酸が合成されます。

②ピリミジンヌクレオチド合成

プリンヌクレオチドとは異なり、ピリミジンヌクレオチドの de novo合成は、先にいろいろな成分でピリミジン環を完成させてからPRPPが結合します。そして、ウリジル酸ができ上がって、シチジル酸やチミジル酸へと変化します。これを図11に示しました。

> **POINT** De novo合成は、積木を積み上げるように合成する過程をいう。

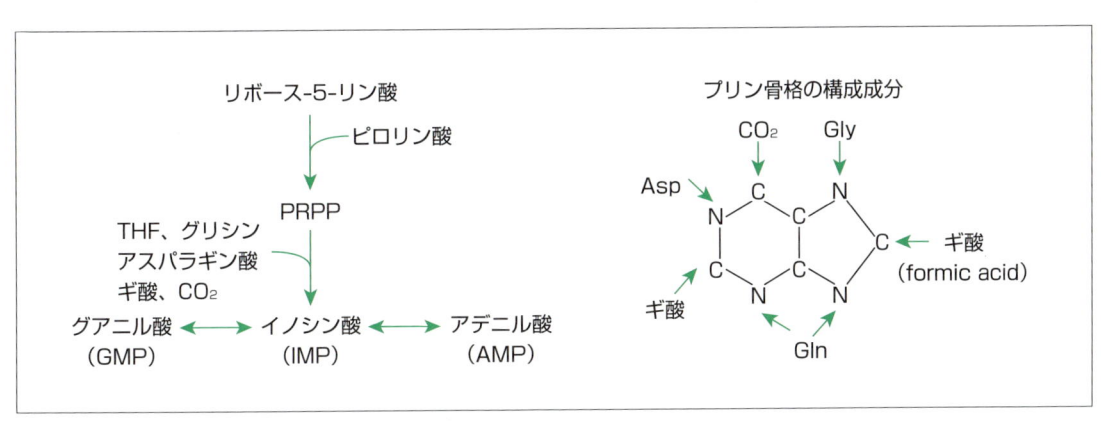

図10 プリンヌクレオチドの de novo合成

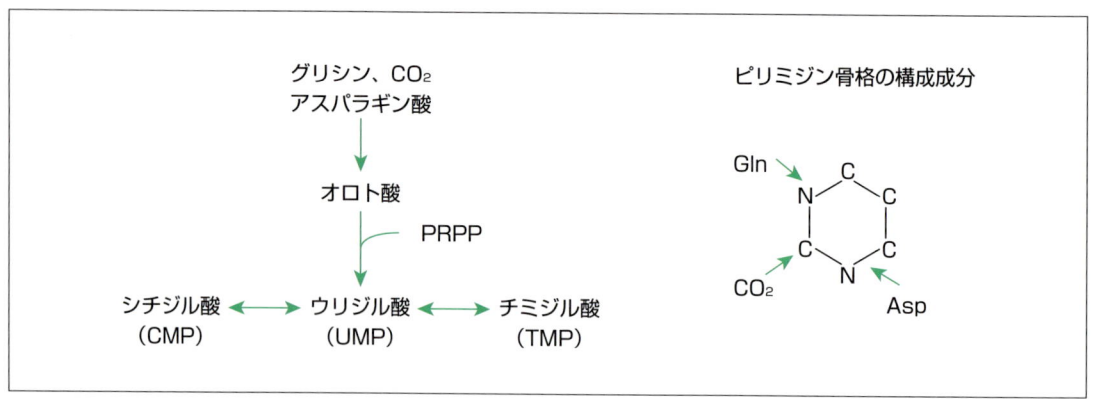

図11　ピリミジンヌクレオチドの*de novo*合成

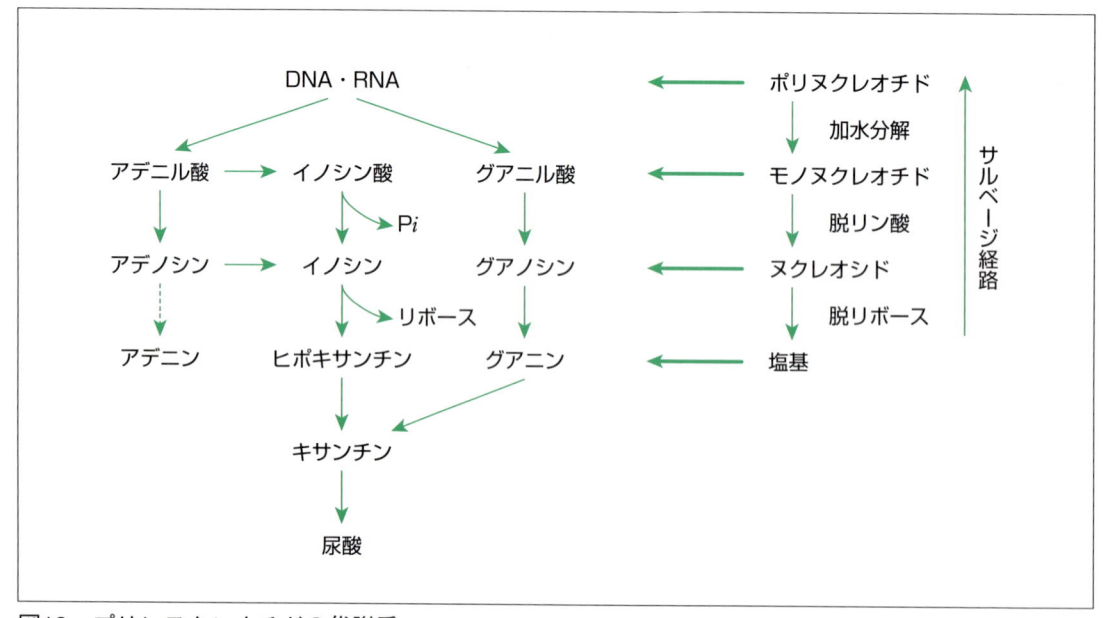

図12　プリンヌクレオチドの代謝系

2）サルベージ経路

　細胞が死ぬと細胞膜が破れ、細胞内のいろいろな物質が中に漏れてきます。高分子の核酸もそうであり、どんどん壊されます。核酸を構成する成分は、糖とリン酸と塩基でした。壊れたら捨てるという発想とは反対に、その多くは再利用されています。それがサルベージ経路です。

　図12に少し書き入れましたが、壊れて出てきた塩基に、リン酸のついたリボース（ホスホリボース）を結合させれば、モノヌクレオチドができ上がります。これは当然、酵素反応です。長い名前ですが、この酵素の1つにヒポキサンチングアニンホスホリボシルトランスフェラーゼ（HGPRT）があり、その作用がそのまま名前になっています。ヒポキサンチンやグアニンという塩基にホスホリボシル基を転位する酵素で、サルベージ経路の主力をなしています。この経路が円滑にはたらかないと、痛風という病気になってしまいます。

　また、私たちは食べ物として核酸を摂取していますが、小腸から吸収されるヌクレオシドもヌクレオチド合成の原料になります。

> **POINT** サルベージ経路は、壊れた成分を再利用する代謝経路である。

2．プリンヌクレオチドの分解

　先に説明したように、細胞が死ねば、核酸も塩基までもが壊れます。プリンヌクレオチドであれば、アデニンとグアニンがそれに当たります。でも、ヒトではアデニル酸からアデニンまで代謝される系統では代謝が遅く、図12に示すように、アデニル酸からイノシン酸になってから、その塩基成分であるヒポキサンチンに代謝されています。サルベージ経路がはたらけば、その塩基も再利用されますが、すべてが再利用されるわけではありません。できたグアニンやヒポキサンチンは、キサンチンオキシダーゼによりさらに代謝を受けて尿酸まで変化します。

> **POINT** プリンヌクレオチドの代謝産物が、尿酸である。

ためになる知識

痛風

　血中に存在する尿酸は、約3〜6mg/dLです。尿酸はとても溶けにくい物質で、ちょっとでも増えようものなら、溶けることができずに、血流の少ない関節腔などに析出し、そこで炎症を起こします。これが痛風です。一般的においしい贅沢な食べ物の中には、核酸がたくさん含まれています。それを食べ過ぎると、尿酸もたくさん作られてしまいます。ですから、痛風のことを昔はぜいたくな食事ができる人がかかるということで、帝王病といったのですが、貧しい食事をしていても痛風にはなるのです。

　暑い夏に汗をたくさんかくと、血液中の水分が減少して、血中の尿酸も濃縮されてしまい、析出して痛風発作を起こします。また、尿酸に限らず、溶解度は温度にも依存しますので、明け方のように体温が低下するときには痛風発作を起こしやすくなります。

演習問題

①RNAにはみられないDNAの特徴はどれか。
1．ペントースの部分はリボースである。
2．塩基にアデニンを含む。
3．塩基にウラシルを含む。
4．二本鎖構造をもつ。

【解答】4
【解説】DNAおよびRNAは塩基とペントースからなるヌクレオシドがリン酸を介して多数重合したものである。ペントースには2種類、リボースはRNAに、デオキシリボースはDNAに存在する。塩基にはプリン塩基（アデニン、グアニン）とピリミジン塩基（シトシン、チミン、ウラシル）がある。アデニン、グアニンそしてシトシンはDNA、RNAともに存在するが、チミンはDNA、ウラシルはRNAの構成成分である。その重合した構造はRNAは一本鎖で、DNAは二本鎖である。

②核酸について正しいのはどれか。
1．DNAではアデニンとウラシル、グアニンとシトシンが塩基対を形成する。
2．アデニンおよびグアニンはピリミジン核を有する。
3．DNAは物理的に不安定である。
4．ホルマリン固定された検体からはDNAを回収できない。

【解答】4
【解説】DNAではアデニンに対してチミンである。ウラシルはRNAの構成成分である。DNAおよびRNAともに含まれるアデニンとグアニンはプリン核をもつ。RNAは不安定であるが、DNAは二本鎖構造ゆえに安定である。したがって、どのような検体、ホルマリン固定された検体からもDNAを抽出することができ、法医学的にもヒトの同定などにも利用されている。

③核酸について誤っているのはどれか。
1．プリン塩基の最終代謝産物は尿素である。
2．mRNA上のあるUAAは終止コドンである。
3．mRNAをもとにタンパク質を合成するのにリボソームが必要である。
4．DNAの二本鎖構造が安定化されているのはA－T、G－C間の水素結合による。

【解答】1
【解説】プリン塩基の最終代謝産物は尿素ではなく、難溶性の尿酸である。これが関節腔などに析出して痛みを引き起こす病気が痛風である。アミノ酸の情報は3つの塩基で構成されているが、UAAに相当するアミノ酸はなく、それが終止コドンである。そして、そのタンパク合成はリボソーム上で行われる。DNAがRNAより構造的に安定なのは、アデニンとチミン間での2つの水素結合、グアニンとシトシン間での3つの水素結合により、二重ラセン構造をなしているからである。

④遺伝子で正しいのはどれか。
1．RNAは一般に二重ラセン構造である。
2．DNAの障害を修復する機構がある。
3．細胞分裂の際にRNAが複製される。
4．mRNAの合成はリボソームで行われる。

【解答】2
【解説】RNAにはmRNA、tRNA、rRNAの3種類あるが、どれも一本鎖の構造である。体外からのさまざまな刺激（毒性物質、紫外線、放射線など）により、DNAは化学的損傷を受けている。そのままの情報を伝えたら、それは生命の危機である。そうならないように、損傷を受けたDNAを修復して正しいDNAとする機構が存在している。細胞分裂の際に複製されるのは、遺伝情報をもつDNAである。そのDNAは核内にあり、これを鋳型としてmRNAが合成される。そして、mRNAの情報のもとにリボソーム上でタンパク質が合成される。

⑤DNA複製を行っている細胞周期はどれか。
1．G_1期
2．G_2期
3．S期
4．M期

【解答】3
【解説】細胞分裂は5期から成っている。つまり、DNA合成準備期（G_1期）、DNA複製期（S期）、細胞分裂準備期（G_2期）、細胞分裂期（M期）、そして分裂休止期（G_0期）から成り、この一連のサイクルで細胞は分裂増殖している。DNAがまず2つに分かれなければ、2つの細胞にはならない。その2つにすることがDNAの複製である。そして、顕微鏡での観察で、染色体の分離が目で見えるのはM期である。

第6章
ホメオスターシス（健康のしくみ）

　第1章で「健康」と「病気」について説明しました。なぜ健康でいられるか、なぜ病気になってしまうのかを簡単に説明したつもりです。体外から体内に何らかの刺激が加わり、体内環境が変化してしまいます。その変わってしまった体内環境を元通りに戻すのがホメオスターシスでした。この元通りにする機構が円滑に進めば健康でいられるのです。

　では、ホメオスターシスはどのようにして行われているのでしょうか。身体外からの刺激（情報）が体内でそのままシグナルとなって、中枢へ伝達されます。その伝達方法は、伝達物質が受容体に結合することによって始まります。そして、中枢はその変化に気がつきます。このような体内の情報伝達機構には、神経系・内分泌系・免疫系の3つがあります。

　神経系の話はこのシリーズの続刊の『解剖・生理学』のほうで詳しく出てきますので、この章では、内分泌系と免疫系について少し説明します。

Ⅰ. ホルモンの意義と種類 …………………………………………… 142

Ⅱ. 生体防御のしくみ―免疫系― …………………………………… 151

I ホルモンの意義と種類

　内分泌系の体内情報伝達物質がホルモンです。これは体外より刺激を受けて変化した体内環境を元通りにするため、ホルモンを産生する組織からホルモンという伝達物質が血中へ分泌され、標的組織に作用することで、元通りの機能に戻るよう命令しているのです。体内にはホルモンとよばれる物質はいやというほどあります。それはあとで一覧表にしていますが、この章では概論的に、ホルモンの分泌のされ方と、ホルモンとそれに関係するミネラルについての説明にしておきます。

1. ホルモンの種類

1）上位、そして下位のホルモン

　あまりいいたとえではありませんが、1つの会社を考えたとき、実際に仕事をするのは平社員です。汗水たらして頑張ります。でも、若い平社員は自分の考えでは十分に動けません。係長の指示に従って仕事をします。係長はその課の会議で決定したことを平社員に伝えているだけです。その係長を管理しているのは課長です。大きな会社になるほど、××部の中にいくつかの××課があるのです。そうなると、部長らが集まる取締役会で決まったことが課長に下されます。

　ここで言いたいことは、上の指示に従って下のものが動くということであり、ホルモンがその伝達を行っているということです。体外からの変化を上司である中枢が認知すると、ホルモンを分泌する部下の組織に命令を下します。そうすると、さらにその部下の下の組織に命令を下します。それを図1に示しました。

　体内のすべての代謝系が低下したとしましょう。例えば、寒い冬にずっと外にいたときだと思ってください。そのときは体温も下がります。そして体内のいろいろな代謝も低下してしまいます。したがって、体内で熱も作らなければなりませんし、いろいろな代謝を亢進して、いつもの健康な状態にしなければなりません。甲状腺から分泌されるチロキシンにはそのはたらきがあります。でも、甲状腺は体外からのそのような変化を認知することはできないのです。それを認知できるのは中枢や視床下部です。

　中枢や視床下部は、チロキシンを分泌しろという命令を下垂体前葉に伝達物質（甲状腺ホルモン放出ホルモン）を出します。その情報を受けて、下垂体前葉は甲状腺に向けてそのホルモンを出せという命令、つまり、伝達物質（甲状腺刺激ホルモン）を出します。それが甲状腺にはたらいて、甲状腺は、「これは困った、チロキシンを分泌せねば」、となります。血中に放出されたチロキシンは、全身の細胞にはたらいて、その機能を亢進させ、元通りの仕事を始めます。これがホメオスターシスです。たりなくなったら出せという系統を、正のフィードバック機構、

> **ためになる知識**
>
> **内分泌腺と外分泌腺**
>
> 　この言葉の意味の違いは簡単です。内側（体内、血中）に分泌するか、外側（体外）に分泌するかの違いです。外側に出すほうには、導管という管が必要です。唾液腺、膵臓、気管腺、そして汗腺などがそのよい例です。消化管は体外だったことを思い出してください。その反対に、内分泌腺は導管をもたず、作られたホルモンを血中に放出させます。

反対に、もう多すぎるから出すなという系統を負のフィードバック機構といいます。私たちは、このフィードバック機構で調節されているホメオスターシスがあるから、健康でいられるのです。

ですから、それが結合する受容体があります。結合しなければ、ホルモンの作用は何一つ発現できません。ですから、結合できるスタイル、つまり構造が大切になってきます。

> **POINT** ホルモンは、命令に従って分泌される伝達物質である。

2．ホルモンの作用

1）ホルモンの受容体への結合

2）ホルモンの構造的分類

生化学は分子レベルの話ですから、構造を主にして分類します。表1に示したように、ホルモンの構造は大きく分けると3種類になります。ただ、ペプチドといってもアミノ酸が10個ほどつながった小さいものから、ポリペプチドのようにタンパク質様のものまであるので、4つの分類にしたいと思います。ホルモンは伝達物質

話を戻しますが、体外からの刺激で体内環境が変化します。それを元通りにするのがホメオスターシスでした。ホメオスターシスは伝達物質によって行われているのだと何度も説明しました。この体内環境の変化というのは、細胞レベルで行われているのです。構造的にいろいろな種類の、ホルモンという名前のついた伝達物質がありました。この伝達物質は、細胞のどこに存在する受容体に結合するのでしょうか。そ

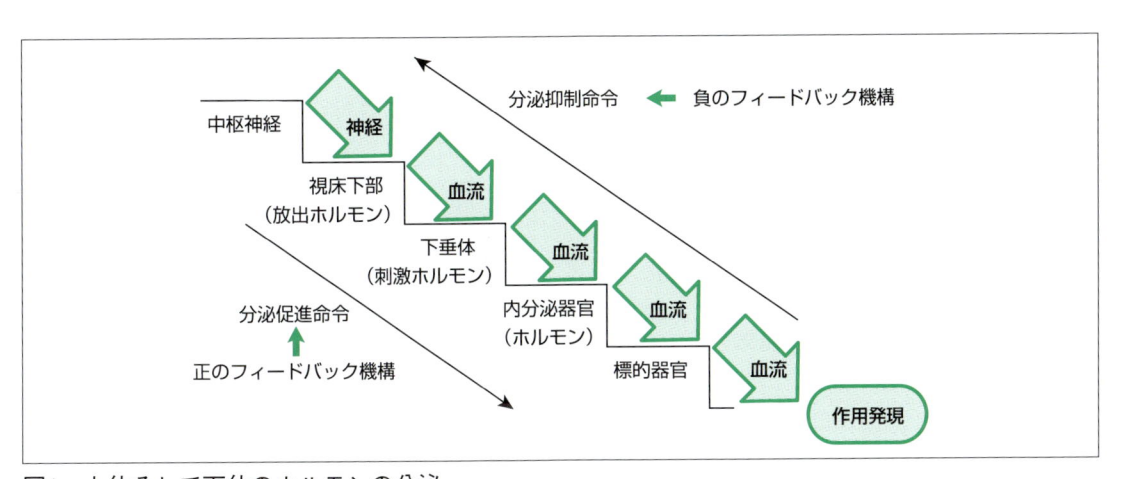

図1　上位そして下位のホルモンの分泌
相原英孝、大森正英、尾庭きよ子、他：イラスト生化学入門　第3版、東京教学社、2005、p130、図10-6を参考にして作成

ためになる知識

ホルモンの作用時間

ホルモンは伝達物質です。その受容体まではどのようにして行くかというと、血中を介してです。血中ではいっきに拡散するのですから、目的地に行くまでは、ずっと血中を流れることになります。それでホルモンの作用は長く効くの

です。自然に血中から消失するまで、そのホルモン作用は持続します。ちなみに、体内情報伝達機構の神経系や免疫系の伝達物質の寿命は秒や分単位ですが、ホルモンは時間単位です。

Ⅰ ホルモンの意義と種類

表1　代表的なホルモンの構造的分類

構造的分類		ホルモン	内分泌腺
アミンホルモン（アミノ酸誘導体）		アドレナリン	副腎髄質
		チロキシン	甲状腺
ペプチドホルモン	ペプチド	甲状腺刺激ホルモン放出ホルモン 黄体形成ホルモン放出ホルモン	視床下部
		バソプレシン オキシトシン	下垂体後葉
	タンパク性	甲状腺刺激ホルモン 副腎皮質刺激ホルモン 黄体形成ホルモン	下垂体前葉
		パラソルモン	副甲状腺
		カルシトニン	甲状腺
		インスリン グルカゴン	膵臓
ステロイドホルモン		コルチゾール アルドステロン	副腎皮質
		テストステロン	精巣
		エストラジオール プロゲステロン	卵巣

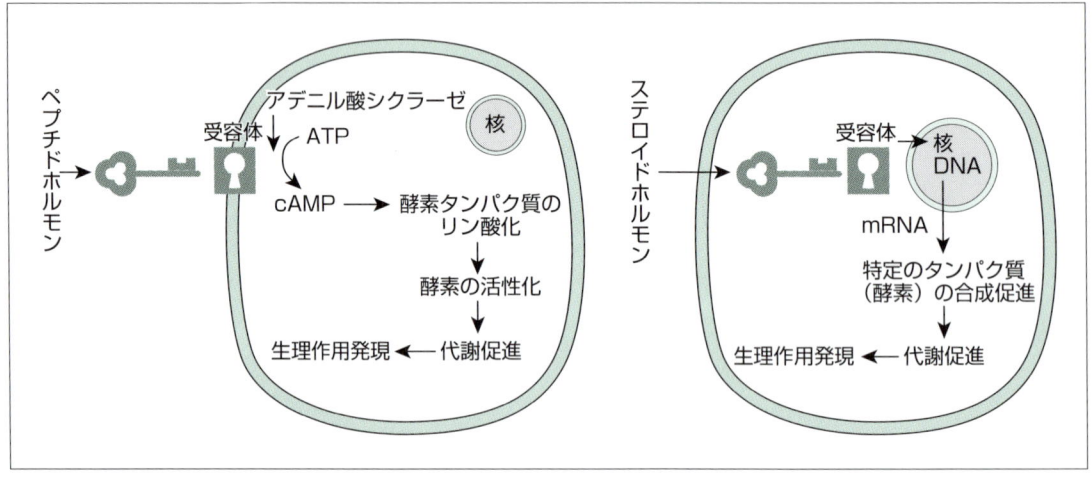

図2　ホルモンの作用点　―受容体―

の受容体は、大きく分けると細胞膜と細胞内になります。

図2に示すように、アミンホルモンやペプチドホルモンの受容体は、細胞膜に存在しています。ホルモンが受容体に結合することで、アデニル酸シクラーゼが活性化され、セカンドメッセンジャーとよばれるサイクリックAMP（cAMP）が作られます。「核酸」の項（p.55図47）にその構造を示しました。

このサイクリックAMPが、その細胞がもついろいろな作用を引き起こしているのです。簡単に図2に示しましたが、いろいろな酵素をリン酸化することで、活性化して代謝を促進させます。その結果、その細胞の生理作用が発現されるのです。

それに対して、ステロイドホルモンは細胞内に存在する受容体に結合して、核内DNAにはたらきかけ、酵素タンパク質の合成を促進させま

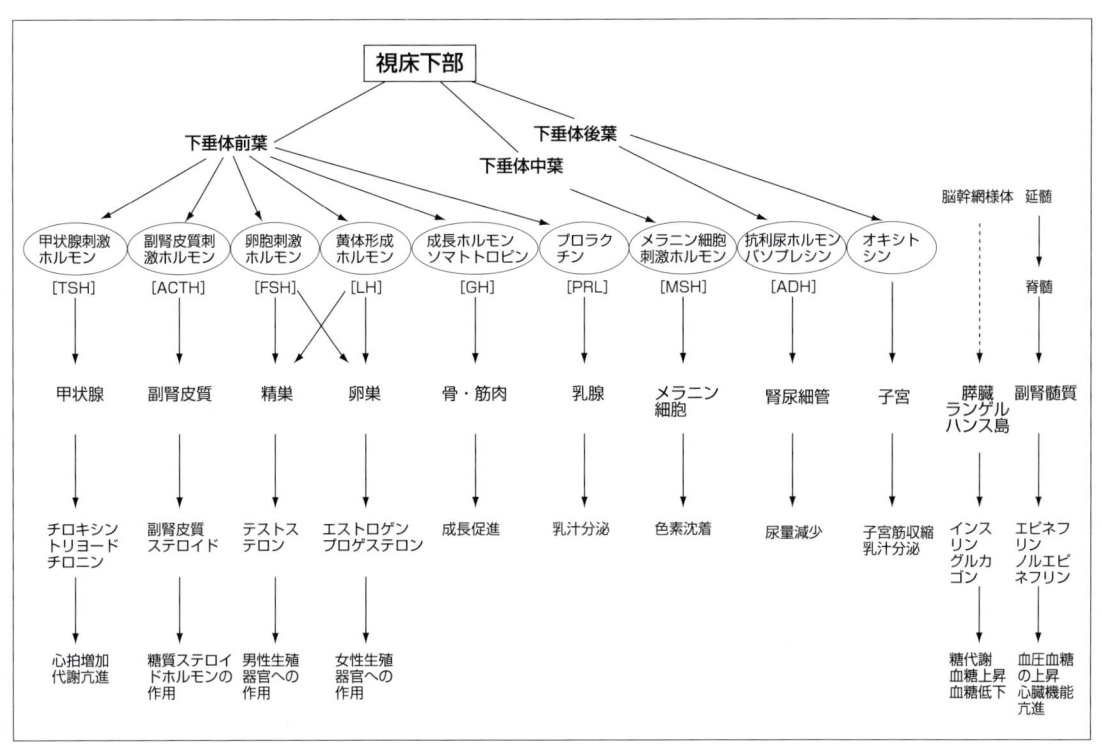

図3　上位そして下位ホルモンとその作用

す。酵素が増えるわけですから、その代謝系は促進されて、その細胞の生理作用が発現されるのです。

このように、ホルモンは受容体に結合することで、細胞内にすでに存在する酵素を活性化させるか、新たに酵素を合成して酵素量を増やすかによって、代謝を促進させるのです。

> **POINT** ホルモンは受容体に結合することで、酵素反応を介して、細胞本来の生理作用を引き出す。

2）代表的なホルモンとその作用

はじめに説明しました中枢からの命令で分泌される代表的なホルモンを図3にまとめました。理解して欲しいのは、ホルモンは絶えず分泌されているのではなく、体外からの何らかの刺激に応答し、変わってしまった体内環境を元通りにするときに分泌されるものであり、それが大切なことなのです。

3．骨とパラソルモン

骨や歯は、コラーゲンというタンパク質を主体とした有機質と、カルシウム（Ca）を主体とした無機質（ハイドロキシアパタイト）から成っています。ハイドロキシアパタイトは、カルシウム、マグネシウム、リン酸などから成る無機質です。実際、体内のカルシウムの約99％は骨や歯に存在し、約1％が血液中に存在します。ですから、骨は身体を構築する骨組みではありますが、それ以上に骨はカルシウムの貯蔵庫と理解してください。血中には8〜10 mg/dℓというカルシウムの濃度が必要なのです。

血中カルシウムには、表2に示すようにいろいろな作用があります。そのためにも常に血中にこの量が必要なのです。たりなくなれば増やすしかなく、そうすると貯蔵庫からカルシウムを引きずり出してきます。それを行うホルモンがパラソルモンなのです。

ためになる知識

新しいホルモン

1994年に摂食抑制作用をもつホルモンである、レプチンが発見されました。レプチンはギリシャ語の「やせる（leptos）」に由来する名前です。レプチンは、単なるエネルギーの貯蔵庫と考えられてきた脂肪細胞で作られ、血中に分泌されるホルモンです。図4に示すように、食事をしてエネルギー産生が過剰になると、脂肪細胞へのエネルギー貯蔵が増加することで、レプチンが分泌されます。

これが、脳の視床下部にある摂食中枢に作用して食欲を抑制するはたらきをするのです。これは正常で健康な身体の場合ですが、肥満のヒトは、視床下部のレプチン受容体の異常、あるいは、合成されるレプチン構造そのものが異常で、視床下部に作用することなく、つまり食欲の抑制が効かなくなって食べつづけ、ますます肥満になっていきます。

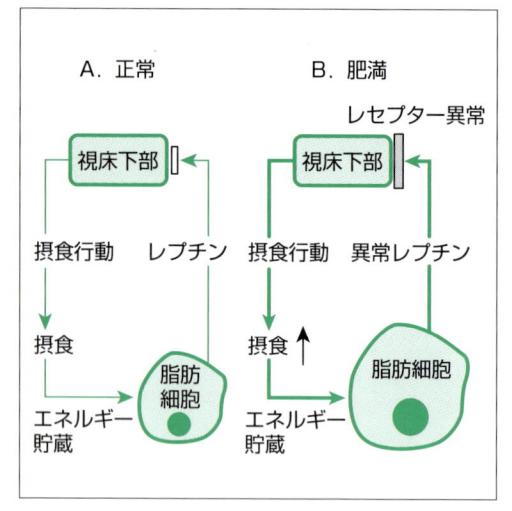

図4　レプチンによる食欲の抑制

表2　血中カルシウムの主なはたらき

はたらき	特徴
血液の凝固	トロンビン産生に不可欠
血液のpH	微アルカリに維持
筋肉の収縮	骨格筋や平滑筋の収縮に不可欠
神経の興奮	不足すると興奮性高揚
酵素の活性化	アミラーゼ、トリプシンなどの活性化

POINT　骨は、血中カルシウム量維持のための貯蔵庫である。

1）骨代謝

①骨軟化症と骨粗鬆症

骨は有機質と無機質から成っていると説明しました。その2つがちゃんと存在して立派な骨になっています。その骨の中の無機質だけが減少してしまう疾患を骨軟化症といい、子どもで発症した場合には、それをくる病といいます。ですから、カルシウムさえ体内に補給されれば改善します。

それに対して、無機質と有機質の両方が減少する疾患を骨粗鬆症といいます。これは老人、特に女性に多い病気です。骨粗鬆症は骨を丈夫にすることで改善しますが、それではなぜ老人に多いのでしょうか。

②骨吸収

骨を作ったり、壊したりするはたらきを骨代謝といい、骨を形成している造骨細胞や破骨細胞が、骨代謝を行っています。子どもが成長するときには、造骨細胞がよくはたらいて骨を作りますが、老人になると今度は逆に、破骨細胞がはたらいて、骨はもろくなって骨折しやすくなります。一見すると、加齢変化は骨が主人公であると思われがちですが、これはすべてホルモンのなせる技であり、血中カルシウム濃度を調節するための現象です。

骨からカルシウムを主体としたミネラルを引きずり出すことを骨吸収といいます。骨吸収が進めば、当然、骨はもろくなります。血中カルシウム濃度が低下したら、仕方がなく骨吸収が

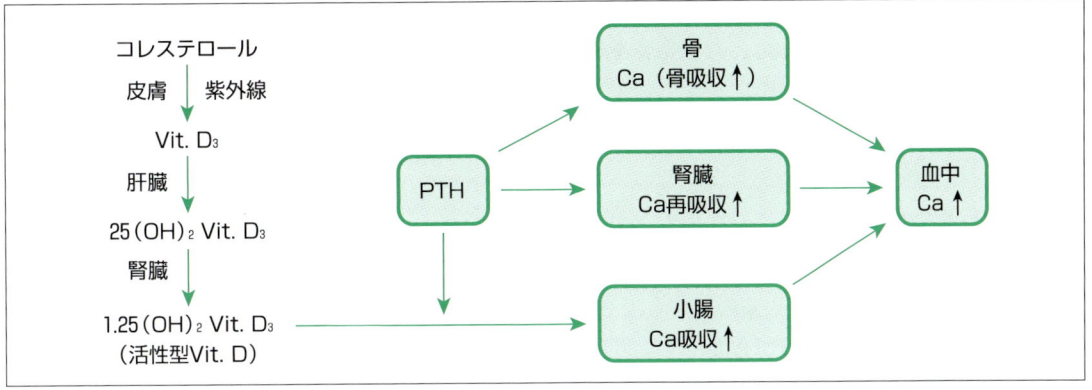

```
コレステロール                    ┌─────────┐
  皮膚 ↓ 紫外線                  │  骨      │
     Vit. D₃                    │ Ca（骨吸収↑）│
  肝臓 ↓                         └─────────┘
  25(OH)₂ Vit. D₃    ┌─────┐    ┌─────────┐    ┌──────┐
  腎臓 ↓             │ PTH │───→│ 腎臓     │───→│ 血中 │
  1.25(OH)₂ Vit. D₃  └─────┘    │Ca再吸収↑ │    │ Ca↑  │
  （活性型Vit. D）              └─────────┘    └──────┘
                                 ┌─────────┐
                                 │ 小腸     │
                                 │ Ca吸収↑  │
                                 └─────────┘
```

図5　ビタミンD（Vit. D₃）とパラソルモン（PTH）による血中カルシウム（Ca）上昇作用

進みます。その反応は、副甲状腺（parathyloid gland）から分泌されるホルモンである**パラソルモン**（PTH：parathyroid hormone）を調節しています。パラソルモンの作用する部位は骨だけではなく、小腸、腎臓にも作用し、はたらいています。

図5にも示しましたが、骨では骨吸収促進、活性型ビタミンDと協力して小腸からの食事性カルシウムの吸収促進、腎臓ではカルシウムの尿に行くべきカルシウムの再吸収促進を行います。これはすべて血中カルシウム濃度を上昇させるはたらきです。

でも、ただそこにそのままビタミンD₃があっても意味がありません。肝臓そして腎臓で水酸基（−OH）が結合して初めて意味のあるビタミンD₃（活性型ビタミンD）になるのです。なぜなら、水酸基をつける酵素が、肝臓と腎臓にあるからです。ビタミンDを含む食物もありますが、それらを食べなくとも、普通はビタミンDの欠乏症（骨軟化症）にはなりません。ビタミンDはコレステロールから作られるのですが、コレステロールが皮膚で太陽光線（紫外線）を受けて作られているからです。

ですから、小児のときから太陽光線を浴びていないとビタミンD不足になり、どんなにカルシウムを食べても体内に入ってこなくなります。そうすると、くる病（骨軟化症）になってもおかしくはありません。

> **POINT** 骨吸収とは、骨の中から血中へカルシウムを溶かし出すことである。

> **POINT** 活性型ビタミンDがあって、はじめてカルシウムは小腸から吸収される。

③骨吸収の抑制

血中カルシウム量を維持するために骨吸収が行われていますが、骨吸収が進み過ぎると、骨粗鬆症になってしまいます。このため、やはり骨吸収を抑制させる因子も必要です。そこで登場するのが女性ホルモンです。これがパラソルモンが骨に作用するのを妨害してくれているのです。そのためにも、男性でも副腎皮質で女性ホルモンを合成しています。当然、女性は女性ホルモンをたくさん作っています。

でも、50歳前後で女性は閉経を迎えます。これは、女性ホルモンの分泌が極端に低下するから閉経になるのです。女性ホルモンは骨吸収を抑制していました。でも、閉経を迎えた女性は、それを抑制することを忘れてしまったのと同じですから、どんどん骨吸収が進んでしまいます。ですから、閉経後の女性に骨粗鬆症が発症しやすいのです。

> **POINT** 女性ホルモンは、骨吸収を抑制するはたらきがある。

④骨形成

子どもであれば成長のためにどんどん骨を作り、血中のカルシウムを骨の中にしまい込まなければなりません。それにもホルモンが必要で、甲状腺の傍濾胞細胞から**カルシトニン**というホルモンが分泌されています。このホルモンがパラソルモンの作用を妨害し、骨の中にカルシウムをしまい込んで骨を作っているのです。でも、これにも接着剤のようなものが必要です。肝臓で合成される**オステオカルシン**というタンパク質がその役割をし、カルシウムがはがれ落ちないようにはたらき、骨形成に役立っています。

ところで、カルシトニンにしてもオステオカルシンにしても、単語に「カルシ」が入っています。これはカルシウム（calcium）からきており、オステオ（osteo-）という接頭語は「骨」を意味しています。骨粗鬆症のことをオステオポローシス（osteoporosis）といいますが、このオステオも同じ意味です。

> **POINT** 骨形成は、カルシトニンによって行われる。

4．血圧とアルドステロン

ナトリウムは血液の浸透圧を決める重要な因子になっています。血管内にナトリウムが増加すれば、浸透圧上昇のもとに血圧も上昇します。

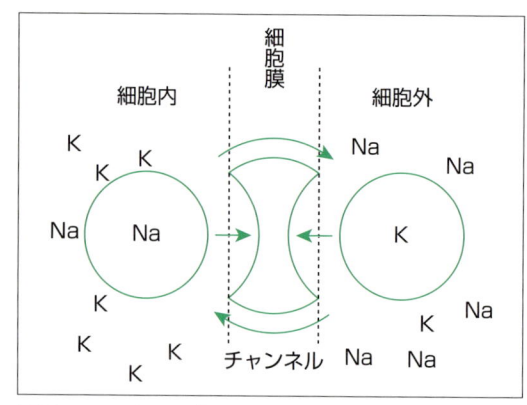

図6　Naチャンネル

でも、健康な状態のときに、このように血圧が上昇することはありません。

例えば、寝起きのときなどは少し血圧が下がっていますが、これは起きるという動作で体内環境が変化したことによるもので、それを元の状態に戻そうと血圧は上昇してきます。そのときもホルモンが関与しています。

1）Na（ナトリウム）チャンネル

すべての細胞膜にナトリウムチャンネルというイオンチャンネルがあります。その実体は酵素で、正式な名前は$Na^+-K^+-ATPase$といい、ATPのエネルギーを使用してナトリウム（Na）とカリウム（K）の濃度勾配を作っています。図6にそれを模式化しました。これを見るとわかるように、細胞の中と外でナトリウムとカリウムの濃度差があって、正常の細胞の機能が保た

ためになる知識

老人の肝機能、腎機能

いろいろな臓器の機能は、どうしても加齢に伴って低下していきます。仕方がない話ですが、図5にも示したように、活性型ビタミンDは肝臓と腎臓で作られています。老人はどうでしょうか。その機能が低下していれば、活性型ビタミンDの合成もおぼつかなくなります。

活性型ビタミンDがなければ、どんなにカルシウムを食べても小腸から吸収できません。そうすると血中カルシウム量が低下してしまいます。それではいけないとパラソルモンが分泌され、それが骨に作用して骨吸収が進みます。これが老人が骨粗鬆症になりやすい理由です。

> **POINT** 老人は、活性型ビタミンDが不足して低カルシウム血症になり、パラソルモンの分泌が増えて骨が溶ける。

れています。

このポンプが腎臓の尿細管にも存在しています。これは尿中排泄されるナトリウムをくみ上げ、カリウムを尿中排泄するチャンネルです。このチャンネルが動き過ぎると、体内（血液）にナトリウムが貯溜することになります。そうすると血管内の浸透圧が高くなります。

ですから、血管の外との浸透圧を保つため、本来、尿になるべき水分もくみ上げ、高くなった浸透圧を下げようとし、血管内のナトリウムの濃度が下がります。でも、血管が水分でパンパンになり、すなわち血圧が上昇します。

2）アルドステロンの血圧上昇作用

ここでは血圧が下がったということから始めます。血圧を認識するセンサーが腎臓にあって、血圧が下がったのがわかると、レニンというタンパク分解酵素を放出します。図7にその変化を示しました。これは酵素ですから基質があります。アンギオテンシノーゲンという大きなタンパク質ですが、レニンはそのタンパク質の端を切断してアミノ酸10個からなるアンギオテンシンIを作ります。

この物質には生理作用はないのですが、さらに、アンギオテンシン変換酵素により、アミノ酸が2個とれてアンギオテンシンIIという血管

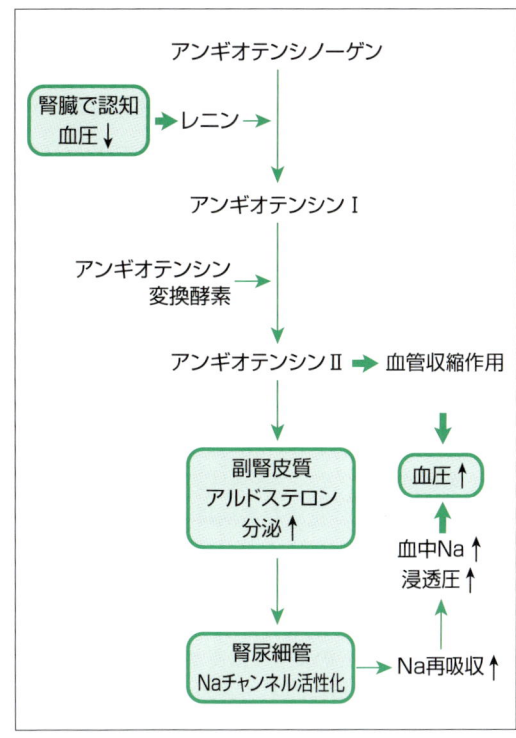

図7 アルドステロンによる血圧上昇のしくみ

収縮作用のある物質になります。あとで説明しますが、これはオータコイドの1つです。血管が収縮しますので、それだけでも血圧は上昇します。また、アンギオテンシンIIは副腎皮質にも作用し、アルドステロンというホルモンを分泌させます。

このホルモンは腎臓の尿細管に作用します。

ためになる知識

浸透圧

細胞膜もそうですが、水分子は自由に通過できても、水以外の分子は通りにくい穴が開いています。そのような膜を半透膜といっています。この膜を介して細胞の外と内との間をいろいろな物質が輸送されています。そのときに、膜を隔てて内と外で濃度差が生ずると、内と外で浸透圧に変化が生ずることになります。これは大変なことです。

まず、大切な事柄として、浸透圧は溶解している分子のモル濃度に比例するということを理解してください。その良い例がナメクジです。ナメクジに塩をかけるとちぢみます。ナメクジは体内の浸透圧と、外のぬめった液体の浸透圧とが維持されているので、ナメクジの格好が保たれています。そこでナメクジに塩をかけると、外のぬめった液体の塩濃度が高くなる、つまり浸透圧が高くなります。それを元通りにしようと、体内の水分を外に吐き出し、外液の塩濃度を下げようと頑張ります。でも、なかなか体内の浸透圧と同じになにらないので、どんどん体内の水を吐き出します。その結果、ナメクジはちぢんでしまいます。

先に説明したNaチャンネルを活性化するのが、アルドステロンの仕事です。これはナトリウムの再吸収を促進し、カリウムの尿中排泄を促進するホルモンです。結果的には血中ナトリウムを上昇させて、血中カリウムを低下させるホルモンですが、血中にナトリウムが戻ってきたわけですから、浸透圧が高くなります。それを薄めようと水も再吸収されるので、血管内はパンパンで、血圧は上昇します。このような血圧上昇作用をレニン・アンギオテンシン・アルドステロン系とよんでいます。

> **POINT** 浸透圧は、溶けている物質の濃度に比例する。

ためになる知識

環境ホルモン

環境ホルモンという名前は、主に日本で使われているもので、正式な名前は「外因性内分泌撹乱化学物質」といいます。これは、体外から入ってきた物質が原因で、ホルモンすなわち内分泌が撹乱するという意味です。

それでは、どのような物質が環境ホルモンなのかというと、現在のところ約70種類がわかっています。ポリ塩化ビフェニル（PCB）やDDT、ダイオキシン類などが代表的な環境ホルモンで、これは女性ホルモンと似たはたらきをする化学物質です。天然には存在せず、ヒトが生み出してきた化学物質は、1,000万種以上にもなります。これらが環境ホルモンになる可能性を含んでいます。では、どのような作用があるのかというと、これを発見するにいたった現象でもわかりますが、ワニに見られる生殖奇形、川魚のメス化現象、カモメのつがい行動における異変などがあります。

II 生体防御のしくみ
―免疫系―

この章の始めでは、体内情報伝達機構の内分泌系について説明しました。ここでは、免疫系での体内情報伝達について説明します。それほど難しい話ではありません。例えば、蚊にさされると、そこが赤く腫れ上がり、かゆくなりますが、なぜそのように変化するのでしょうか。このさされた部位で、これから説明する免疫系の情報伝達が行われているのです。

1．オータコイド

オータコイドとは聞き慣れない単語ですが、ギリシャ語のautos（自分が作る）とakos（薬のようなもの）の連結語です。結局は「自分で作る薬」のことですが、広くは生理活性物質といわれています。これは局所において必要に応じて微量産生され、強力な生理作用を示す物質です。ホルモンと似ていますが、ホルモンは血中に放出されますが、オータコイドはそれを作る細胞の近傍にしか作用しません。ですから、オータコイドのことを局所ホルモンという言い方をするときもあります。細胞の近傍にしか作用しないということからも、「局所において」というのがわかると思います。

また、「必要に応じて」というのは、体外から刺激が加わったときということです。それに応じて体内で変化するときに必要な伝達物質がオータコイドです。

1）炎症応答

炎症とは、「炎の出るような症状」という意味で、発赤、腫脹、痛覚過敏、発熱の4つの徴候が現れます。このような炎症は、どのようにして現れるのでしょうか。

私たちは、体外から何らかの刺激を受けると、ホメオスターシスによってその刺激に対処しています。この対処の方法は体内情報伝達です。情報伝達には3つの方法があって、その1つが免疫系でした。炎症とは、この免疫系の情報伝達反応のことです。体外から何らかの刺激（病原菌や化学物質、強い太陽光線、あるいはぶつけたり叩かれたり）があると、それらの刺激に応答して、免疫系の伝達物質が作られます。その伝達物質がオータコイド（炎症性物質）です。

オータコイドの受容体は、身体のいたるところに存在しています。そして、オータコイドはそれらの受容体と結合して、炎症に応答し、生体を防御してくれているのです。

2）オータコイドの種類

オータコイドは表3にあるように、タンパク質代謝で説明した各種アミノ酸代謝で産生されたアミン類、タンパク質が部分切断して生じたペプチド、細胞膜に存在する必須脂肪酸からの代謝、などによって瞬時に作られ、強力な生理作用を示します。これは体外からの刺激がなければ、何も作られることがない物質です。体外からの刺激によって、その刺激が加わった部位で初めて産生されて、体内情報伝達を行ってい

表3　主なオータコイドの種類

種類	オータコイド
アミン	ヒスタミン セロトニン
ペプチド	アンギオテンシン ブラジキニン
エイコサノイド	プロスタグランジン トロンボキサン ロイコトリエン

ます。

必須脂肪酸の項でも少し説明しましたが、エイコサノイドの代表例であるプロスタグランジンは、痛みを感じさせるオータコイドです。痛みを感じさせることが、生体防御につながっています。感じられなかったら、そのままにしてしまうでしょうから、炎症はもっとひどいものになります。

2．免疫応答

一度かかった病気には、もうかからないというのが免疫です。生体内になかった非自己成分（抗原）が体内に侵入し、それを非自己と認めると、抗原の連絡を受けたリンパ球が、その抗原と反応するタンパク質を産生します。このタンパク質を免疫グロブリン（Ig：immunoglobulin）といいます。免疫グロブリンは、血清タンパク質の分類ではγ-グロブリン分画の主要タンパク質なので、抗体のことをγ-グロブリンということもあります。

1）抗体の種類

抗体はリンパ球（B細胞）が産生して血中に放出されるタンパク質ですが、構造のちょっとした違いで5種類存在します。表4にその種類

表4　5つの抗体の特徴

抗体	特徴
IgM	感染初期に作られ、分子が大きく、1分子で約10個の敵を攻撃 寿命が約5日と短命で、下等脊椎動物にとって唯一の抗体 抗原を凝集する作用と、補体系への強力な活性作用
IgA	鼻汁、唾液、涙、胃液、気道、消化管、生殖器などの粘膜に存在 初乳に豊富に含まれ、乳幼児の生体防御に関与
IgG	血中Igの約80％、1分子で2つの敵しか相手にしなくても、多量産生量 敵との結合力が強く、寿命も23〜28日と長く、ウイルス排除
IgE	スギ花粉などのアレルギーに関与、血液中に一定量存在してもごく微量 寄生虫の感染とアレルギー性疾患時に分泌
IgD	血液中にごく微量しかなく、その正体は不明 B細胞の分化・増殖と関係？

ためになる知識

虫刺されとヒスタミン

蚊にさされたことのないヒトはいないと思います。さされた所は赤くなり、腫れ上がり、痒くなる。これらはすべてヒスタミンのなせる技なのです。蚊は血を吸うとき、蚊の体液を一度、私たちの体内に注入しています。それは私たちにとっては異物であり、外部侵入です。それを体内のあらゆる所に存在する肥満細胞が認識し、伝達物質であるヒスタミンを遊離します。このヒスタミンの受容体もあらゆる所に存在しており、もちろん血管にもあります。その血管にヒスタミンが作用すると、血管拡張が起き、血管内の赤い色が見えやすくなります。だからそこが赤くなるのです。

また、血管透過性を亢進することで、血管内の水が漏れて出てきます。だからそこが腫れ上がるのです。さらに、知覚神経を刺激して頭に「痒み」を連絡します。だからそこが痒くなるのです。このように、体外からの刺激によって、オータコイドが伝達物質として頑張ってはたらいているのです。

> **POINT** オータコイドは局所的に産生され、強力な生理作用を示す。

と主な作用をまとめました。一般的に抗体といわれているのは、血清の中で最も多いIgGのことです。結局は、抗体は体外から侵入してきたバイ菌であれ、異物であれ、それを抗原とみなして退治、つまり体内環境が変化しないように生体が産生する武器といえるのですが、その攻撃の仕方（機能面）から分類すると表5のようになります。

2）抗体の構造

タンパク質の構造を思い出してください。四次構造をとる場合、三次構造のひとつひとつをサブユニットといいました。代表的な抗体であるIgGは四次構造をもち、長鎖（H鎖：heavy chain）と短鎖（L鎖：light chain）のおのおの2つずつからなる四量体です。

図8に示すように、抗体はY字のような形をしています。バイ菌などの抗原と結合するのは、Y字の二股に分かれた先端部分です。つまり2か所で抗原と結合するわけです。ここを「Fab」といいます（VL領域、VH領域）。Fabは、400個以上のアミノ酸がつながったものです。その配列は変幻自在に変わります。実はこれが抗体としてとても重要なポイントなのです。このことにより、体内にどんな抗原（バイ菌）が浸入しても、それとぴったり合う抗体を作ることができます。この配列の数は、なんと1兆個以上にもなります。この考えを導き出したのは、ノーベル賞を受賞したが利根川博士であり、この天文学的な数字の抗体をつくるには、Fabのアミノ酸の配列を入れ替えればいいだけのことなのです。

それに対して、Y字の根元は、細胞と結合したり、マクロファージや白血球、補体などと反応する部分です。ここを「Fc」といい、どの抗原に対する抗体も構造（CL領域、CH$_1$領域、CH$_2$領域、CH$_3$領域）は一緒です。

IgG以外の抗体の構造を図9に模式化しました。これもIgGの構造が基本になっています。IgMはそれが5つ結合したスタイルをしています。このことは表4の中にも書きました。抗原と結合する場所は、つまり10個あるということです。IgAはIgGが2つ結合したスタイルをしています。さらに、IgAは体外に分泌されるように、分泌片をもっています。

> **POINT** 抗体は、抗原と細胞に結合する部位がある。

表5　抗体の機能の種類

種類	特徴
溶菌素	バイ菌を溶かす抗体
溶血素	非自己の血球を溶かす抗体
凝集素	バイ菌などを凝集させる抗体
沈降素	タンパク質を沈殿させる抗体
抗毒素	毒素を無毒化する抗体

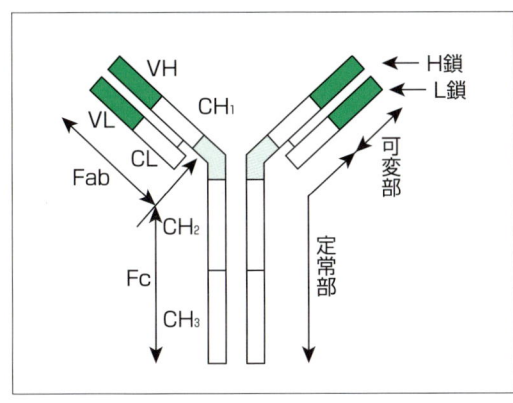

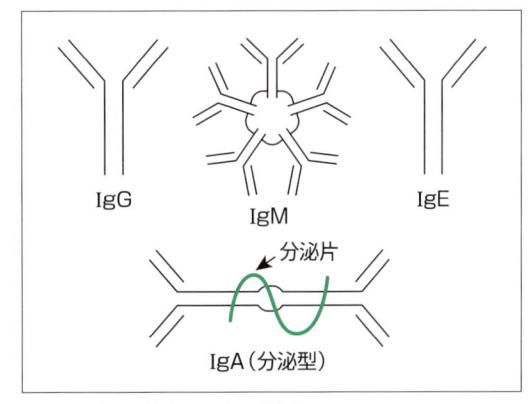

図8　IgGの構造

図9　各種抗体の分子構造

3）免疫細胞のはたらき

怪我をすると、その部位で体外と体内が接触したことになります。それで体内にバイ菌が入ってきます。バイ菌は異物ですから、血中の兵隊が攻撃を開始します。まずは好中球やマクロファージなど、免疫細胞の出陣です。免疫細胞は悪者を見つけるやいなや、オータコイドを出しながら、悪者をどんどん食べてしまいます（食作用）。白血球は自分が食べ過ぎていることには気がつかず、破裂して死んでしまいます。

死んでしまった白血球もまた、身体にとっては異物となるので、別の白血球がやってきてそれを食べてしまいます。オータコイドを放出しながら、「食べる、食べ過ぎる、死んでしまう」、という繰り返しが炎症です。そうこうしているうちに、マクロファージがバイ菌の情報をB細胞に伝え、そのバイ菌に対する抗体を作り始めます。そのような免疫細胞を表6にまとめました。

表6　抗体産生に関与する細胞

細胞の種類			作用
単球			骨髄で生まれ少し成熟して血液中に出た細胞、約24時間後にはマクロファージに分化
マクロファージ			組織に存在し、細菌などの微生物や老廃物を取り込んで消化
顆粒球	好中球		細菌などの微生物を取り込んで消化
	好酸球		寄生虫傷害作用のあるMPB（タンパク質）産生
	好塩基球		生体防御にはたらく各種物質が血管の外へ出られるように、血管透過性を高める物質を分泌
NK細胞（ナチュラルキラー）			がん細胞やウイルスに感染した自己細胞を破壊
リンパ球	T細胞	ヘルパーT細胞	Bリンパ球に抗体生成の指示
		サプレッサーT細胞	抗体の過剰産生を抑制
	B細胞		Tリンパ球の指示を受けて抗体産生

ためになる知識

関節リウマチ

自己免疫疾患である関節リウマチのはっきりした原因はわかっていませんが、その患者のIgGの構造が変化していることは確かです。本来、IgG構造のY字の二股を連結させる構造はとても不安定であり、H鎖の糖鎖同士でからまっているだけなのです。その糖鎖が変化すると、からむことができず、Y字が広がってしまいます。関節リウマチ患者のIgGは、Y字が広く伸びてしまっています。

そうなると、そのIgGを非自己と認めてしまい、それに対する抗体を作るようになってしまいます。その抗原抗体複合物が、関節腔などに沈着して痛みを生じるのが関節リウマチです。

生化学のまとめ
─細胞─

　総論の章で大まかに生化学、そして栄養学の概念が理解できたと思います。また、第2章で体内を構成する物質について理解できたと思います。そして、第3章から第6章にかけて、体内で行われているさまざまな物質が変化する理由がある程度理解できたと思います。

　そこで、生化学のまとめとして、そのような物質代謝を行っている細胞に目を向けて終わりにしたいと思います。細胞の中にはさまざまな粒子が存在しています。それを細胞内小器官、あるいはオルガネラといっています。そのオルガネラの中で何が行われているかを簡単にまとめます。

生物を分類すると、一番の根本は原核生物と真核生物になります。原核生物とは、大腸菌のような、核膜のない、境界のはっきりしない核をもった原始的な細胞から成る生物のことをいいます。それに対して、真核生物とは、核膜があり、明確な核構造をもつ細胞から成る生物のことで、動物、植物はこの真核細胞によって作られています。でも、動物と植物でもその構成はちょっと違いがあります。表1に原核生物と真核生物の特徴を示しました。

1．動物と植物に共通な細胞内小器官（図1）

1）核

　核の主な役割は、RNA合成を介したタンパク合成を指揮することです。核の中のDNAがそれを担っています。静止状態の細胞では、細胞を維持するための最小限のDNAとRNAの合成が起こるだけですが、成長途中の細胞の核では、それが活発に行われています。核内には、さらに核小体とよばれるものがあり、ここでrRNAを合成しています。

2）細胞質

　細胞内小器官の間を埋めている粘性のある液体がつまっている場所が細胞質です。その中に各種のタンパク質が微細な繊維構造を作っています。細胞質でもいろいろな代謝が行われていますが、代表的な代謝は解糖系です。これは細胞内に取り込まれたグルコースから瞬時にATPを作る場所です。

3）ミトコンドリア

　ミトコンドリアは大昔には独立した生物で、真核生物の元祖に共生するようになったと考えられています。その根拠は、ミトコンドリアには独自の核があり、環状二本鎖DNAを含んでいるからです。このミトコンドリアを細胞内にもつことで、飛躍的に真核生物が進化したものと思われます。多いものでは1つの細胞に5,000個ほどのミトコンドリアが存在します。図2にそのミトコンドリアの構造を模式図と電子顕微鏡像で示しました。

　ミトコンドリアは、酸と栄養素を燃料とするエネルギー製造工場だと考えて構いません。これはアセチルCoAを出発点としたTCA回路、つまりそれはミトコンドリアのマトリックスで行われます。そこで得られたNADHなどは内膜に移行して呼吸鎖という代謝系で、ATPとしてエネルギーが産生されます。アセチルCoAの原料は、グルコース、脂肪酸、アミノ酸です。

　このATP産生に関与しているのが、内膜にあるヘムをもったチトクロムです。ですから、ミトコンドリアをたくさんもつ細胞は赤く見え、少なければ白く見えるのです。これはニワトリの肉と渡り鳥のカモの肉の色を考えるとわかりやすいと思います。

表1　原核生物と真核生物の特徴

特徴	原核生物	真核生物
核膜	なし	あり
染色体	1個、環状	複数個
ミトコンドリア	なし	あり
細胞壁	あり	なし（動物） あり（植物）
代表的微生物	細菌	真菌・原虫

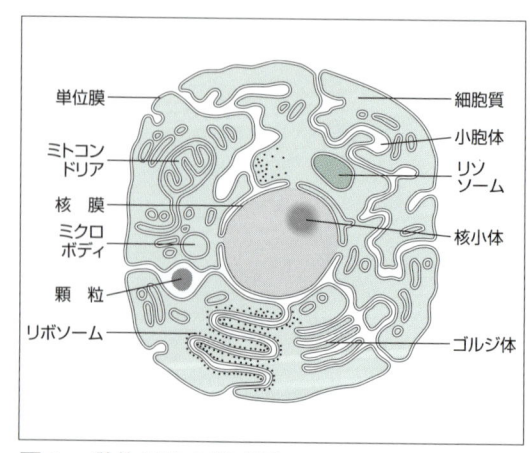

図1　動物細胞の模式図

4）リボソーム

核内にあるDNAの遺伝情報をmRNAが読み取り、その情報にしたがってtRNAがアミノ酸を運び、このリボソーム上でタンパク質の合成を行っています。これはrRNAから成り立っており、次に説明する小胞体に付着しているものと、していないものとがあります。

5）小胞体

管状の細胞内小器官で、リボソームが付着していて、表面がボツボツしているのを粗面小胞体といいます。これはタンパクを合成する場になりますが、そのタンパク質が糖タンパク質であれば、次に説明するゴルジ体へ輸送する小器官です。それに対して、リボソームが付着していないと、ツルツルの表面なので滑面小胞体といいます。ここには、細胞内に侵入する有害物質、これは薬物も含まれるのですが、それを代謝して無害なものにするための酵素が存在していますし、コレステロール代謝、グリコゲンの合成・分解などいろいろな代謝が行われています。

ちなみに、細胞をバラバラにして電子顕微鏡で小胞体を見ると小さな粒子になって見えるので、この小胞体のことをミクロゾームともいいます。

6）ゴルジ体

小胞体の一部が分化した器官で、粗面小胞体から送られてきたタンパク質を修飾する役割があります。つまり、糖タンパク質の糖鎖を合成する場所だと思ってください。また、物質の貯蔵・濃縮・分泌・輸送を行う器官でもあります。細胞の外へ分泌される分泌タンパク質のほとんどは糖タンパク質ですので、分泌タンパク質を合成する場所だと理解していただいても結構です。

構造的にみると、ゴルジ体は方向性があり、一般にシス面、メディアル面、トランス面に区別されています。シス面は核に近い方で、小胞体から送られてきた輸送小胞を受け止めるはたらきがあります。シス面からトランス面に輸送される途中で、タンパク質は修飾されていきます。トランス面は細胞膜に近いほうで、タンパク質はゴルジ体から運び出されます。

7）ペルオキシソーム

過酸化水素を分解する酵素であるカタラーゼを筆頭に、生体にとってよくない過酸化物を処理する小器官です。鳥類や爬虫類では、尿酸を酸化する酵素も含まれますが、ヒトでは見られませんので、尿酸が貯まると痛風になってしまいます。植物細胞にはグリオキシソームとよばれる、脂肪の合成・貯蔵・分解を行う特殊なペルオキシソームが存在します。

8）細胞膜

リン脂質の2分子の層（脂質二重層）の中にタンパク質がモザイク状にはめ込まれている膜のこといいます。この膜のタンパク質は、体内情報伝達物質の受容体であったり、酵素であったりします。膜とは2つの場所を隔てるものです。細胞の中も外も水だらけです。水を分けるには油が一番です。細胞膜はリン脂質やコレステロールを主体に成り立っています。また、細胞膜は半透性であり、一般的に溶媒は通します

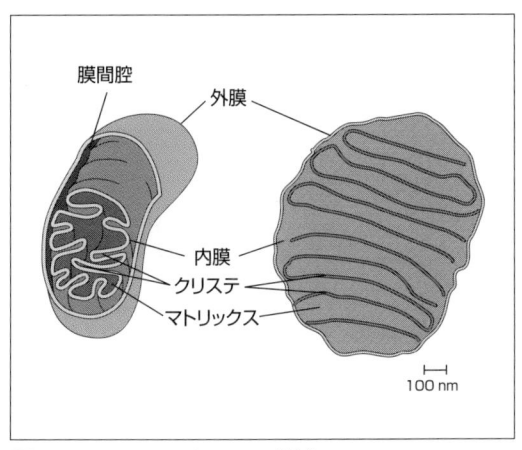

図2　ミトコンドリアの構造

が溶質は通しません。でも、細胞膜には選択透過性があり、カルシウムチャンネルやナトリウムチャンネル、実体は酵素ですが、イオンなどの能動輸送を行っています。

2．動物細胞に特有な細胞内小器官（図1）

1）リソソーム

加水分解酵素をたくさん含む小器官で、リソソーム（lysosome）のlyso-は溶かすという接頭語で、-someは顆粒という意味です。異物が細胞内に侵入してくると、このリソソームが異物と結合（融合）して異物の分解の役割を果たします。またこれは、タンパク質、核酸、脂質などを細胞内で消化する小器官でもあります。

細胞が自然に死ぬと、このリソソームが死んだ細胞を溶かしにかかります。例えば、オタマジャクシがカエルの成体になるときに、しっぽの細胞で、そのようなことが起きています。このように、病気でなく自然に細胞が死ぬことをアポトーシス、あるいはプログラム細胞死といっています。

2）中心体

これは9本の三組微小管からできており、細胞分裂時に紡錘体となって、染色体が分裂するときに重要な役割を果たしています。第5章の「I 核酸代謝そしてタンパク合成」（p.129）に模式図を示しています。

3．植物細胞に特有な細胞内小器官

1）葉緑体

植物が光合成を行う小器官です（図3）。図4に示すように、袋状のチラコイドとそれ以外のストロマからなり、植物細胞内で光合成を行う場所です（p.103）。チラコイドには同化色素があり光エネルギーを吸収して水を励起し、水素イオンと酸素に分けます。ストロマでは、チラコイドで発生した水素イオンを利用して、炭酸同化を行ってグルコースを作り出します。色は緑色をしています。ミドリムシが池の中にいるとき、池の水が緑色に見えるのは、ミドリムシが葉緑体をもっているからです。

2）液胞

下等動物でも見られますが、植物でよく発達しています（図3）。液胞は細胞の貯蔵庫として用いられており、細胞の外側との輸送が盛んなほど、液胞は小さくなる傾向があります。細胞液を含み、浸透圧の調節、糖やアントシアンなどの貯蔵を行っています。また、動物細胞にあるリソソームの役割ももっています。

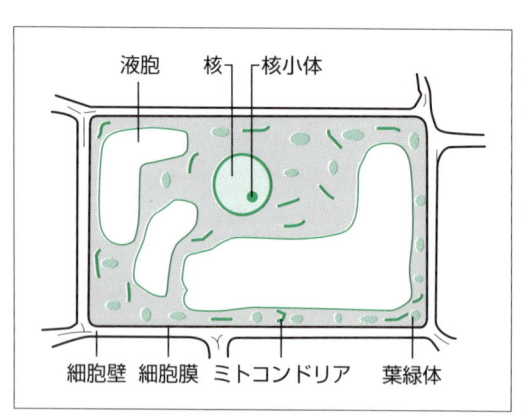

図3　植物細胞の細胞内小器官

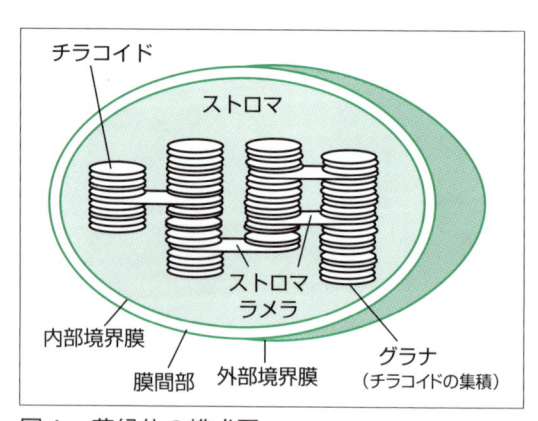

図4　葉緑体の模式図

3）細胞壁

植物の細胞壁は、主にセルロースとペクチンからなる全透性の膜で、細胞膜の外側に細胞を保護するかのように包んでいます（図3）。リグニンが沈着すると木化し、スベリンを含むとコルク化します。植物細胞が低張液に入れても細胞が壊れないのは、この細胞壁があるからです。

原核生物であるバイ菌たちも、一人前に細胞壁をもっています。これがなかなか壊れません。図5にあるように、ともにペプチドグリカンからなる細胞壁があり、グラム陰性菌はさらにその外側に外膜をももっています。そのペプチドグリカンの構造を図6に示しました。これを見ると、ペプチドグリカンはムコ多糖とペプチドの鎖が縦横に結合したスタイルをしています。

でも、私たちの粘液や涙の中には、それを壊す酵素の、リゾチーム（lysozyme）があります。これはアミノ糖であるN-アセチルムラミン酸とN-アセチルグルコサミンの間のグリコシド結合を加水分解する酵素です。lyso-は先ほど出てきたように、溶かすという意味で、zymeは酵素だと思ってください。でも、zymeは正確には酵母を意味します。

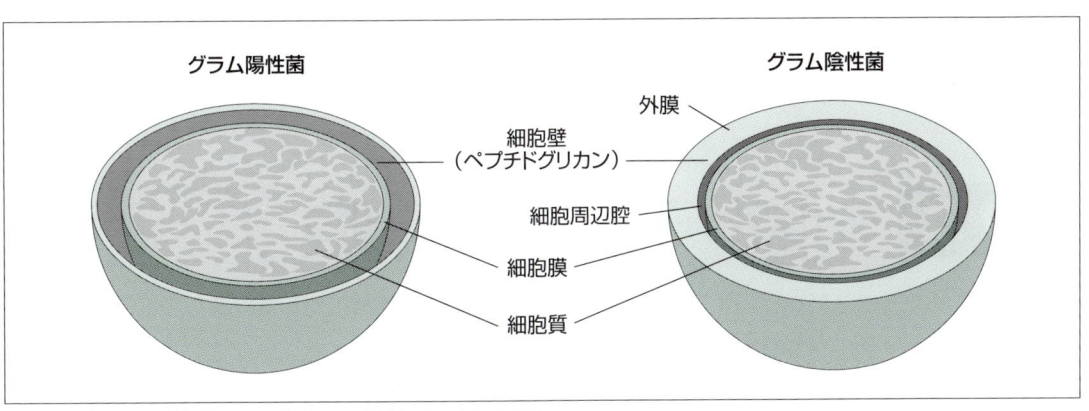

図5　グラム陽性菌およびグラム陰性菌の外部構造
CONALD VOET,JUDITH G.VOET著、田宮信雄、村松正実、八木達彦、他訳：ヴォート生化学（上）　第3版、東京化学同人、2005、p288、図11-23を参考にして作成

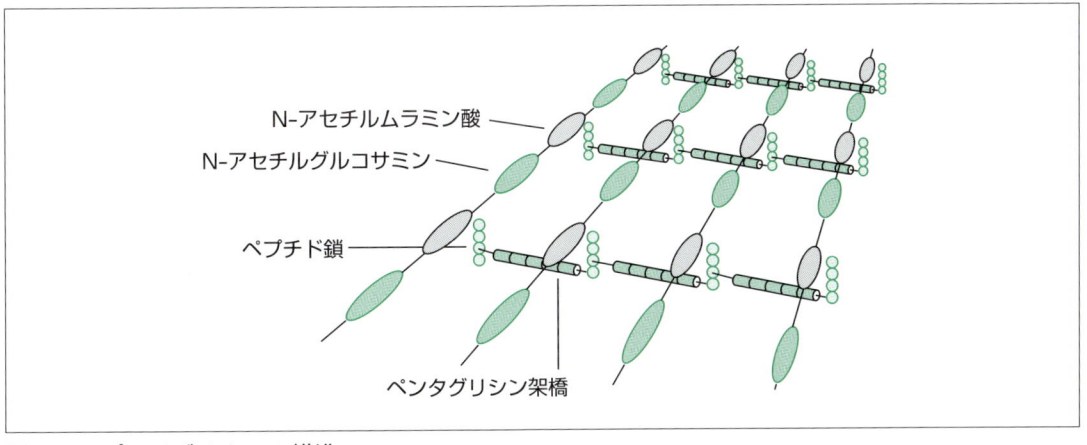

図6　ペプチドグリカンの構造

学習課題

　生化学そして栄養学の基礎について本書では、大きく6つの章に分けてお話ししてきました。最後に、それぞれの章で理解していただきたいことを問題形式でまとめてみました。その問に対してすぐ答えられれば素晴らしいことですが、改めて読み直していただいて、自分の考えでまとめていただければと思います。それができれば、本書の内容を理解できたと思ってください。

第1章　生化学・栄養学の基礎知識

1. 私たちは体外から絶えず刺激を受けています。その刺激に対して、私たちは体内でどのようなことをしているのかを述べなさい。
2. 私たちはなぜ健康でいられるかを、ホメオスターシスという言葉を用いて述べなさい。
3. 糖尿病とはどのような病気かを述べなさい。
4. 私たちは生きていますが（生命維持）、何をし続けることで生きていられるのでしょうか。
5. 分子から成り立つ生体を構成する階層性について述べなさい。
6. 私たちの生体はどのような元素から成り立っているのでしょうか。生体に多く存在する原子を列記しなさい。
7. 私たちの生体はどのような物質から成り立っているのでしょうか。具体的にその成分について述べなさい。
8. 生体内はなぜ、水だらけのなのでしょうか。
9. 「消化」と「吸収」の定義を述べなさい。
10. 食べた物は消化管で消化されますが、なぜ消化しなければいけないのでしょうか。
11. 消化における胆汁酸の意義について述べなさい。
12. 脂質の生体内への吸収経路は、糖質・タンパク質の吸収経路と異なりますが、その理由について述べなさい。
13. 腸管内の栄養素はその大部分が体内に吸収されますが、どのように吸収されるのかを述べなさい。

第2章　生体成分の化学と性質

1. アノマーとエピマーの違いについて述べなさい。
2. デンプンとセルロースの構造上の違いと生体内での消化について述べなさい。
3. 非消化性多糖類の栄養学的意義について述べなさい。
4. 果物の甘さを測定する糖度計は、糖質のどのような性質を用いて測定できるのかを述べなさい。
5. 脂質はなぜ水に溶けないのでしょうか。脂質の性質から述べなさい。
6. トリグリセリドが脂質の王様といわれる理由について述べなさい。
7. 細胞膜は主に脂質から成っていますが、細胞膜になぜ脂質が必要かを述べなさい。
8. 細胞膜は脂質の中でもリン脂質が主成分ですが、その意義について述べなさい。
9. エステル結合とは、どのような結合かを述べなさい。
10. 各種ある脂溶性ビタミンの共通点について述べなさい。
11. 必須脂肪酸はなぜ生体に必要なのかを述べなさい。
12. 不飽和脂肪酸を栄養学的意義に基づいて分類しなさい。
13. タンパク質は体内でどのような役割をもっているかをまとめなさい。
14. タンパク質を構成するアミノ酸とそれ以外のアミノ酸について述べなさい。
15. タンパク質の構造について述べなさい。
16. タンパク質の変性とは、どのような現象かを述べなさい。
17. ペプチド結合とは、どのような結合かを述べなさい。
18. 血中のタンパク質の分析方法について述べなさい。
19. 栄養価が低いタンパク質とは、どのようなタンパク質かを述べなさい。
20. 核酸の構成成分について述べなさい。
21. DNAとRNAの構造と役割についてまとめなさい。
22. DNAが安定な物質である根拠について述べなさい。
23. ミネラルの定義を述べなさい。
24. 生体における鉄の意義について述べなさい。
25. 酵素とは何かを簡単に述べなさい。
26. 酵素がはたらく条件について述べなさい。
27. ミハエリス定数が小さい酵素とは、どのような酵素かを述べなさい。
28. 酵素反応における競合阻害と非競合阻害について述べなさい。
29. アイソザイムとは何ですか。その測定意義について述べなさい。
30. 水溶性ビタミンの生体における意義について述べなさい。

第3章　エネルギー代謝

1. 高エネルギー化合物とは、どのような物質ですか。
2. 栄養素の中で糖質が最もよいエネルギー源である理由を述べなさい。
3. 解糖系の最終代謝産物について述べなさい。
4. 酸素が存在するときにグルコースはどのような過程のもとに最終的にどのような物質に変化するかを述べなさい。
5. 電子伝達系と酸化的リン酸化について述べなさい。
6. TCA回路が回る意義について述べなさい。
7. 体内で作られたエネルギーは、どのようなことに使用されているかを項目ごとにまとめなさい。
8. 特異動的作用とは、どのような作用かを述べなさい。
9. 尿や糞便中にもエネルギーが含まれています。おのおのどのような物質として含まれているかを述べなさい。
10. 小児と老人では基礎代謝量が異なります。なぜ異なるかを述べなさい。

第4章　物質代謝

1. 血糖値はどのようにして調節されているのかを述べなさい。
2. 糖質はエネルギー源以外に、生体内でどのような役割を果たしているかを述べなさい。
3. グリコゲン代謝は主に肝臓と筋肉で行われていますが、その代謝の違いについて述べなさい。
4. 血中での脂質の存在様式についてまとめなさい。
5. 脂肪酸のβ酸化の意義について述べなさい。
6. ケトン体とはどのような物質ですか。また、どのようなときにケトン体が産生されるかを述べなさい。
7. エイコサノイドとは、どのような物質かを述べなさい。
8. 脂肪酸やコレステロール合成に糖質代謝も関与しています。糖質のどの代謝系かを述べなさい。
9. お酒を飲み過ぎると脂肪肝になるしくみについて述べなさい。
10. 窒素摂取量と窒素排出量から健康状態がわかるといいます。その理由を述べなさい。
11. 体外に排泄する尿素を合成するのにエネルギーをも使用する理由について述べなさい。
12. コリ回路とグルコース・アラニン回路の共通点について述べなさい。
13. アミノ酸のアミノ基転位反応が行われる意義について述べなさい。
14. アミノ酸から合成される体内伝達物質について述べなさい。
15. アミノ酸の代謝異常について述べなさい。

第5章 遺伝情報の伝達と発現

1. 細胞が2つに分裂するとき、同じ細胞ができ上がる理由をDNAの半保存的複製という言葉を用いてに述べなさい。
2. 相補的塩基対とはどのようなことかを述べなさい。
3. コドンそしてアンチコドンについて述べなさい。
4. DNAが損傷した場合、どのようなことが起きるでしょうか。アポトーシスという言葉を用いて述べなさい。
5. 転写とはどのようなことかを述べなさい。
6. ある種のウイルスは逆転写を行いますが、その意義について述べなさい。
7. PCRを行う応用例について述べなさい。
8. タンパク質合成におけるRNAの役割について述べなさい。
9. プリンヌクレオチドの最終代謝産物と、それに関連する疾患について述べなさい。
10. サルベージ経路の意義について述べなさい。

第6章 ホメオスターシス（健康のしくみ）

1. 上位そして下位のホルモンの存在意義について述べなさい。
2. フィードバック機構についてホメオスターシスという言葉を用いて述べなさい。
3. ホルモンを構造的に分類し、またその作用点の違いについて述べなさい。
4. 骨は生体骨格としてよりもカルシウムの貯蔵庫として重要という根拠を述べなさい。
5. 骨粗鬆症とパラソルモンの関係について述べなさい。
6. 女性ホルモンが骨粗鬆症の治療薬になる理由を述べなさい。
7. 血圧とアルドステロンの関係について述べなさい。
8. アンギオテンシン変換酵素を阻害する薬で高血圧症が改善する理由を述べなさい。
9. 環境ホルモンとは、どのようなホルモンかを述べなさい。
10. オータコイドとは、どのような物質かを述べなさい。
11. 炎症応答が生体防御の1つである根拠について述べなさい。
12. 抗体とは、どのような物質かを述べなさい。

生化学のまとめ ―細胞―

1. 私たちが生きているのは、私たちを構成する細胞ひとつひとつが生きているからです。細胞は生きるために、どのようなことを行っているのでしょうか。400字程度でまとめなさい。

参考文献

1. 相原英孝　他：イラスト生化学入門、東京教学社、東京、1993.
2. 奥野和子　他：生化学、南山堂、東京、2004.
3. 香川靖雄　他：図説医化学、南山堂、東京、2001.
4. 中田福市　他：これでわかるマンガ生化学入門、金原出版、東京、1998.
5. 大久保岩男　他：コンパクト生化学、南江堂、東京、2000.
6. 石黒伊三雄監修：わかりやすい生化学、ヌーヴェルヒロカワ、東京、2004.
7. 入野勤　他：病気を理解するための病態生化学、丸善、東京、1999.
8. 前場良太：生化学ふしぎの世界の物語、医歯薬出版、東京、2004.
9. 水上茂樹訳：フルートン生化学史―分子と生命―、共立出版、東京、1980.
10. 稲田英一：図解雑学 病気のしくみ、ナツメ社、東京、2001.
11. 石浦章一：タンパク質の反乱、講談社、東京、2001.
12. 岡村友之：図解雑学DNAとRNA、ナツメ社、東京、1999.
13. 板倉弘重　他：脂質研究の最新情報、第一出版、東京、2000.
14. 彼谷邦光：脂肪酸と健康・生活・環境、裳華房、東京、1999.
15. 高木康：血清酵素検査の見方・考え方、医歯薬出版、東京、1995.
16. 水野嘉夫監修：体のしくみと検査数値がわかる本、新星出版、東京、2004.
17. 中野重徳：完全図解 からだのしくみ事典、ナツメ社、東京、2003.
18. 日本医学教育学会編：医学医療教育用語辞典、照林社、東京、2003.
19. 田中越郎：好きになる生理学、講談社、東京、2003.
20. 萩原清文：好きになる分子生物学、講談社、東京、2003.

索　引

- 本書の索引は、和文索引、欧文索引とに分かれている。
- 索引中の太字の頁数は、その用語がキーワードとして解説されている頁を指す。

一　般　索　引

和文索引

あ

α-アミラーゼ　5
α-グルコシダーゼ　5,12
α-ヘリックス構造　**45**
α₁-アンチトリプシン　49
α-トコフェロール　38
α₁-酸性糖タンパク　49
αケト酸　123
α酸化　30,**110**
アイソエンザイム　74
アイソザイム　74
アウトロース　23
亜鉛　61
アガロース　20
悪性貧血　**63**
アクチニジン　119
アクチン　40
アシドーシス　**111**
アシルCoA　110
アシルカルニチン　109
アシル基　16,**29**,109
アシル輸送タンパク　114
アスコルビン酸　77
アスパラギン　44
アスパラギン酸　44,121,123
アスパラギン酸アミノトランスフェラーゼ　123
アセチルCoA　81,92,110,116
アセチル基　16
アセチルコリン　68
アセトアセチルCoA　110
アセトアルデヒド　98
アセト酢酸　110
アセトン　110
アデニル酸シクラーゼ　55,92
アデニン　56
アデノシン三リン酸　2
アトウォーター係数　**86**
アドレナリン　125,144
アノマー　23
アボガドロ定数　15
アポ酵素　**65**,72

アポタンパク質　106
アポトーシス　**9**,131,158
アポリポタンパク質　106
アミジン基　122
アミノアシルtRNA　**134**
アミノ基　9,16,41
アミノ基転移酵素　123
アミノ基転移反応　123
アミノ酸　41,156
アミノ酸価　**50**
アミノ酸合成　124
アミノ酸代謝異常症　**126**
アミノ酸の荷電　42
アミノ酸の脱炭酸反応　124
アミノ酸の溶解性　43
アミノ酸プール　120
アミノ糖　20
アミノトランスフェラーゼ　123
アミノペプチダーゼ　12
アミロース　20,26
アミロペクチン　20,26
アミン　151
アミンホルモン　144
アメフリヒトロイパス　49
アラキドン酸　30,111
アラキドン酸カスケード　111
アラニン　44
アラニンアミノトランスフェラーゼ　123
アラビノース　18
アルカプトン尿症　126
アルカリホスファターゼ　74
アルギナーゼ　122
アルギニン　44,49,122
アルコール性脂肪肝　115
アルコール発酵　98
アルデヒド基　16,22,23,25
アルドース　18,**19**
アルドステロン　116,148,**149**
アルドヘキソース　22
アルドラーゼ　75,96
アルブミン　49
アロース　23
アロステリック効果　**73**
アロステリック酵素　**72**

アンギオテンシン　151
アンギオテンシンⅡ　**149**
アンギオテンシン変換酵素　149
アンチコドン　58,**134**
アンモニア処理　121

い

イオン結合　45
異化　**7**
異性体化酵素　76
イソクエン酸　83
イソプレノイド　37
イソプレン　37
イソマルトース　19
イソロイシン　43,122
一次反応　**67**
一量体　46
一価不飽和脂肪酸　38
逸脱酵素　**75**
イドース　23
易動度　74
イヌリン　20
イノシン酸　55,138
イミノ基　16
インスリン　5,92,144

う

ウイルス　53,134
牛海綿状脳症　40
右旋性　18
ウリカーゼ　75
ウリジン二リン酸　101,**116**
ウレアーゼ　75

え

エイコサノイド　**112**,113,151
エイコサペンタエン酸　30,112
栄養価　49
栄養学　**2**,7
栄養ドリンク剤　105
栄養補助食品　59
エキソプロテアーゼ　119
液胞　158
エステル　**32**
エストラジオール　36,116

エタノール　15,80,98
エタノールアミン　115
エチル基　16
エネルギー獲得　80
エネルギー比率　38
エノール化　25
エノラーゼ　95
エピマー　22,23
エルゴカルシフェロール　37
塩基性アミノ酸　43
炎症応答　151
炎症性物質　151
エンドプロテアーゼ　118
円偏光　21

お

ω酸化（オメガ酸化）　110
オータコイド　151
黄疸　105
オキザロ酢酸　83,97,121
オキシトシン　144
オステオカルシン　38,148
オリゴ糖　18,20
オルガネラ　7
オルニチン回路　120,121
オレイン酸　30

か

γ-アミノ酪酸　124
γ-グロブリン分画　152
γ-グロブリン　152
壊血病　77
解糖系　81,94,102
界面活性作用　13,106
カイロミクロン　106
可逆反応　66
核　156
核酸　8,52
核酸代謝　128,137
各臓器がはたらくためのエネルギー
　　　　　　　　　　　　88
核膜　156
化合物　18
過酸化脂質　77
過剰症　37
加水分解　5,11,16,92
加水分解酵素　10,76
カタラーゼ　75,157
活性化エネルギー　3,65
活性型ビタミンD　147
活性中心　68
活性部位　68

活動代謝　89
果糖　18
カプリル酸　30
カプリン酸　30
カプロン酸　30
加リン酸分解　16
加リン酸分解酵素　76
カルシトニン　148
カルシフェロール　37
カルニチン　109
カルバミルリン酸　121
カルボキシペプチダーゼ　12
カルボキシル基　16,25,41
環境ホルモン　150
還元　16
還元酵素　117
還元性　25
肝硬変　48
肝性昏睡　122
関節リウマチ　154
外因性内分泌撹乱化学物質　150
外呼吸　85
外毒素　36
外分泌腺　142
ガラクトース　18,23,35
ガラクトース・グルコース変換系
　　　　　　　　　　　　103
ガラクトキナーゼ　104
ガングリオシド　35

き

幾何異性体　31
キサンチン　63,138
キサンチンオキシダーゼ　63,139
基質特異性　68
基質濃度　67
基質レベルのリン酸化　96
キシルロース　18
キシロース　18
基礎代謝　88
拮抗阻害　70
キモトリプシン　118
休止期　128
吸収方法　10
競合阻害　70
局所ホルモン　151
極性物質　28
極性溶媒　28
キラル炭素　21
筋運動　89
金属酵素　62
金属タンパク質　62

ギ酸　15,137
逆転写　133
逆転写酵素　134

く

クエン酸回路　81
くる病　146
クレアチン　125
クレアチンキナーゼ　74
クレアチン合成　125
クレアチンリン酸　96,125
クロマチン繊維　57
グアナーゼ　75
グアニル酸シクラーゼ　55
グアニン　56
グアノシン三リン酸　55
グラム陰性菌　159
グラム陽性菌　159
グリオキシソーム　157
グリカン　20
グリコゲンホスホリラーゼ　101
グリコゲン合成　102
グリコゲン代謝　100
グリコゲン分解　102
グリコサミノグリカン　20
グリコシド結合　20
グリシン　42,44,105,125
グリセリン　32
グリセリン酸-1,3-二リン酸　95,96
グリセリン酸-3-リン酸　95
グリセルアルデヒド　18
グリセルアルデヒド-3-リン酸
　　　　　　　　　　　94,96
グリセロール　32
グリセロール-3-リン酸　98
グリセロリン酸シャトル機構　97
グリセロリン脂質　33
グルカゴン　92,144
グルクロン酸経路　104
グルコース　5,18,22,23,94,156
グルコース-6-リン酸　95
グルコース・アラニン回路　122
グルコース重合体　102
グルコースのリン酸化　94
グルコサミン　20
グルタチオン　105
グルタミン　44
グルタミン酸　44,121,123
グロース　23

け

血清タンパク質　47
血清リポタンパク質　106
血中カリウム　150
血中カルシウム　145
血中ナトリウム　150
ケトース　18,19
ケト基　16,23
ケト原性アミノ酸　119
ケトヘキソース　23
ケトン体　38,111
ケラタン硫酸　20
解毒　104
限界デキストリン　102
原核生物　156
減数分裂　128
元素記号　9

こ

コール酸　116
高エネルギー化合物の生成　95
高エネルギーリン酸結合　2
光学異性体　21
光学活性　21
口渇　6
高グリシン血症　126
高血糖　6
光合成　103,158
抗酸化剤　77
抗酸化作用　38
高次構造　47
恒常性　4
甲状腺　142
甲状腺ホルモン放出ホルモン　142
酵素　4,65,159
酵素反応　65
構造多糖　20
抗体　152
高比重リポタンパク質　107
高分子化合物　92
酵母　65,159
コエンザイムQ　84
呼吸鎖　86
国際単位　67
克山病　62
国連食糧農業機関　86
個体　128
骨吸収　146
骨吸収の抑制　147
骨形成　148
骨髄腫　48

骨粗鬆症　146
骨代謝　146
骨軟化症　146,147
コドン　134
粉ミルク　59
コバルト　63
コラーゲン　40,78,145
コリ回路　99
コリン　34,115
コリンエステラーゼ　68
コルチゾール　36,116
コレカルシフェロール　37
コレステロール　107
コンドロイチン硫酸　20
合成酵素　76
極微量元素　62
五大栄養素　9
ゴルジ体　157

さ

サイクリックAMP　55,92,144
サイクリックGMP　55
最大反応速度　67
細胞　9
細胞外ミネラル　63
細胞質　156
細胞周期　128
細胞内小器官　7,156
細胞内濃度　63
細胞内ミネラル　63
細胞分裂準備期　129
細胞壁　156,159
細胞膜　8,157
酢酸　42
サブユニット　46
サプリメント　64
サリン　71
サルベージ経路　138
酸　29
酸化　16
酸化還元酵素　76
酸化的脱アミノ反応　123
酸化的リン酸化　85,96
酸性アミノ酸　43
酸性ホスファターゼ　74
三大エネルギー源　80
三大熱量素　80

し

シアル酸　19
シアノコバラミン　76
紫外線　147

シクロオキシゲナーゼ　112
脂質　8,28,107
脂質代謝　106
脂質二重層　157
脂質の燃焼　87
視床下部　142
シス型　31
システイン　44,125
シチジン二リン酸　117
失活　65
至適pH　69
至適温度　69
シトシン　56
脂肪酸　28,80,156
脂肪酸合成　114
脂肪酸の融点　31
種　128
消化　10
消化酵素　10,118
小腸粘膜上皮細胞　10
小胞体　157
食作用　154
食事誘発性熱産生　90
触媒　4,11,65,66
脂溶性　8
脂溶性ビタミン　13,37,39
ショ糖　19
真核生物　156
浸透圧　149
ジアシルグリセロール　32
ジグリセリド　32
ジスルフィド結合　46
ジヌクレオチド　56
ジヒドロキシアセトン　18,94
ジヒドロキシアセトンリン酸　95,97
ジペプチダーゼ　119
ジホモ-γ-リノレン酸　112
絨毛突起　13
受動輸送　13
娘細胞　128

す

水酸基　16,25
水素　41
膵臓リパーゼ　13
水素結合　45
水溶性　8
水溶性ビタミン　77
スクシニルCoA　83
スクラーゼ　12
スクロース　19,26
スクワレン　116

せ

ステアリン酸　30
ステロール　35
ステロイド　35
ステロイドホルモン　144
スフィンゴシン　34
スフィンゴミエリン　34
スフィンゴリン脂質　33,34
スルホニル基　16
スルホン基　16
スレオニン　44,49,72

生化学　2,7
生殖細胞　128
生体維持　2
生デンプン　20
正のフィードバック機構　142
生命維持　2
生理活性物質　151
生理学　7
摂取比率　38
セラミド　35
セリン　44,72,116,125
セルロース　20,159
セルロプラスミン　49,61
セレブロシド　35
セレン　62
セロトニン　125,151
セロビオース　19
線維素　27
旋光性　18
染色体　129,156
先天性代謝異常　69

そ

疎水性アミノ酸　43
ソルビトール　92
ソルボース　23

た

体温維持のためのエネルギー　89
体細胞分裂　128
代謝　3
代謝回転　66
代謝水　84
体内情報伝達　5,143
タウリン　105,125
多価不飽和脂肪酸　29,38,111
タガロース　23
多糖　20
多糖類　18
多尿　6

多量金属元素　60
多量元素　60
タロース　23
炭化水素鎖　29
短鎖　153
胆汁酸　12,117
炭水化物　18
炭素転移反応　76
単糖　19
単糖誘導体　18,19
単糖類　18
タンパク加水分解酵素　118
タンパク合成　128
タンパク質　40
タンパク質代謝　118
第一次制限アミノ酸　50
ダイオキシン　150
ダウン症候群　129
脱水化合物　92
脱水結合　11,16
脱水反応　11
脱炭酸反応　81
脱離酵素　76

ち

チアミン　9,76
チアミンピロリン酸　81
窒素平衡　118
チトクロム　61,84
チミン　56
中間比重リポタンパク質　107
中心体　158
中枢　142
中性脂肪　32,33
長鎖　153
超低比重リポタンパク質　107
腸内細菌　27
貯蔵多糖　20
チロキシン　125,142
チロシン　44,70
チロシン症　126

つ・て

痛風　138
低比重リポタンパク質　107
テストステロン　36,116
鉄　61
鉄欠乏症貧血　61
テトラヒドロ葉酸　137
テトラマー　47
テルペン　37
転移酵素　76

転写　132,133
デオキシアデニル酸　55
デオキシアデノシン三リン酸　131
デオキシグアノシン三リン酸　131
デオキシシチジン三リン酸　131
デオキシチミジン三リン酸　131
デオキシ糖　19
デオキシリボース　18
デオキシリボ核酸　52
デオキシリボヌクレアーゼ　12
デキストロース　18
デノボ合成　137
デルマタン硫酸　20
電解質　60
電気泳動法　47,74
電子伝達系　84,96
デンプン　5

と

糖アルコール　19
糖原性アミノ酸　119
糖鎖　20
糖酸　19
糖質　8,18
糖質代謝　92
糖新生　99,113
糖タンパク質　21
等電点　42
糖度計　22
糖尿病　6
トコフェロール　37
トランス型　31
トランスサイレチン　49
トランスファーRNA　53
トランスフェリン　40,49
トリアシルグリセロール　32,33
トリオース　18,94
トリグリセリド　13,32,107
トリグリセリドの合成　115
トリプシン　118
トリプトファン　44
トレハロース　19,26
トロンボキサン　112,151
ドーパ　125
銅　61
同化　7
動脈硬化予防　111
ドコサヘキサエン酸　30

な

内呼吸　85
内毒素　36

内分泌腺　142
ナトリウムチャンネル　148

に

ニコチンアミド　56
ニコチンアミドアデニンジヌクレオチド　83
ニコチンアミドアデニンジヌクレオチドの生成　94
ニコチンアミドアデニンジヌクレオチドリン酸　103
二酸化炭素　80
二重ラセン構造　56
二糖類　18,19
ニトロ基　16
乳酸　94,99
乳酸脱水素酵素　74,75
乳酸デヒドロゲナーゼ　74
乳糖　19,103
尿素回路　120,121

ぬ

ヌクレオシド　54
ヌクレオチド　55
ヌクレオチドの結合　56
ヌクレオチドの合成と分解　137

ね・の

熱量素　10
ネフローゼ　48
脳髄膜炎　63
能動輸送　13

は

ハイドロキシアパタイト　62,145
ハプトグロビン　49
反応速度　67
半保存的複製　131
麦芽糖　19
バソプレシン　144
バリン　43,44,122
パパイン　119
パラソルモン　147
パルミチン酸　30,80
パルミトオレイン酸　30
パントテン酸　76,125

ひ

ヒアルロン酸　20
非拮抗阻害　70
非競合阻害　70
非極性物質　28

非極性溶媒　28
ヒスタミン　125,151,152
ヒスチジン　44,49
ヒ素　63
必須アミノ酸　48
必須脂肪酸　38
ヒドロキシプロリン　78
ヒドロキシメチルグリタリル-CoA　117
ヒドロキシリジン　78
比熱　7
ヒポキサンチン　139
ヒポキサンチングアニンホスホリボシルトランスフェラーゼ　138
肥満細胞　20
ビオチン　76
ビタミン　8,9
ビタミンA　38
ビタミンC　78
ビタミンD　37,117,147
ビタミンD_3　147
ビタミンE　38
ビタミンF　38,111
ビタミンK　38
病理学　7
微量金属元素　61
ビリルビン　105
ピラノース　24
ピリドキシン　76,123
ピリミジンヌクレオチド合成　137
ピルビン酸　81,123
ピロリン酸　137

ふ

フィードバック機構　73,142
フィブロネクチン　40
フィロキノン　37
フェーリング反応　27
フェニルアラニン　44,70
フェニルケトン尿症　70,126
フェニルピルビン酸　70
フェリチン　40
不可逆反応　66
副交感神経　71
副甲状腺　147
複合脂質　33
複合糖質　21
複製　128
不斉炭素　21
フッ素　62
負のフィードバック機構　143

不飽和脂肪酸　29
不飽和脂肪酸の二重結合　30
フマラーゼ　75
フマル酸　75,83
フラノース　24
フラビン　56
フラビン酵素　84
フルクトース　18,23,26
フルクトース-6-リン酸　95
フルクトース-1,6-二リン酸　95
物質代謝　91
ぶどう糖　18
部分的コピー　133
ブラジキニン　151
分画　47
分枝鎖アミノ酸　43
分子　15
分裂期　129
プシコース　23
プラス荷電　43
プリオン　40
プリンヌクレオチド合成　137
プリンヌクレオチドの分解　139
プロゲステロン　116,144
プロスタグランジン　39,112,151
プロテイン　40
プロテオグリカン　21
プロビタミン　37
プロリン　44

へ

βカロチン　38
β酸化　110
β-シート構造　46
β-ヒドロキシ酪酸　110
ヘキソース　18,22,94
ヘキソキナーゼ　95
ヘテロ多糖　20
ヘミアセタール水酸基　23,25
ヘム　46,61,125
ヘム合成　125
ヘモグロビン　125
ヘモペキシン　49
偏光フィルター　21
変性　47
ベロ毒素　36
ペクチン　159
ペプシノーゲン　72
ペプシン　72
ペプチド　43,151
ペプチドグリカン　36,159
ペプチド結合　118

ペプチドホルモン　144
ペプトン　118
ペルオキシソーム　157
ペントース　18
ペントース・リン酸経路　102
ペントース供給　102

ほ

芳香族アミノ酸　43
抱合　104
飽和脂肪酸　29,38
補酵素　65,72
ホスファターゼ　99
ホスファチジルイノシトール　34
ホスファチジルエタノールアミン　34
ホスファチジルコリン　34
ホスファチジルセリン　34
ホスファチジン酸　34,115
ホスホエノールピルビン酸　95
ホスホジエステラーゼ　93
ホスホリボース　138
ホスホリラーゼ　93
ホスホリボシル二リン酸　137
保全素　10
ホメオスターシス　4,5,141,143
ホモシスチン尿症　126
ホモ多糖　20,101
ホルモン　142
ホロ酵素　65
翻訳　134
母細胞　128
母乳　59
ポリ塩化ビフェニル　150
ポリペプチド　44
ポリメラーゼ　131
ポルフィリン環　61

ま

マイナス荷電　43
膜消化　12
マルトース　12,19,26
マロニルCoA　114
マンナン　20
マンノース　18,22,23

み

ミオグロビン　61
ミオシン　40
味覚障害　61
ミクロゾーム　157
水　7

水分子　28
ミトコンドリア　52,108,156
ミネラル　8,60,146
ミハエリス・メンテン式　67
ミハエリス定数　67
味蕾　61
ミリスチン酸　30
ミリストレイン酸　30

む

無機質　8,60,145,146
ムコ多糖　20,159
無酸素運動　87

め

メープルシロップ尿症　126
メチオニン　44,49,136
メチル化反応　76
メチル基　16
メッセンジャーRNA　53
メバロン酸　116
メラトニン　125
メラニン　125
免疫応答　152
免疫グロブリン　152
免疫細胞のはたらき　154

も

モノアシルグリセロール　32
モノグリセリド　32
モノマー　46
モリブデン　63
モル数　15
門脈　13

や

薬理学　7
夜盲症　38

ゆ

有機質　146
有酸素運動　87
融点　31
遊離脂肪酸　32
油脂　31
油滴　28
ユビキノン　84,125

よ

葉酸　76
ヨウ素　62
葉緑体　158

四次構造　46

ら

ラウリン酸　30
酪酸　15,30
ラクターゼ　104
ラクトース　19,26
卵白　40

り

リジン　44,49
リソソーム　158
リゾチーム　159
リゾホスファチジルコリン　34
リゾリン脂質　34
立体異性体　22
リノール酸　30
リノレン酸　30
リパーゼ　12,75
リピドA　36
リブロース　18
リボース　18,138
リボ核酸　52
リポキシゲナーゼ　112
リボソーム　157
リボソームRNA　53
リポ多糖　36
リポタンパク質　13,106,107
リボフラビン　76
リポプロテインリパーゼ　107
リボヌクレアーゼ　12
硫酸基　16
両性電解質　42
リンゴ酸シャトル機構　97
リンゴ酸脱水素酵素　97
リン酸エステル　32,101
リン脂質　33

れ

励起状態　3
零次反応　67
レチノール　38
レトロウイルス　134
レニン　149
レニン・アンギオテンシン・アルドステロン系　150
レプチン　146

ろ

ロイコトリエン　112,151
ロイシン　43,122
ロドプシン　40

欧文索引

acid 29
ACP 114
acyl carrier protein 114
ALT 123
antioxidant 77
As 63
AST 123
ATP 2,6,55
ATPのできる数 86
ATPの産生 84
ATPを得るしくみ 81
BSE 40
$C_6H_{12}O_6$ 18
cAMP 92,144
carbohydrate 18
CDP 115
CH_1領域 153
CH_2領域 153
CH_3領域 153
CL領域 153
Co 63
CoA 76,81
coenzyme 65,72
CRP 49
Cu 61
dATP 131
dCTP 131
decarboxylase 76
dehydrogenase 76
de novo合成 137
dGTP 131
diet induced thermogenesis 90
DIT 90
DNA 52
DNAの構造 56
DNAの複製 128,130
DNAポリメラーゼ 131
DNA合成期 128
DNA合成準備期 128
dTTP 131
enzyme 65
Enzyme Commission 75
esterase 76
F 62
FAD 56,76
$FADH_2$ 84
FAO 86
Fe 61
FMN 76
G_0期 128

G_1期 128
G_2期 129
G-6-Pホスファターゼ 102
GABA 124
gamma-aminobutyric acid 124
glycosidase 76
HDL 49,107
HDL-コレステロール 108
HGPRT 138
high density lipoprotein 107
HMG-CoA還元酵素 116,117
hydrolase 76
H鎖 153
I 62
IDL 107
Ig 152
IgA 152
IgD 152
IgE 152
IgG 49,152
IgM 49,152
intermediate density lipoprotein 107
isoelectric point 42
isomerase 76
IU 67
kinase 76
Km値 67
LDL 49,107
lipoprotein lipase 107
low density lipoprotein 107
LPL 107
LT 112
lyase 76
L鎖 153
Mo 63
mRNA 52,132
mRNAの合成 132
M期 129
$Na^+-K^+-ATPase$ 148
NAD 56,76
NADH 81,83
NADHのシャトル機構 97
NADHの生成 94
NADP 76
NADPH 103
Naチャンネル 148
nucleic acid 52
osteoporosis 148
oxidase 76
oxygenase 76
O-157 36

O-抗原 36
parathyloid gland 147
PCR 131
peptidase 76
PG 112
phosphatase 76
phosphorylase 76
pI 42
PLP 76
protein 40
PRPP 137
PTH 147
reductase 76
residue 41
RNA 52
RNAの構造 57
rRNA 52,132
SDA 90
Se 62
specific dynamic action 90
S-S結合 46
synthase 76
S期 128
TCA回路 81,83
TG 32
THF 76,137
TPP 76,81
transferase 76
tricarbonic acid 81
tRNA 52,132
TXA 112
UDP 101,116
UDP-ガラクトース 104
UDP-グルクロン酸 105
very low density lipoprotein 107
VH領域 153
VLDL 107
VL領域 153
Vmax 67
Zn 61
2-オキソ酸 123
2-オキソグルタール酸 83
21-ヒドロキシラーゼ 117
3-オキソ酪酸 110
3-ヒドロキシ酪酸 110,111
5-アミノレブリン酸 125
「5・5・25」 2

超入門　生化学・栄養学

2006年2月10日　第1版第1刷発行	著　者　　穂苅　茂、長谷川　正博、小山　岩雄
2018年4月10日　第1版第9刷発行	発行者　　有賀　洋文
	発行所　　株式会社照林社
	〒112-0002
	東京都文京区小石川2丁目3-23
	電　話　03-3815-4921（編集）
	03-5689-7377（営業）
	http://www.shorinsha.co.jp/
	印刷所　　共同印刷株式会社

- 本書に掲載された著作物（記事・写真・イラスト等）の翻訳・複写・データベースへの取り込み、および送信に関する許諾権は、照林社が保有します。
- 本書の無断複写は、著作権法上での例外を除き禁じられています。本書を複写される場合は、事前に許諾を受けてください。また、本書をスキャンしてPDF化するなどの電子化は、私的使用に限り著作権法上認められていますが、代行業者等の第三者による電子データ化および書籍化は、いかなる場合も認められていません。
- 万一、落丁・乱丁などの不良品がございましたら、「制作部」あてにお送りください。送料小社負担にて良品とお取り替えいたします。（制作部　0120-57-1174）

検印省略（定価はカバーに表示してあります）
ISBN4-7965-2120-8
©Shigeru Hokari、Masahiro Hasegawa、Iwao Koyama/2006/Printed in Japan